suhrkamp taschenbuch
wissenschaft 2141

Hans Blumenberg schwebte in den 1950er und 1960er Jahren eine Verbindung von Technik- und Zeitphilosophie vor, auf die bis heute nur selten Bezug genommen wird. Das mag daran liegen, dass er nie eine »Philosophie der Technik« geschrieben hat – allerdings findet sich in seinem Nachlass eine Reihe von kleineren Schriften, in denen er seine Überlegungen zu diesem Thema pointiert entfaltet. Standen diese zunächst noch unter dem Eindruck einer klaren Differenz von Natur und Technik, distanziert er sich im Umfeld der *Legitimität der Neuzeit* zunehmend von ihr, und die Konzepte der Selbsterhaltung und Selbstbehauptung treten in den Vordergrund. Der Band stellt erstmals sämtliche Beiträge Blumenbergs aus diesem Kontext zusammen und macht seine Philosophie der Technik greifbar.

Hans Blumenberg
Schriften zur Technik

Herausgegeben
von Alexander Schmitz
und Bernd Stiegler

Suhrkamp

3. Auflage 2025

Erste Auflage 2015
suhrkamp taschenbuch wissenschaft 2141
Originalausgabe

Umschlag nach Entwürfen
von Willy Fleckhaus und Rolf Staudt
Druck: Libri Plureos GmbH, Hamburg
Printed in Germany
ISBN 978-3-518-29741-4

Suhrkamp Verlag GmbH
Torstraße 44, 10119 Berlin
info@suhrkamp.de
www.suhrkamp.de

Inhalt

I.

Atommoral – Ein Gegenstück zur Atomstrategie

Als im Hochsommer 1945 über der japanischen Stadt Hiroschima die apokalyptische Uraufführung des Atomkrieges erfolgt war, kam in der Bedrängnis der eigenen deutschen Nöte nur wenigen unter uns das deutliche Bewußtsein, mit welch knappem und gnädigem Vorsprung wir gerade den Bereich dieser Gefährdung verlassen hatten. Die weltweite Entfernung und innere Fremdheit des Schauplatzes machte das Ereignis selbst zu etwas für uns Unwirklichem, wie einem exotischen Mythus Zugehörigen. Solche Verdeckung der nur durch den Abstand eines Vierteljahres aufgehobenen realen Drohung, daß unser eigenes Land die Szene hätte abgeben können, brachte es mit sich, daß die geistige Auseinandersetzung mit dieser neuen Welttatsache über ein neugierig-oberflächliches Interesse nicht hinausgelangte. Vielleicht nahmen auch nur allzu viele die Meldung mit dem Gefühl der Enttäuschung auf, darin nichts als die nun von anderer Seite genutzte Chance eigenen Machttriumphes sehen zu müssen. Jedenfalls wurde der Rauchpilz von Hiroschima am Horizont unserer Weltwirklichkeit nicht klar gesichtet.

Der Verlauf eines Jahres hat gezeigt, daß die Atomwaffe nicht nur den großen Krieg zum klaren Ende führen half. Das Denken der Völker, zum mindesten das politische und militärische Denken, ist durch dieses Faktum entscheidend bestimmt worden. Das Wort »Atomstrategie« ist gefallen und an sehr konkreten Überlegungen in Kurs gesetzt worden; mag das Wort »Atompolitik« auch noch nicht ausgesprochen sein – es kann doch kein Zweifel bestehen, daß die Weltpolitik heute von der Realität der Atomwaffe starke Impulse empfängt, mag es mit den Argumenten, die solche Politik begründen sollen, in Wirklichkeit stehen, wie es will. Die Politiker und Strategen haben die neue Gewalt – sei es in realer Verfügbarkeit oder in hypothetischer Gewärtigung – in ihr Denken und ihr Weltbild bereits eingefügt. Technik und Wirtschaft haben Möglichkeiten und Grenzen vorzuzeichnen versucht. Ja, es hatte den Anschein, als seien die Physiker und Forscher, die in Verfolgung ihrer wissenschaftlichen Probleme zum Teil ganz unversehens den Zugang zu so vernichtungswilligen Kräften freigelegt hatten, in Äußerungen gewissensinnerer Betroffenheit vor den mit einem Schlage hereinbrechenden Konsequenzen zurückgewichen. In diesem Erschrecken kündigte sich das überwältigende moralische Problem der Sache zwar an; aber es kann kein Zweifel sein, daß die geistige Auseinandersetzung mit demselben gegenüber dem Gewicht strategischer, politischer und wirtschaftlicher Denkmotive bisher nicht nennenswert sich durchsetzen konnte.

Mit der Durchbrechung der klassischen Mechanik und der Erschließung eines elementaren Bereichs physikalischer Vorgänge hat die Physik der letzten Jahrzehnte dem menschlichen Erkennen eine neue Dimension der Wirklichkeit eröffnet. Die Naturphilosophie, sich nur langsam lösend von ihren »klassischen« Vorstellungen kausaler Gesetzlichkeit und Determination, ist diesem Vordringen der Forschung nur zögernd gefolgt und steht noch heute vor der Masse der ihr zur Bewältigung aufgegebenen Tatsachen. In dieser Situation nun vollzog sich etwas Einzigartiges in der Geschichte des Menschengeistes: im Kulminationspunkt der Entwicklung einer theoretischen Leistung schlug diese gleichsam um in reale Wirklichkeit von weltverwandelnder Macht. Hinter den undurchdringlichen Schleiern des Zweiten Weltkrieges und aus seinen unmittelbaren Antrieben heraus setzte sich die abstrakteste und diffizilste Denkleistung der Gegenwart, die theoretische Physik, um in die geballteste und gedrängteste Wirkkraft, in die universalste Gefährdung, die der Menschheit bisher entstanden ist und wohl überhaupt entstehen konnte. Aus dem physikalischen Forschen und Denken ist physikalisches Handeln, physikalische Machtausübung geworden. Damit aber spricht die Entwicklung der modernen Physik nicht mehr nur die Erkenntnistheorie und Naturphilosophie an; die Problematik hat auf dem philosophischen Feld eine bedeutende Verlagerung ihres Schwergewichts erfahren, sie ist eine wesentlich moralphilosophische geworden.

Gegenstand der Moralphilosophie ist der Mensch in seiner handelnden Auseinandersetzung mit der Wirklichkeit der Welt; ihr Ziel ist die Gewinnung der Normen und Richtwerte dieses Handelns von der Struktur der Wirklichkeit her. Das »richtige« Handeln ist das an dieser Wirklichkeit gerichtete, das aus unverstellter und unverfälschter Einsicht in die Sachverhalte bestimmte Handeln. Soll also die revolutionierende Welttatsache des Handelns mittels der elementaren Gewalten des Atominnern zum Gegenstand moralphilosophischer Überlegung werden, dann muß dieses Faktum selbst in den Zusammenhang der Wirklichkeit, und zwar der besonderen Kategorien und Schichten des Wirklichen, denen es zugehört, eingeordnet werden. Erst nach dieser Vorarbeit wird das normative Moment aller moralphilosophischen Bemühung zutage treten können.

Atomare Energie ist als Instrument des Handelns im wesentlichen bestimmt durch die Zugehörigkeit zu drei Schichten der Wirklichkeit: die Schicht der elementaren Natur, die Schicht der technischen Gebilde und die Schicht der Mittel der Macht.

Zum ersten Male überhaupt in der Geschichte der Dienstbarmachung der Natur durch den Menschen ist hier auf einen Bereich ausgegriffen, der sich jener Wohlberechenbarkeit und Gebundenheit an eindeutige Formeln entzieht, die das Merkmal aller Mechanik sind. Und das nicht aus einem vorläufigen Ungenügen unserer Erkenntnis und unserer Begriffe heraus, sondern aus dem unaufhebbar jenseits mechanischer Faßlichkeit gelegenen Wesen der berührten Wirklichkeitsschicht selbst. Die Schicht des physikalisch Elementaren, das Reich des Atominnern, steht nicht unter der absoluten kausalen Determination, die nach den festen Beziehungen von Ursache und Wirkung unsere ganze natürliche und technische Welt uns so übersichtlich in Formel und Berechnung verfügbar machte. Solange wir dessen nur in theoretischer Erwägung, in ungewöhnlichen Begriffen und unanschaulichen Denkoperationen inne wurden, konnte uns wohl Erstaunen über die Beständigkeit einer auf solchem Grunde erbauten Welt befallen; jetzt, wo wir den Menschen im Wagnis des Herrschaftsanspruches auch über diesen äußersten Bezirk der Natur begriffen sehen, kommt uns erschauernd das Wort von der »physikalischen Unterwelt« zu Bewußtsein, das ein deutscher Physiker geprägt hat. Wir glauben einem physikalischen Zauberlehrling zuzuschauen, dessen herbeizitierten Geistern auch der Meister kein wirksames Bannungswort entgegenzurufen weiß. Die angesichts des Hochstandes unserer Wissenschaft befremdliche Unsicherheit in der Prognose der an kosmische Dimensionen heranreichenden Wirkungen ausgelöster Atomkräfte, wie sie in den Erörterungen über die erste Verwendung und über geplante Versuche zum Ausdruck kam, sind deutliche Anzeichen der »unterweltlichen« Elementarschicht, die hier ins Spiel kommt. Das entscheidend Neue ist also nicht so sehr die vielmalige Potenzierung der bisher verfügbaren Kräfte, es ist vielmehr die Erschließung einer ganz andersartigen und unseren bisherigen Weltbegriff transzendierenden Herkunftszone solcher Kräfte. In dieser Eigengesetzlichkeit, in diesem unaufhebbaren Widerstand gegen Objektivierung und Form kündigt sich zumindest die Möglichkeit dessen an, was sich von unserer Welt als »Dämonie« abhebt. Und mag es dem Menschengeist auch gelingen, die elementaren Kräfte zum Dienst zu unterwerfen – er wird sich ihrer unterweltlichen Gesetzfeindlichkeit immer gegenübersehen. Damit zeichnet sich schon hier die Eigenart eines moralphilosophischen Problems ab, das es in neuer Weise und Tragweite mit dem Sinn von Verantwortung aufzunehmen hat.

Die ganze Last seiner Uneinfügbarkeit in rechnerisch gesicherte Ordnungen bringt das atomare Kraftpotential mit ein in seine Vergegenständlichung innerhalb der Schicht der technischen Gebilde, in der es die laufende wissenschaftliche Entwicklung beheimatet. Dieser Bezirk menschlicher Leistungen ist zwar gekennzeichnet durch seinen hohen Grad rationaler Verfügbarkeit, durch sein Aufgehen in mathematischen Formulierungen und Gesetzen. In seiner Funktion innerhalb der menschlichen Gesellschaft aber zeigt das technische Gebilde eine schon viel bemerkte, im Maße seiner Verfeinerung wachsende Tendenz auf Ablösung und Autonomie gegenüber der Verfügung durch den Menschen. Ursprünglich stellt der Mensch das technische Produkt her und stellt es unter die volle Abhängigkeit von seinen vorher entworfenen Zwecken und Absichten; es ist im weitesten Sinne Werkzeug seiner Hand, in seinen Bedingtheiten voll eingesehen von dem, der es macht; das Dienstverhältnis scheint unumkehrbar zu sein. Der qualitative und quantitative Fortschritt der technischen Produktion jedoch führt zu jener wachsenden Differenzierung und Aufspaltung des Planungs- und Fertigungsprozesses, wobei die klare Ausrichtung auf vorhergegebene Zwecke und Absichten, die volle Einsicht in den Gesamtzusammenhang der Einzelerzeugung verlorengeht. Die Impulse und Forderungen gehen nun nicht mehr von den menschlichen und gesellschaftlichen Vorgegebenheiten aus, sondern vom technischen Produkt seinerseits, das darin von der verwandten auf Autonomie gerichteten Struktur der Wirtschaft mächtig unterstützt wird. Es tritt aus seinem Dienstverhältnis heraus und stellt umgekehrt den Menschen als Techniker, Unternehmer und

Arbeiter in seinen Dienst; ja, es diktiert der ganzen menschlichen Gesellschaft Bedürfnisse und Zwecke auf, die ganz und gar nicht mehr vorgegeben sind. Hier nun liegen die tieferen Gründe für die Rede von der »Dämonie der Technik«, die wir indes nicht ohne weiteres mitmachen wollen. Denn erst indem sich das technische Gebilde der Leidenschaft und Verführbarkeit des Menschen anbietet, gewinnt es so etwas wie »Dämonie« – aber es ist die Dämonie seines Erzeugers. Nun hat die Autonomie der technischen Gebilde, wie sie hier aufgefaßt wurde, ihre Grenzen in den natürlichen Quellen und Mitteln, aus denen der technische Prozeß gespeist wird. Rohstoff und Arbeitskraft schränken als nur langsam bzw. gar nicht wachsende Größen den Fortschritt dieses Prozesses ein. Die Freimachung der atomaren Energien legt diese Schranke nieder; die Quellen der technischen Erzeugung scheinen plötzlich ins Unerschöpfliche gesteigert und jeder Anpassung an die Erfordernisse eines ungehemmten Progresses fähig zu sein. Das bedeutet ein Ausmaß und eine Endgültigkeit, ja Absolutheit der technischen Autonomie, die auch das lebendigste und konsequenteste Vorstellungsvermögen übersteigt und unausweichliche Einwirkungen auf die Gestalt der Gesellschaft und Wirtschaft, auf die Stellung und Geltung der Einzelperson haben muß. Die Verpflichtung alles sozial wirksamen Handelns an das personal freie Individuum und seine konstitutiven Grundrechte aber ist das gültigste moralische Problem der Gegenwart. Die sichere Gewärtigung von Wirkungen einzigartiger Intensität einer auf der Basis der Atomkräfte begründeten Autonomie der technischen Gebilde in diesen personalen Bezirk hinein gibt der moralphilosophischen Aufnahme des Atomproblems weitere unabweisbare Dringlichkeit.

Noch wenn das technische Gebilde in die Sphäre der Mittel der Macht bereits einbezogen ist und dort seine starke Beziehung auf menschliche Leidenschaft und Triebergebenheit gewinnt, ist es gar nicht sicher auszumachen, ob hier der Mensch die Technik wirklich zu »seinem Mittel« machen konnte oder ob er nicht selbst nur im Gebote der technischen Autonomie zu handeln vermag. Diese Unsicherheit zeigt, wie weitgehend die echte Entelechie des Menschlichen ihren Primat in der technischen Wirklichkeit gefährdet sehen muß. Ist die ungeheure Steigerung menschlicher Machtausübung in letzter Instanz auf den Machttrieb des Menschen zurückzuführen oder steht dieser selbst nur im Dienste der Autonomie des

Technischen? Gewiß ist eines, daß nämlich die Möglichkeiten zur Gewinnung und Ausübung von Macht durch die Verbindung mit der Technik sich vielfach potenziert haben. Suchen wir dafür nach einem absoluten Maßstab, so bietet sich der uralte theologische Begriff der Omnipotentia Dei, der Allmacht Gottes dar; jedoch sind diesem unabtrennbar und aus innerer Notwendigkeit zugeordnet die Begriffe der göttlichen Weisheit und Güte. Wie stände es um eine Allmacht, zu der Weisheit und Güte nur in zufälliger und loser Verbindung stehen, wie es die Annäherung menschlicher Macht an absolute Maße bedeuten müßte? Ausdruck der göttlichen Allmacht ist in traditioneller Formulierung die Creatio ex nihilo, die Schöpfung aus dem Nichts; würde einer absoluten Macht des Menschen nicht so etwas wie eine Destructio in nihilum, eine Zerstörung ins Nichts zurück, entsprechen müssen? Es sei denn, daß dem allgemeinen Fortschritt auch eine ethische Perfektion gleichlaufen oder folgen könnte. Die akute Schärfe dieser Frage wird grell sichtbar, wenn wir sie uns in folgender Formulierung zur Besinnung stellen: In welchem Verhältnis steht das Maß äußerer Macht zu der Aussicht humanistischer und moralischer Faktoren, ihren Gebrauch wirksam zu beeinflussen? Die Antwort kann nicht zweifelhaft sein.

Die ganze Fülle der Beziehungen der technischen Sphäre zu Möglichkeiten und Gebrauch der Macht und ihre letzte Zuspitzung im Verfügbarwerden der atomaren Energiebasis kann hier nicht aufgerollt werden. Zwei Momente treten als wesentlich hervor: die auslösende Funktion des Politikers in der Verwaltung der Machtmittel und die immanente Tendenz jedes Machtpotentials auf seine Aktualisierung hin.

Die Bedeutung, die im Übergang der Verwaltung der Atomkräfte aus dem Bezirk der Wissenschaft in die Hände der Politiker beschlossen ist, scheint in ihrer Tragweite von führenden Forschern erkannt worden zu sein. Eine programmatische Forderung, wie die eines allgemeinen Streiks der Physiker in der weiteren Ausarbeitung der atomaren Energiegewinnung, verrät das Bewußtsein, daß diese Gewalt in den Händen der Politiker nicht jenes Maß von Immunität gegen die Versuchungen der Macht und die volle Höhe menschheitlicher Verantwortung verbürgt, die für das Forschergewissen Bedingung der »Übergabe« zu sein scheinen. Das wache Wissen um die »unterweltlichen« Verwurzelungen der Atomkraft, das wissenschaftlichem Geiste unverlierbar sein muß, könnte dem

Politiker – als eine Größe unter anderen, seiner Weltsicht näher gelegenen – nur zu leicht verdeckt werden. Dem echten Forscher sind menschheitliche Kategorien seines Denkens und seiner Verantwortung in seinem wissenschaftlichen Ethos fest begründet; der Politiker ist zuerst Exponent nationaler Interessen und wird bestenfalls um die Gewinnung universaler Maßstäbe bemüht sein. So zeigt sich die Schärfe der Krise, die sich im Übergang über die Grenze zwischen wissenschaftlichem und politischem Bereich ergeben muß. Auf dieser Grenze wird das moralische Problem der Atomkraft wesentlich ausgetragen werden; auf dieser Grenze allein können moralische Faktoren in Kraft treten.

Das Machtmittel im Verfügungsfeld des Politikers hat eine spezifische Eigengesetzlichkeit, die als immanente Aktualisierungstendenz gekennzeichnet werden kann. So wie das technische Gebrauchsprodukt Bedarf zu erzeugen vermag, so schafft das technische Machtmittel mit eigenartiger Automatie auslösende Situationen. Die gefährliche Atmosphäre von Mißtrauen, wirklicher und vermeintlicher Bedrohung, die aus dem bloßen Vorhandensein großer Machtpotentiale entsteht, beweist das. Mächtige Impulse empfängt diese Tendenz der Aktualisierung auch aus den Investitionen großer wirtschaftlicher Werte für die Schaffung solcher Machtfaktoren, wobei der Druck gegen bloße »Lagerung«, gegen die »Ruhestellung« von der eigentümlichen Dynamik eben des wirtschaftlichen Bereichs herkommt, dessen oberstes Prinzip »Funktion« ist. Die Analyse dieser Phänomengruppe ließe sich wohl noch vertiefen; hier mag der Hinweis genügen.

Gemäß unserer einleitenden Bestimmung, daß alles moralphilosophische Bemühen seine Einsichten an der Erhellung der in der Handlung einbezogenen und betroffenen Wirklichkeit zu gewinnen habe, ist der Realitätszusammenhang der neuen Weltkraft »Atomenergie« von uns in einer ganz vorläufigen Überschau und Gliederung ausgebreitet worden. Der Problemkreis »Atommoral« ist ja als solcher überhaupt erst zu umreißen und der methodische Ansatz seiner Behandlung als unaufschiebbare Aufgabe philosophischer Klärung aufzuweisen. Diese entwurfhafte Natur unserer Überlegungen wird nun noch deutlicher, wenn die Forderung einer normativen Entfaltung der gewonnenen Ergebnisse aufgenommen wird.

Das menschliche Handeln in der Welt und an der Welt – unter

methodischem Absehen von seinen transzendenten Bezügen – läßt sich wohl unter einem allgemeinen normativen Begriff zusammenfassen, dem Begriff der Kultur. Dieser Begriff hebt sich von der anderen Richtung ethischer Verpflichtung, dem Bilden des Einzelnen an sich selbst, zunächst durch sein konstitutives Moment der Gerichtetheit auf menschliche Gemeinschaft ab. Kultur ist ein Inbegriff des weltbezogenen Handelns von und in menschlichen Gemeinschaften. Soll gemeinschaftsgebundenes Handeln sinnvoll sein, so muß es in der Gemeinverbindlichkeit von Richtwerten und deren Setzung als Ziele des Handelns begründet sein. Die Weltbezogenheit des gemeinschaftlichen Handelns wiederum kann nur einen Grundzug haben: nämlich die herrschaftliche Stellung des Menschen zu aller natürlichen Gegebenheit, die in dem Gottesauftrag der Genesis »Macht euch die Erde untertan und herrschet!« ihre volle Prägnanz gefunden hat. Können wir an diesem Punkte eine wirklich konkrete Ausarbeitung der beiden Elemente »herrschaftliche Stellung« und »natürliche Gegebenheit« gewinnen, so ließe sich aus dem Kulturbegriff der Rahmen für die moralphilosophisch-normative Durchdringung der hier aufgegebenen Probleme entfalten. Das kann hier freilich nur andeutend geschehen.

Zunächst muß der volle Umfang von »natürlicher Gegebenheit« bezeichnet werden. Diese ist keineswegs mit stofflicher Gegebenheit zu identifizieren. Sie umfaßt diese ebenso wie die Eigenbezirke des Lebendigen und des Geistes, und sie schließt auch die ganze trieblich, emotional und rational bestimmte Wirklichkeit des Menschen selbst mit ein. Das ist die für unsere Besinnung entscheidende Integration des Begriffes »Natur«: er meint hier keineswegs nur die außermenschliche Wirklichkeit, die dem Menschen gegenüberstehende, sondern schließt das ganze Feld des Menschlichen ein. »Herrschaft« weiterhin gilt hier als etwas anderes als ein Niederhalten, Unterdrücken, Ausschalten, Nicht-zur-Geltung-kommenlassen; Herrschaft vollzieht sich vom Menschen her in der geistigen Durchdringung und Erhellung, in der Einsichtnahme in die Gründe und Bedingungen, aber auch in der künstlerischen Entdeckung der Symbolgehalte der Weltwirklichkeit. Hier gemeinte »Herrschaft« kann auch nicht in der Verkennung oder trotzigen Ableugnung der Bindungen und Relationen ihrer selbst gelten.

Unsere Entfaltung des Kulturbegriffes gelangt so zu einer Konzeption von »Beherrschung der Natur«, in der solche Beherrschung als das aus Welterhellung und Selbsterhellung geleitete Bewältigen der natürlichen Wirklichkeit aufscheint, die ihrerseits von der stofflichen Außenwelt bis in die Untergründe des Menschlichen reicht. Die Krise des Kulturbegriffs verschiebt sich damit von der bloßen Verfügbarmachung oder Gestaltung äußerer Natur weg auf die Beherrschung der menschlichen Natur selbst in allen ihren Dimensionen. Daß diese Beherrschung niemals ein zwischenmenschlicher oder gar institutionell-staatlicher Akt sein kann, sondern nur freie Souveränität aller Einzelnen über sich selbst, das bedarf im Angesicht der geschichtlichen Erfahrungen unserer Zeit keines Wortes.

Vor dem nun aufgerollten, gleichsam »normativen Horizont« wäre unsere zuvor umrissene Analyse der atomaren Machttechnik aufzustellen. Die weiterhin leitenden Fragen ließen sich so formulieren: Ist die aus dem Kulturbegriff als normativ entwickelte Gestalt von Naturbeherrschung im Bereich der Atomtechnik mit ihrem wesenhaften Auseinanderklaffen von realer Handhabung und geistiger Bewältigung überhaupt zu verwirklichen? Und: einen Fortschritt in der wirklichen Beherrschung der atomaren Natur vorausgesetzt, wird die Selbstbeherrschung der menschlichen Natur ein entsprechendes Maß gewinnen können oder wird sie im Gegenteil in einem Zerreißen des Zusammenhangs dieser beiden Herrschaftsbereiche der personalen Souveränität endgültig gefährdet werden?

Die Überführung der elementaren Energie in die technische Realität bedeutet eine Krise der ethischen Kraft der Menschheit. Die Atomtechnik ist ein eminentes Problem, an dem sich die moralphilosophische Besinnung der Gegenwart zu bewähren hat. Diese Besinnung setzt voraus eine eindringliche Analyse der einbezogenen Schichten der Wirklichkeit und die Aufstellung eines umfassenden normativen Horizonts. In der Konfrontierung beider entwickelt sich die Dialektik der »Atommoral«.

Freilich ist das so entworfene Problem ein Problem der Grenze, nicht nur der Grenze von Erkenntnis und Praxis. Indem wir den Kulturbegriff zum Ansatz einer auf Normgewinnung zielenden Überlegung machten, schalteten wir, wie ausdrücklich vermerkt wurde, transzendente Bezüge des Themas methodisch aus. Vielleicht liegt aber das Schwergewicht der ganzen Frage jenseits dieser Abgrenzung, im transzendenten Bereich? Das würde – in prägnanter Fassung – bedeuten, daß die Besinnung auf die Moral der Atomtechnik letztlich eine theologische zu sein hätte. Diese Grenzziehung könnte nur dem als müßig erscheinen, der die weittragenden Folgerungen aus der Entscheidung dieser letzten Frage übersieht. Wenn wir zur Gewinnung der normativen Richtung dieser Überlegungen einen Kulturbegriff aufgeboten haben, der sich an Weite und Intensität als das menschliche Weltverhältnis schlechthin – wobei im »Menschlichen« das eigentliche Maß liegt – darstellt, so haben wir auch schon die Grenze philosophischer Normsetzung erreicht. Das aber heißt doch: das bindende und verpflichtende Moment solcher Norm kann nicht mehr überboten werden. Und damit sehen wir uns der akuten Formulierung des neuen moralischen Weltproblems gegenüber: Kann das »Menschliche« über Verhalten und Handeln in unserer Gegenwart seine vollgewichtige normative Geltung behaupten oder neu gewinnen? Je nachdem wir uns zur Beantwortung dieser Frage gedrängt sehen, werden wir uns entscheiden können, entweder im hier umgrenzten Raum moralphilosophischer Besinnung weitere Vertiefung und einen tragfähigen Boden zu erstreben oder jene Grenze zu überschreiten und alles auf die Unterwerfung unter ein göttliches Gebot, einen absoluten Anspruch und ein verheißenes Gericht zu setzen.

2.
Das Verhältnis von Natur und Technik als philosophisches Problem

Nicht nur vor unseren Augen, sondern auch unter unseren Händen entsteht und besteht die technische Welt. An ihr ist nichts, was wir als gegeben hinzunehmen und erkennend erst zu durchdringen hätten. Die technische Realität ist derart, daß sie erst aufgrund und kraft erlangter Erkenntnis und durchgeführter Berechnung in Wirklichkeit umgesetzt ist. Wenn wir dennoch bei dieser durch und durch nachrechenbaren Sache unserer gegenwärtigen Welt vor einem Problem stehen, und zwar einem der dunkelsten und dringlichsten der Zeit, so muß es auf einer anderen Ebene liegen als der, in welcher die Bedingungen der Funktion technischer Gebilde ausgemacht werden können. Nun sind wir aber trotz des klaren Bewußtseins der sich hier immer drängender zusammenballenden Problematik weit davon entfernt, die leitende Fragestellung auch nur annähernd formulieren zu können; wir wissen noch nicht einmal, in welchem spezifischen Bereich möglicher Fragen eben diese entfaltet und angegangen werden kann.

1. Die gegenwärtige Problemlage

Zunächst scheint die Gesamtheit der hier überhaupt möglichen Fragen selbstverständlich einen Filialbereich der Naturwissenschaft zu bilden. Die Technik hat sich historisch als angewandte Naturwissenschaft konstituiert, als konstruktive Verlängerung der Natur, und diese strukturelle Kontinuität scheint auch Charakter und Methodik ihrer Probleme endgültig zu bestimmen.

Die geschichtliche Wirklichkeit des menschlichen Lebens mit der Technik hat jedoch diese Grundauffassung nicht bestätigt. Die Technik, als gegenständlicher Bezirk der modernen Welt, hat sich immer sichtbarer aus der funktionalen Kontinuität zur Natur gelöst und ist in neue, eigengeartete, ja gegensätzliche Konstellationen zur natürlichen Wirklichkeit getreten. Vom bloßen *Gebrauch* der Natur im Dienste der Lebensfristung über die sich mehr und mehr steigernde *Ausbeutung* der Natur als eines Energie- und Rohstoffreservoirs geht die Entwicklung des technischen Bewußtseins und Willens bis zum Anspruch auf radikale und totale *Umwandlung* der Natur als der bloßen *materia prima* der Machtausübung des Menschen.

Folgerichtig erscheint in der Einsicht dieser Zusammenhänge der *Mensch* als das Prinzip, in dem das Verhältnis von Natur und Technik als willentliche Setzung gegründet ist. Als ein Wesen; dem seine Existenz nicht durch organische Anpassung an die natürliche Umwelt gewährleistet ist, das daher in den Daseinsmodus der Selbstbehauptung und Selbstproduktion seiner Lebensbedingungen hineingezwungen ist, bringt der Mensch die Technik als Antwort auf seine spezifische Seinsproblematik hervor. Der Mensch *ist* ein technisches Wesen: die technische Realität ist das Äquivalent eines Mangels seiner natürlichen Ausstattung. Die moderne Technik ist daher nicht eine einzigartige Erscheinung der menschlichen Geschichte, sondern nur das ins Bewußtsein gerückte, willentlich ergriffene Durchvollziehen einer im Wesen des Menschen verwurzelten Notwendigkeit.

Aber auch dieser anthropologische Ansatz erweist sich vor dem Phänomen der Technik als unzureichend. Als Grundzug der technischen Sphäre enthüllt sich mehr und mehr ihre *Autonomie,* die zunehmende Unverfügbarkeit für den Menschen, das Überspielen seiner Entschlüsse, Wünsche, Bedürfnisse durch eine Dynamik der Sache, die dem gesamten Leben der Epoche einen unverkennbaren homogenen *Stil* aufprägt. Die äußere und innere Herrschaft, die die Technik über den gegenwärtigen Menschen erlangt hat, schlägt sich in der gängigen Metapher von der ›Dämonie der Technik‹ nieder, die gerade den ungeklärten Stand der Problematik aufs deutlichste bekundet. Die Rede von der Autonomie und Dämonie der Technik, von ihrer unentrinnbaren Perfektion, bereitet vor und rechtfertigt die unmittelbar drohende Kapitulation vor einer vermeintlichen Notwendigkeit. Sie verfestigt das resignierte Genügen an der Aporie, der Verlegenheit, und schneidet den eigentlich philosophischen Weg ab, der von der Aporie zur Problemstellung führt. Wenn aber die Philosophie sich hier ihren Anspruch nicht verkürzen läßt durch vorgreifende Absolutsetzung, dann vermag sie zumindest das Bewußtsein offenzuhalten für die Fraglichkeit der gängigen Formeln, in denen das lähmende Gift der Resignation eingenommen wird.

Wie man die Möglichkeiten der Philosophie in dieser Situation einschätzen soll, das ist eine Frage, die nur in einem umfassenderen geschichtlichen Horizont an Profil gewinnt.

2. Natürliches und verfertigtes Seiendes in der griechischen Metaphysik

Für das Seinsverständnis der Griechen sind Sein und Natur, οὐσία und φύσις, fast gleichbedeutende Begriffe. Was das Seiende als Seiendes ausmacht, ist dies, daß es auf sich selbst ruht, aus sich selbst – und nicht durch Hinzukommendes, Eingreifendes – das ist, was es seinem Wesen nach ist, sein Charakter des Sich-selbst-Tragens (οὐσία). Dieser Grundzug des Seienden als Seienden aber ist abgelesen am Wesen der Natur: das Natur-Seiende hat das Prinzip seines Seins und Werdens (ἐντελέχεια) in sich selbst. Pflanze und Tier werden und sind, was sie werden und sein können, im genetischen Naturzusammenhang *aus sich selbst.* Dieser genetische Zusammenhang ist selbstgenugsam, bedarf keines äußeren Zuschusses: immer wieder entstammt jedes Seiende einem solchen des gleichen spezifischen Gepräges (εἶδος). Die Einheit der Natur als eines solchen genetischen Zusammenhanges konstanter Grundgestalten bedarf nicht der Frage nach einem Anfang, sie ist aus sich selbst verstehbar gerade und nur als Einheit eines zeitlich unendlichen Zusammenhanges: ἐξ ὄντος γίγνεται πάντα.[1] Der Begriff der ›Natur‹ deckt und erfüllt den Begriff des Seins.

Wie aber wird der Seinscharakter des *Verfertigten* diesem Grundverständnis zugeordnet? Sein Ursprung ist Fertigkeit (τέχνη), und es scheint nicht im selbstgenugsamen und unendlichen Zusammenhang der Natur zu stehen, sondern seinen *Anfang* aus einer Setzung zu haben, die in der Kontinuität der spezifischen Gestaltungen einen Sprung darstellt. Erst eine vertiefte Interpretation des antiken τέχνη-Begriffes zeigt, daß auch das Verfertigte seinen Seinscharakter aus dem inneren Zusammenhang der Natur entlehnt und daß das durch τέχνη Seiende nur kraft solcher Entlehnung ein Seiendes genannt werden kann. Der Mensch als Träger der τέχνη ist nicht das *radikale* Prinzip der τέχνη ὄντα. Er selbst ist das, was

1 Aristoteles, *Metaphysik* 1069b 19.

er seinem Wesen nach ist, ganz und gar als Glied der genetischen Einheit der Natur, und zwar so sehr, daß er ständig als Paradigma ihres selbstgenugsamen Zusammenhanges berufen werden kann: ἐζ ὄντος γίγνεται πάντα ... ἄνθρωπος γὰρ ἄνθρωπον γεννᾷ.[2] Der Mensch ist Glied des Kosmos und nichts darüber oder daneben. Er ist das Lebewesen, das sich von den anderen Arten dieser Gattung durch den Besitz des Logos unterscheidet (ζῷον λόγον ἔχον). Dieser Logos ist der Inbegriff des besonderen Bezuges, den der Mensch zum Kosmos hat, indem er nämlich das Sein des Kosmos in sich als Begreifen und Erkennen zu ›versammeln‹ vermag (λέγειν ursprünglich = ›sammeln‹). Alle Möglichkeiten dieses Seienden ›Mensch‹ sind regiert von und fundiert in seinem Besitz des Logos, also auch seine Werke setzende Fertigkeit, die τέχνη. Durch ihre Naturbezogenheit verliert sie den Schein spontaner, originärer Radikalität und Gewaltsamkeit: τέχνη ist nur möglich als sich ins Werk setzender Vollzug des im Logos begründeten Bezuges des Menschen zur Natur. Das bestätigt sich darin, daß z. B. Aristoteles zwischen dem Werk (ἔργον) des Menschen und dem ›Werk‹ von Pflanze und Tier nur eine graduelle, aber keine wesentliche Differenz zugibt. Der Logos begründet nur ein Mehr an Möglichkeiten, aber keinen wesentlichen Unterschied des Wirkens. Das τέχνῃ ὄν ist also nur kraft seines Aufruhens auf dem φύσει ὄν selbst ein Seiendes (οὐσία), ein sekundärer Modus des Naturseins, aus welchem auszubrechen gegen den Logos und damit gegen das Wesen des Menschen wäre, sinnlose Gewaltsamkeit (βία) und Beraubung des Seienden an seinem Sein (στέρησις).

Auf dieser Auslegung des Verhältnisses von Natur und Technik, die geleitet ist von einem bestimmten Verständnis des Seienden als des in sich selbst Begründeten, ruht die antike Sicht der Rangordnung des menschlichen Verhaltens auf: die θεωρία ist der πρᾶξις; nicht nur als instrumentale Bedingung vorgeordnet und übergeordnet, sondern die Theorie ermöglicht die Praxis erst dadurch, daß sie zum Sein den eigentlichen und wesentlichen Zugang hat und so alle werkhafte Entlehnung und Ableitung der Praxis erst fundiert, die pure Gewaltsamkeit aber ausschließt. Damit ist auch der Freiheit ihr Rang und Spielraum klar zugewiesen.

2 Aristoteles, *Metaphysik* 1069b; 1070a 8.

3. Die Umkehrung des Verhältnisses von *natura* und *ars* durch den Schöpfungsgedanken

Selbstverständnis des Menschen als Glied des homogenen Naturzusammenhanges, Sinngebung der Freiheit aus dem Spielraum der gegebenen Weltgestalt, Fundierung der τέχνη auf den im Logos versammelten Kosmos – das waren die einander korrespondierenden Aspekte des antiken Seinsverstehens, das als ›Sein‹ im genauen Sinne nur die aus sich selbst unendlich sich gestaltende Natur im genetischen Zusammenhang ihrer konstanten Gestaltbildung gelten läßt, während das werkhaft Seiende *als* Seiendes nur in *Herleitung* aus diesem Sinnbezirk verstanden werden kann. Eine radikal neue Sicht des Verhältnisses von Natur und Technik, und damit die Freigabe eines ungleich erweiterten Spielraums der technischen Freiheit, wird sich folgerichtig nur aus einem Wandel des Seinsverstehens von Grund auf entfalten können.

Was macht die Radikalität dieses Wandels, die Eröffnung neuer Möglichkeiten des Denkens und Handelns aus? Vorgreifend läßt sich sagen: die *Selbstgenugsamkeit* der Natur und ihres Wirkzusammenhanges als der fundamentalen ontologischen Dimension wird aufgebrochen. Prägnantester Ausdruck dessen ist, daß der Naturzusammenhang nun als ein zeitlich endlicher begriffen werden muß und die Frage nach den Prinzipien und Strukturen seines immanenten Verlaufes überboten wird durch die Frage nach dem *Anfang*, eine Frage, die ihren Sinn und ihre Dringlichkeit erst dadurch erhält, daß Kosmos und Sein nicht mehr kongruieren, der Kosmos das θεῖον ὄν nicht mehr selbst ist oder es enthält, sondern nur von einem *anderen* seiner selbst her in seinem Sein begriffen werden kann und seinen Ursprung hat. Das Sein des Seienden geht nicht mehr auf und begründet sich nicht mehr hinreichend in seinem genetischen Zusammenhang; vielmehr ist die Natur als eine Einheit der φύσει ὄντα jetzt ihrerseits ein τέχνῃ ὄν. Die Genesis der Natur, herleitend verfolgt, bricht ab im Nichts als der Unmöglichkeit ihrer selbstgenugsamen Begründung, der sie die göttliche Gewalttat der ›creatio ex nihilo‹ entriß, ein im genauen Sinne ›technischer‹ Urakt, der radikalste *Sprung*, den das Denken nur noch als Limes seiner rationalen Möglichkeit zu begreifen vermag. Hier entspringt zugleich die scharfe Umkehrung des Verhältnisses von Natur und Technik, die als Inbegriff der ›Bekehrung‹ (conversio) der antiken

Ontologie angesehen werden muß. Die *Freiheit* empfängt ihren Sinn nicht mehr vom gegebenen Sein als Natur, sondern umgekehrt hat die Natur ihren Sinn durch die urgründende göttliche Freiheit, durch das nicht weiter befragbare ›Quia voluit‹ des Schöpfungsentschlusses.[3]

Wie aber steht der *Mensch* in diesem neuen Verhältnis von Natur und Technik? Der Mensch ist nicht mehr aus seiner Gliedschaft im genetischen Naturzusammenhang heraus zu begreifen, er ist nicht mehr einfachhin ›Natur‹ und in seinem Wesen auf den Boden der Natur angewiesen. Seine Einzigartigkeit liegt nun aber keineswegs erst – wie zumeist allein beachtet wird – in seiner Erwählung und Heilsbestimmung, die ihn auch aus einer ursprünglichen Einwurzelung im Naturganzen herausheben könnte, sondern schon in seiner *Herkunft,* die nicht mit der des Ganzen der Schöpfung einfach zusammenfällt, sondern den einzelnen Menschen im Kern seines Wesens als je einziges, originäres und unmittelbares Geschöpf der göttlichen Macht uranfänglich beginnen läßt. Daß die Seele des individuellen Menschen nicht im natürlichen Zeugungszusammenhang entspringt, sondern durch einen je einzigen Schöpfungsakt aus der Hand Gottes hervorgeht, bedeutet nichts Geringeres als das Fundament der radikalen Eigenwüchsigkeit und Autonomie des Menschen im Ganzen der Natur, dem er doch phänomenal eingewurzelt ist. Daß der Mensch seinem Wesen nach in Gegensatz und Auseinandersetzung mit der Natur und in ein Macht- und Vergewaltigungsverhältnis zur Natur treten kann, ist erst im Horizont der christlichen Ontologie als Möglichkeit verstehbar. Die Differenz des christlichen *Kreationismus* zum antiken *Generationismus* hinsichtlich des Seelenursprunges ist von unabsehbaren latenten Konsequenzen für das künftige Weltverhältnis des Menschen im Abendlande. Erst der Mensch, der nicht seinem Sein nach aus der Natur *hervorgeht,* sondern in sie *hineingestellt* ist und damit nicht eine ›natürliche‹ und darum fraglose Vorzeichnung seiner Existenz in ihr vorfindet, ist ein potentiell ›technischer‹ Mensch, der in der Auseinandersetzung mit der Natur zu leben hat.

3 Augustinus, *De Genesi contra Manichaeos* I, 2, 4.

4. Die theologische Verschärfung der Differenz zwischen Natur und menschlicher Existenz

Die Heterogeneität von Mensch und Natur verschärft sich nun auf dem Boden des christlichen Seinsverstehens zum tragischen *Hiatus* durch das die christliche Existenz tief durchdringende Bewußtsein von einer Urentscheidung des Menschen, die das Verfehlen seines ursprünglichen Seinsollens zum Grundzug seines Daseins machte. Der Mensch, der seine Freiheit *gegen* das gottgewollte Sein gesetzt hat, vermag sich dennoch nicht der Notwendigkeit zu entziehen, *mit* und *aus* diesem Sein sein Leben zu fristen. Die Ursünde macht die Natur zum Widerpart seines Selbstbesitzes; sein Leben ist, wie schon das 3. Kapitel des 1. Buches Mosis zeigt, daher geprägt von der Mühe, Härte und Arbeit des *Und doch* seines Lebenmüssens in der Natur, die ihm nicht mehr tragender Daseinsboden und bereite Lebensquelle ist, in die er vielmehr als ein Verstoßener geworfen ist. Die unversöhnbare Differenz von Freiheit und Notwendigkeit, die aus der Sünde entspringt, bestimmt ihn zu einem Dasein, das wesentlich Mühe, Arbeit, Kraftaufgebot, Gewalt, also ein ›technisches‹ ist und seinem Willen das unerreichbare, aber zugleich unaufgebbare Ziel setzt, Existenz und Natur, Müssen und Können, Freiheit und Notwendigkeit dennoch zu ›mühelosem‹ Einklang zu bringen. Nicht zufällig wird am Ursprung der Neuzeit nicht nur der Aufstieg des naturwissenschaftlichen Denkens als des Instrumentes technischer Realisierung, sondern auch die reformatorische Verschärfung des Sündenbewußtseins und damit des Hiatus von Existenz und Natur stehen. Die moderne Technik ist zwar ›Anwendung‹ der modernen Naturerkenntnis; aber daß es zu solcher dynamischen Transposition der Erkenntnis ins Reale kommt, hat seinen hinreichenden Grund nicht in diesem inneren Zusammenhang zwischen Wissenschaft und Technik selbst, sondern in der Konsequenz jenes Verständnisses der Stellung der Existenz in der Natur. Für die Entstehung der spezifischen modernen Wirtschaftsform ist man diesen Zusammenhängen intensiv nachgegangen; für die Technik fehlt es noch an einer Analyse des geistesgeschichtlichen Hintergrundes ihrer Ursprünge.

5. Die Aufhebung der mittelalterlichen Scheidung von Gebrauch und Genuß

Gegen diese Darstellung läßt sich nun ein schwerwiegender Einwand geltend machen: wie konnte trotz dieser fundamentalen Voraussetzungen das Mittelalter als der historische Raum einer christlichen Ontologie ein phänomenal so untechnisches Zeitalter sein? Gegen diesen Einwand wird man nicht nur ins Treffen zu führen haben, daß die genuinen christlichen Antriebe im Mittelalter entscheidend durch die kaum zu überschätzende Rezeption der antiken Metaphysik überdeckt und latent gehalten wurden, sondern auch, daß einer dynamischen Realisierung dieser Antriebe die Eigenart des Mittelalters entgegenstand, die Dringlichkeiten der Welt und des diesseitigen Daseins ›sub specie aeternitatis‹ zu depotenzieren. Die augustinische Formel, die das Verhältnis zur Welt auf das *uti,* den Gebrauch, beschränkte, das *frui,* den Genuß, aber der jenseitigen Seinserfüllung als dem absoluten Ziel vorbehielt, charakterisiert diese Sicht aufs deutlichste. Die Bedeutung dieses Vorbehalts für die *Latenthaltung* der die Technik innervierenden Antriebe bestätigte sich vom Ausgang des Mittelalters her: zu den entscheidenden Voraussetzungen der spezifischen technischen und ökonomischen Entwicklung der Neuzeit gehört die Aufhebung der Differenz von *uti* und *frui,* von Gebrauch und Genuß. Der notwendige Gebrauch der Natur erfüllt sich als freier und in sich Genüge findender Genuß.

Immer deutlicher zeigt sich, daß die Bestimmung der Technik als *Anwendung* der modernen Wissenschaft nicht als *Erklärung* ihrer Stellung im Bild der Neuzeit genügt. Denn daß Erkenntnis *nicht* sich selbst genügt und in sich beruhen kann, sondern über sich hinaus auf Anwendung drängt, ist ganz und gar nicht selbstverständlich. Die Antike sah in der Erkenntnis und dem durch sie erlangten Wissen das Höchste und den Inbegriff menschlichen Strebens, wie der Anfang der aristotelischen Metaphysik zeigt. Weshalb das Wissen am Beginn der Neuzeit sich nicht mehr zu genügen beginnt, läßt sich also nicht damit begreifbar machen, daß man sagt, es *dränge* zur Anwendung. Vielmehr zeichnet sich jetzt die Deutung ab, daß die moderne Wissenschaft durch das geschichtliche Selbst- und Weltverständnis geradezu zu ihrer instrumentalen Funktion *herausgefordert* worden ist, ja daß ihr eigener Aufstieg durch das

Voraussein des technischen Willens entscheidend provoziert worden ist. In einer philosophischen Betrachtungsweise kehrt sich die landläufige Auffassung des Folgeverhältnisses von Wissenschaft und Technik um.

Die Aufhebung der fundamentalen mittelalterlichen Differenz von Gebrauch und Genuß ist unabsehbar in ihren Konsequenzen. Der auf eine jenseitige Erfüllung hin instrumentale Gebrauch der Welt ist seinem Wesen nach *endlich*, der Weltgenuß dagegen, der den bloßen Gebrauch absorbiert, *unendlich*. Die Ablösung des endlichen Weltbildes durch ein unendliches, die überhaupt die Epochenschwelle zur Neuzeit charakterisiert, markiert auch diese historische Linie. Im Prinzip ist schon hier – mögen die Konsequenzen auch erst viel später sichtbar zutage treten – der entscheidende Übergang vollzogen, der vom Gebrauch der Natur und der Anwendung ihrer Gesetze zu ihrer rückhaltlosen Ausbeutung und Eroberung als sich selbst sinngebender Dynamik der Technik führt. Der innere Widerspruch einer Grundlegung, die auf *Genuß* zielt und *Arbeit* zur Voraussetzung hat, wird erst am Ende der technischen Entwicklung zu voller Schärfe aufbrechen.

6. Die Einheit des Ursprunges von Wissenschaft, Technik, Kunst und Macht am Beginn der Neuzeit

Die dargestellten ontologischen Zusammenhänge werden noch bestimmter bestätigt, wenn man auf die zumeist vernachlässigte Einheit der Voraussetzungen achtet, die den Ursprung der modernen *Kunst* mit dem der modernen *Technik* verbindet. Das lateinische Wort ›ars‹ ist der Erbe der Bedeutungen, die griechisch mit τέχνη bezeichnet wurden: Kunst und Technik im heutigen Sprachgebrauch, sind Entfaltungen der ursprünglichen ›ars‹ des Menschen, einer ›Kunst‹, die sich als die Einheit des werkgestaltenden Könnens des Menschen verstehen läßt. Das gemeinsame Neue der neuzeitlichen Kunst und Technik ist die Auffassung, die der Mensch sich von den Möglichkeiten seines Könnens im Hinblick auf die Verwirklichung seines Genußwillens gebildet hat. Das Moment des Genusses macht den einen Grundzug der neuzeitlichen Ästhetik aus, das der schöpferischen Macht des Künstlers den anderen. Die neue Sicht, in der dem Menschen sein eigenes Können erscheint, läßt sich nur auf dem Hintergrund der geistesgeschichtlichen Situation des ausgehenden Mittelalters verstehen, die durch den *Nominalismus* bestimmt wird.

Hier wird aus wesentlich theologischen Motiven heraus das Vertrauen des Hochmittelalters in die Erkenntniskraft der Vernunft radikal erschüttert; der Zugang zum Wesen des Seienden, das der unendlichen Freiheit des göttlichen Schöpfers entsprungen ist, ist der endlichen Vernunft des Menschen verwehrt. Die Gesamtheit unserer Erkenntnis ist nur in der Praxis der Weltorientierung und Wirklichkeitsbewältigung als ›richtige‹ bestätigt und gerechtfertigt. So sind die Begriffe nur ›nomina‹, nicht ›conceptus‹, und ›richtig‹ und ›falsch‹ drücken nur die ökonomische Funktion des innerweltlichen Sich-Einrichtens und Sich-Zurechtfindens aus. Damit aber hat unser gesamtes Erkenntnisvermögen von vornherein einen Charakter erhalten, den man getrost als ›technischen‹ ansprechen kann: es ist nicht vernehmend hingegeben an das Seiende, das ihm doch verschlossen ist, sondern es ist originär schöpferisch, eine ganz und gar menschliche, nur auf die menschliche Weltaufgabe hingeordnete Einheit von Begriffen und Gesetzen produzierend. Unsere *Erkenntnis* ist ihrem Wesen nach schon Kunst und Technik in eins, *die* ›ars humana‹, die sich erst sekundär aufspaltet in die Ausdrucks- und Werkformen der ›Kunst‹ und ›Technik‹ im neuzeitlichen Sinne. Erstmals zeigt sich die menschliche *Autonomie* als der Grundzug der heraufziehenden Epoche; aber ihr Ursprung ist nicht Selbsterhebung und Selbstüberhebung des Menschen, sondern die Antwort auf die Not der wesenhaften Fremdheit in dieser Welt und der Verfehlung ihrer gottgegründeten Wahrheit. Nicht der Kraftüberschuß und -überschwang ist primär, sondern die der *Notwendigkeit* sich unterwerfende Kraftentfaltung. Da die gottgeschaffene Welt dem Menschen nicht zu eigen werden kann, ist der Mensch in die Not gestürzt, seine eigene Welt aus eigener Kraft zu bilden.

Die gegebene Natur aber, verborgen in ihrem Wesen und nur als ›res extensa‹ in den wissenschaftlichen Quantitätsformeln zu befassen, wird zum bloßen *Rohstoff* der ›ars humana‹. Der Stil des Weltverhältnisses, dessen Grundlegung dargestellt wurde, ist so tief in den Geist der Neuzeit eingegangen, daß er selbst heute noch die in Ost und West gespaltene Welt überspannt: die Unterwerfung der Natur unter den Willen des Menschen ist hier wie dort das immer ausdrücklicher formulierte Programm. Was der Techniker im amerikanischen Laboratorium vom Sinn seiner Arbeit sagt, das spricht auch aus den Projekten, die der Osten propagiert: *Hier wird die Welt zum zweitenmal geschaffen*! Wie verborgen diese Selbstformulierung des technischen Willens noch vor kurzem war und wie ausdrücklich sie heute geworden ist, zeigt sehr augenfällig die Geschichte jener ›Ersatzstoffe‹, die, zunächst der Natur mühsam *nachgemacht*, heute einen ungeheuren Komplex der Technik repräsentieren, in dem der Natur etwas ›vorausgemacht‹ wird oder werden wird.

Die gewonnenen Einsichten über den geschichtlichen Zusammenhang, aus dem diese moderne Technik als ein unvergleichliches Phänomen hervorgegangen ist, bestätigen sich, wenn man versucht, den weiteren Umkreis der Vorstellungen und Begriffe, die den Beginn der Neuzeit markieren, als Sinneinheit zu verstehen. Hierher gehört der Streit der Renaissance um das Wesen der Kunst als *imitatio* oder *inventio*; der Begriff *der Erfindung*, später ein Specificum des technischen Bereiches, wird zuerst in diesem Zusammenhang bedeutsam. Eine Schlüsselgestalt der beginnenden Neuzeit wie *Leonardo*, der nicht zufällig Künstler und Techniker zugleich war, bestätigt die Einheit des Ursprunges. Auch wird man die Heraufkunft des Begriffes der politischen *Macht* als Anspruch auf rational-technische Verfügbarkeit des öffentlichen Geschicks auf dieselben Fundamente begründen müssen.

Die *Theologie* versucht, die menschliche Autonomie als göttlichen Auftrag in christlicher Bindung zu halten; so sagt *Nikolaus von Cues*, zugleich einer der Begründer des *Experiments*, nämlich des Versuches, die Natur unter die Bedingungen der menschlichen Erkenntnis zu bringen: *O Domine ... posuisti in libertate mea ut sim, si voluero, mei ipsius. Hinc nisi sim mei ipsius, tu non es meus ...*[4] In diesen Zusammenhang fällt auch der vielschichtige Programmbegriff der ›reformatio‹. *Marsilio Ficino*, der ihn proklamiert, will ihn universal-kosmisch verstanden und exemplarisch in der Kunst verwirklicht sehen:[5] der göttlichen ›formatio‹ der Natur korrespondiert die menschliche ›re-formatio‹, die dadurch zum Anliegen des Menschen wird, daß er in die erste Schöpfung nicht selbstverständlich und wie in sein Eigentum eingewurzelt ist. Immer ist die Di-

4 *De visione Dei* VII.

5 *De christiana religione* XVIII.

stanz von Existenz und Natur das ontologische Fundament. *Descartes* erhebt die Forderung des *jetter par terre* alles historisch und naturhaft Vorgegebenen (*prévention*), das den Raum für den radikalen, gleichsam ›ex nihilo‹ ansetzenden *Entwurf* der Wissenschaft und Moral freilegt; die Auffassung der Einheit der Wissenschaft als Entwurf ist in ihrem Wesen ›technisch‹. *Giambattista Vico* gebraucht nur eine andere Vokabel, wenn er alle Arten menschlichen Handelns und Wirkens als *poietisch* zu begreifen sucht; erstmals bezieht er dabei die *Geschichte* in den Bereich der ›ars humana‹ ein.

So werden die Umrisse einer Interpretation sichtbar, die die Signaturen der Neuzeit, Wissenschaft, Technik, Kunst und Macht aus der Einheit ihres Ursprunges in der geschichtlichen Sinngebung des Seins zu verstehen sucht. Das Problem der Technik läßt sich aus dieser Einheit nicht als ein für sich zu formulierendes oder zu lösendes herausreißen.

7. Die ›zweite Natur‹ der Maschinenwelt als Konsequenz des technischen Willens

Nun ist gegen die Auffassung der Geschichte der modernen Technik als konsequenter Entfaltung eines inneren Prinzips ein gewichtiger Einwand erhoben worden. Ortega y Gasset hat in seinen deskriptiv wertvollen, ontologisch aber unzureichend fundierten »Betrachtungen über die Technik« auf wesentliche Differenz hingewiesen, die innerhalb des technischen Bereiches selbst zwischen ›Werkzeug‹ und ›Maschine‹ gesehen werden müsse.

Kann diese nicht zu übersehende Differenz noch aus der ungebrochenen Vollstreckung der bisher aufgewiesenen ontologischen Fundamente her ausgelegt werden oder hebt hier etwas radikal Neues an? Es hat sich gezeigt, daß der Mensch der Neuzeit in die Not und Notwendigkeit der technischen Weltbildung hineingestellt ist, eine Not, die erst aus dem Kraftbewußtsein ihrer Bewältigung zur ›Tugend‹, nämlich zu Würde, Stolz und Hybris der menschlichen Autonomie und Autarkie, gewendet wurde. Es liegt in der inneren Dynamik des Vollzuges dieser Weltaufgabe, daß die anfängliche Notlösung sich zum unbedingten Rang einer ›zweiten Schöpfung‹ erhebt, die sich in einem Geschaffenen manifestiert, das dem der ersten Schöpfung nicht wesentlich nachsteht. Wenn also das Geschaffene der ersten Schöpfung wiederum als ›Natur‹, als in sich begründetes Aus-sich-Selbst des Gestaltens und Wirkens, begriffen wird, dann muß der ›zweiten Schöpfung‹ die innere Tendenz auf eben diesen seinsmäßigen Rang hin innewohnen, das heißt: sie kann sich nur in einer ›zweiten Natur‹ erfüllen. Die Charakteristik des natürlichen Seins, daß es das Prinzip seiner Gestaltung und seiner Funktion in sich trägt, wird folgerichtig in den Bereich des technischen Werkes transponiert. Hier liegen die Antriebe zur Herausgestaltung des Automaten, der Maschine, der ›aus sich selbst‹ funktionierenden Gebilde der modernen Welt, die der ›ersten Natur‹ um so adäquater erscheinen konnten, je mehr es gelang, diese selbst nach dem Schema eines ›Weltautomaten‹ zu begreifen. Dieses Schema der Naturdeutung entspringt nicht primär dem Ausdehnungsdrang der Grundvorstellungen des technischen Menschen, sondern es ermöglichte seinerseits erst die Konzeption der Maschine als einer technischen Transposition des Naturbegriffes.

Daß die Maschine ›produziert‹, daß sie industriell nutzbar zu machen ist, ist demgegenüber erst ein später und sekundärer Zug, so daß man den wesentlichen Einschnitt nicht erst bei der Erfindung der Industriemaschine (1825: mechanischer Webstuhl) ansetzen darf, sondern auf die barocke ›Spiel‹welt der Automaten auf den Traum vom ›Perpetuum mobile‹, dem absoluten technischen Aus-sich-Selbst, zurückgehen muß. Das Schlüsselwort aber dieser wesenhaften Tendenz der technischen Welthaltung auf die ›zweite Natur‹ hin ist der Unbegriff der ›Organisation‹, der das Organische als Produkt einer Konstruktion voraussetzt.

Aber stehen wir mit dem Begriff der ›zweiten Natur‹ schon am Ende der möglichen Konsequenzen, die das Seinsverständnis der Neuzeit impliziert? Ist der Anspruch der ›unbedingten Herstellung‹, wie *Heidegger* den technischen Willen genannt hat,[6] in der ›zweiten Natur‹ einer perfektionierten Maschinenwelt ausgetragen oder liegt es im Zuge solcher Unbedingtheit, daß sie nichts anderes neben sich duldet, das heißt: daß die ›zweite Natur‹ nicht nur die Potenz zur *Aufhebung* der ›ersten Natur‹ bereitgestellt hat, sondern auch aus ihrem Wesen heraus auf die Vollstreckung derselben hindrängt? Die Erfahrungen des Menschen mit dieser letzten Phase möglicher technischer Realisierung stehen erst im Beginn.

6 *Über den Humanismus*, [Frankfurt/M. 1947,] S. 88.

3.
Hat die Wissenschaft versagt? Was wiegt schwerer: Gewinn an Wahrheit oder Verlust an Glück? – Antwort eines Philosophen auf eine ketzerische Frage

Lieber Herr Blumenberg,

Sie wissen, daß mich seit langem die Frage beschäftigt, was eine sehr späte Geschichtsschreibung aus gehörigem Abstand an unserem gegenwärtigen Zeitalter am meisten in Erstaunen versetzen wird. Für einen Mann der Zeitung, der dem täglichen Andrang des Aktuellen gegenübersteht, doch wohl eine verständliche Frage, nicht wahr? Jetzt ging es mir plötzlich auf, als ich folgende Zeitungsnotiz meiner Frau vorlas: es sei amerikanischen Wissenschaftlern gelungen, die Kloake der Großstädte in proteinhaltige Nahrungsmittel umzuwandeln. Meine Frau reagierte empört: Darf man so etwas überhaupt erforschen und erfinden? Gibt es denn keine Grenze, an der die Wissenschaft haltmachen muß?

Und in diesem Augenblick wurde mir klar, daß die erstaunlichste Tatsache unseres Zeitalters die Geduld des Menschen mit der Wissenschaft ist – mit der Wissenschaft, die seinen Unterdrückern die Mittel der Macht, der Drangsalierung und Vernichtung in die Hand gibt. Nie hat man davon gehört, daß einem der Entdecker und Erfinder dieser wissenschaftlich exakten Mittel und Praktiken auch nur ein Schmähruf entgegengeschollen wäre – und das in einer Zeit, in der die Massen sich der Demonstration, des Streiks, des Meinungsdrucks gegen alles, was ihnen unangenehm und unbequem ist, mit Meisterschaft bedienen. Wäre nicht die Rebellion der Menschheit gegen die Wissenschaft einer der noch unbegangenen Wege ihrer Friedenssuche? Und besteht nicht Hoffnung, daß der Wissenschaftler selbst seine Schlüsselstellung für den Bestand und die Regung moderner Macht endlich benutzt, um eine Wendung der Dinge zu erzwingen, um den Gebrauch des Werkzeuges »Wissenschaft« auf das Menschenwürdige und Menschendienliche zu beschränken? So stelle ich Ihnen, dem Wissenschaftler, die nackte

Frage: Hat die Wissenschaft nicht versagt? Hat sie dem Menschen das Mehr an Wahrheit und das Mehr an Glück gebracht, das in ihrem Ursprung und in ihrem Siegeszug durch die Neuzeit verheißen worden war?
Trotzdem: unverändert herzlich

Ihr
Alfons Neukirchen*

Lieber Herr Neukirchen,

vorausgesetzt, Sie hätten das Zeug zum Rebellen gegen die Wissenschaft, zum Anstifter des Massensturms auf Laboratorien und Institute – Ihr Stichwort zur Revolte käme dennoch um ein gutes Jahrhundert zu spät. Nicht nur, daß die Völker ihre Unfähigkeit zu einer wirksamen Rebellion für den Frieden vielfältig unter Beweis gestellt haben; es fehlt den Massen heute der Glaube an ihre eigene Kraft, an die Revolution als ein Mittel, sich von ihren Bedrückern zu befreien. Dieser Glaube an die Revolution ist erdrückt worden von den Erfahrungen des Versagens aller revolutionären Versuche seit der Französischen Revolution, die letzten Endes immer nur zur Immunisierung der Macht gegen jede Art des Widerstandes geführt haben.

Und die Wissenschaftler selbst? fragen Sie. Man kann nicht übersehen, daß ihnen die Problematik ihrer Errungenschaften heute sehr zu schaffen macht; aber man darf auch nicht übersehen, daß sie in einem Konflikt stehen, der ihre Entschlußkraft lähmt und sie hier und dort zu dienstbaren Figuren im Feld der Mächte werden ließ – ich meine den Konflikt zwischen der verpflichtenden Idee aller Wissenschaft, der Wahrheit zu dienen, und der Drohung der *Konsequenzen*, die aus den Ergebnissen dieses Dienstes an der Wahrheit entspringen können. So sieht der Wissenschaftler sich in seinem eigenen Ethos gefangen: er hat der reinen Erkenntnis sich verschworen, aber die Wahrheit, zu der sie ihn führen soll, ist dem Menschen nichts schuldig, sie herrscht über den Menschen hinweg mit der Gleichgültigkeit einer fremden und furchtbaren Gottheit.

* [Alfons Neukirchen (1908-1993), mit dem Hans Blumenberg ab Anfang der 1950er Jahre Briefe wechselte, war Feuilletonchef der *Düsseldorfer Nachrichten*.]

Sehen Sie, das ist eine geschichtliche Erfahrung, die niemand hätte voraussehen können, überraschend und deshalb noch längst nicht überall geglaubt: das *Mehr* an *Wahrheit*, das uns die Wissenschaft gebracht hat, ist nicht selbstverständlich auch ein *Mehr an Glück*, an Frieden und Zufriedenheit, an Bewältigung der uns gestellten Lebensfragen. Und nun muß ich sagen: für den Wissenschaftler ist es fast unmöglich, ist es Selbstaufgabe und Eidbruch, diese furchtbare Differenz, sagen wir: zwischen Wahrheit und Menschlichkeit einzusehen und einzugestehen. Es wiederholt sich auf höherer Ebene der wohl typische Konflikt der bewußten Persönlichkeit in der Gegenwart, die Unschlüssigkeit zwischen Fahneneid und Moralität. Welches Unmaß an Verwüstung ist nötig – wir wissen es nur zu gut –, um eine Epoche, ein Volk zur Preisgabe einer Idee zu zwingen, an die sie ihre Existenz gebunden haben! Nein, lieber Freund, der Wissenschaftler wird nicht einsehen, daß die Triumphe seiner Erkenntnis zugleich Niederlagen des Menschen in seiner Existenz sein können. Die Wissenschaft ist selbst ein gewaltiges Experiment, das nicht auf halbem Wege abgebrochen werden kann. Und wir können uns keineswegs darüber sicher sein, wie es ausgeht – darin liegt Hoffnung.

Sie fahren schwerstes Geschütz auf gegen die Wissenschaft, lieber Herr N., die Wasserstoffbombe und die Kloake, das überdimensional Schreckliche und das unterdimensional Unappetitliche. Darf die Wissenschaft, so fragen Sie, in die Kloake hinabsteigen, um uns die Nahrung der Zukunft heraufzureichen? Ach, das ist eine hinterhältige Frage – sie birgt einen Hinterhalt nicht nur für mich, sondern auch für Sie, mein Lieber. Enthält Ihre Frage nicht das Zugeständnis, daß dieselbe, Wissenschaft, die die Mittel zur Vernichtung von Millionen bereitstellt, sich zugleich verzweifelt müht, das Leben von vielmals so vielen Millionen zu ermöglichen? »Die Naturwissenschaften und die Technik ermöglichen wohl etwa ein bis eineinhalb Milliarden Menschen das Leben, die sonst nicht leben würden. Diese Zahl liegt größenordnungsmäßig hundertmal höher als die Verluste der letzten Kriege«, zitiere ich aus einer gründlichen Untersuchung zu dieser Frage.

Und da sehe ich Sie abwehrend die Hände heben. Nein, ich denke nicht daran, mir dieses Argument zueigen zu machen; es ist ein gut wissenschaftliches, nämlich ein statistisches Argument – und zugleich ein unmenschliches. Man kann die Menschen, die ohne Wissenschaft und Technik nicht geboren oder der feindlichen Natur zum Opfer gefallen wären, nicht aufrechnen gegen die, die durch Wissenschaft und Technik dem Zugriff menschlicher Willkür und Bosheit erliegen konnten. Die Hundert, die da mehr geboren oder erhalten sind, haben kein »existenzielles« Gewicht gegenüber dem Schmerz um den einen, der sinnlos aus dem Leben gerissen wurde durch einen Tod, der nicht mehr als Gesetz der Natur oder als Schicksal begriffen werden kann. Aber die Wahrheit scheint gleichgültig zu sein gegen diese unüberbrückbare Differenz, so wie sie gleichgültig dagegen ist, ob sie im grünen Waldesdom oder in der Kloake gefunden wird – das Schreckliche und das Unappetitliche, eben das Menschliche sind ihre Maße nicht. Und daß sie ausgemünzt werden kann, daß sie der Transformation in Nutzen, Geschäft, Macht und Tod fähig ist, das berührt die Wahrheit selbst nicht.

So sicher es ist, daß nur die rechte Zuordnung des Wahren und des Guten es unmöglich machen kann, daß die Wahrheit gleichgültig über Hekatomben von Menschenopfern hinwegschreitet – so gewiß ist auch, daß die Geschichte nicht in den Rückwärtsgang umgeschaltet werden kann. Was uns bleibt, ist, uns den Blick zu schärfen für die *Möglichkeiten*, die sich im Feld der Zukunft für eine neue Einheit des Wahren und des Guten, der Erkenntnis und der Menschlichkeit zeigen mögen.

Müssen wir also zugeben, daß die Wissenschaft versagt hat? Die Antwort auf diese Frage hängt von der Stellungnahme zu der anderen Frage ab, was uns die Wahrheit der Wissenschaft *wert ist*. Und diese Frage ist eine ganz und gar »existenzielle«. Was das bedeutet, will ich Ihnen an zwei Beispielen verdeutlichen. Der Dichter *Franz Kafka* schilderte einmal einem Freund einen Besuch bei Johannes Schlaf in Weimar, der intensiv damit beschäftigt war, die bestehende Theorie des Sonnensystems umzustoßen und die Erde in den Mittelpunkt des Kosmos zurückzuversetzen. »Er führte uns zum Fenster seiner Kleinbürgerwohnung und zeigte uns die Sonne mit Hilfe eines alten Schülerfernrohres.« – »Ihr habt alle gelacht?« – »Woher! Die Tatsache, daß er es wagte, mit diesem lächerlichen Gegenstand aus der Verlassenschaft einer alten Zeit gegen Wissenschaft und Kosmos auszuziehen, das war so komisch und rührend gleichzeitig, daß wir ihm fast Glauben geschenkt hätten.« – Und zum zweiten eine Kanonade gegen die Gleichgültigkeit des Richtigen aus der Feder Léon Bloys aus dem Roman-Pamphlet »La femme pauvre«: »Bevor die wissenschaftliche Idiotie uns vergiftet hat, wußten die Kinder, daß das Grab des Erlösers der Mittelpunkt des Weltalls, die Angel und das Herz der Welten ist. Die Erde mag sich, so lange sie will, um die Sonne drehen. Ich habe nichts dagegen, aber nur unter der Bedingung, daß dieses Gestirn, das von unseren astronomischen Gesetzen keine Ahnung hat, ruhig seine Drehung um diesen unscheinbaren Punkt fortsetzt ... Die unvorstellbaren Himmel haben keine andere Aufgabe, als den Platz eines alten Steines zu bezeichnen, unter dem Jesus drei Tage lang geschlafen hat.«

So wenig ist dem Künstler und dem Religiösen die wissenschaftliche Wahrheit wert. Was sie *uns* wert ist, müssen wir aus unserem eigensten Lebensgrunde heraus zu beantworten suchen – es kann sein, daß wir die Antwort mit diesem Leben selbst bezahlen müssen.

Ihr ergebener
Hans Blumenberg

4. Das menschliche Männchen

Über Glanz und Elend des Fragebogens – Der verhängnisvolle Trick

»Die Tiere sind wie die Menschen!«, hört man nicht nur heute im Zoo vor dem Felsen der Pinguine oder vor dem Gehege der Schimpansen; dieses Motiv erklingt von den Fabeln des Aesop bis zum »Tierstaat« von George Orwell immer wieder in der Geschichte der Literatur. Jeder einzelne Faden aus dem Gewebe der Eigen- und Leidenschaften, die einen Menschen ausmachen, scheint irgendwo im Tierreich schon einmal in grotesker Isolierung dagewesen zu sein. Oder ist es nur das Vergnügen, uns in der Natur zu spiegeln, die Vielfalt des Lebens in uns zusammengefaßt zu wissen, was uns zu solchen Projektionen verlockt?

»Die Menschen sind wie Tiere!« Das ist nicht nur eine spielerische Umkehrung des ersten Satzes, es ist eine böse, versucherische Wendung seines Sinnes. Diese Wendung ist modern. Der Mensch ist sich zu »menschlich« geworden. Er ist weit aus der Natur herausgetreten, hat sich zu ihrem Herrn und Meister erhoben und fühlt nun die Last der Verantwortung, die es bedeutet, ein Mensch zu sein. Verstohlen und verhohlen lebt auf dem Grunde des modernen Bewußtseins die Sehnsucht, sich durch ein Hinterpförtchen wieder in den Schoß der Natur hineinzumogeln, wieder Naturwesen unter Naturwesen zu sein und ohne Scham sich seiner Nacktheit zu freuen.

Mächtige Helfer sind dieser Sehnsucht erstanden. Der neuzeitlichen Wissenschaft mußte die Exklusivität des Menschen gegenüber den anderen Wesen ein Ärger sein. Wie sollte sie das Unvergleichbare fassen, das Einzigartige klassifizieren? Linné, der Vater des wohlgegliederten Systems der Pflanzen und Tiere, das wir aus der Schule in quälender Erinnerung haben, katalogisierte den Menschen kurzerhand mit den ihm ähnlichen Affen unter dem Namen »Primaten«. Das war der entscheidende Schritt: der Mensch war, wenn auch als »Primus«, wieder ein Tier unter Tieren. Freilich bedurfte es noch vieler Mühe, ihm selbst das auch glaubhaft zu machen. »Das Tier etwas anheben, den Menschen etwas herunterdrücken, vielleicht noch ein Zwischenglied finden – und wir haben die Zoologie beieinander!« Das war das Rezept.

Und es fehlt ja leider nie an Gelegenheit, den Menschen »etwas herunterzudrücken«. Und es fehlt auch nicht an einem so ausgezeichneten Schimpansen, wie Koehlers weltberühmter »Sultan« es war, der im Raffinement der Beschaffung von Bananen nicht leicht von irgendjemand übertroffen werden kann. Und es sollte schließlich nicht an Zwischengliedern fehlen: man konstruierte sich den »edlen Wilden«, der noch so wild wie ein Tier und doch schon so edel wie ein Mensch (oder umgekehrt?) zu sein hatte, und mit etwas Gips und Phantasie »erschloß« man aus ausgegrabenen Zähnen und Hirnschalenfragmenten sinnfällige Ahnenporträts der Menschheit. Als Darwin 1871 den Ahnenpaß des Menschen der Öffentlichkeit übergab, ergriff ein unvorstellbarer Taumel die Zeitgenossen: die Entpflichtung des Menschen von der Menschlichkeit hatte begonnen.

Es war bezeichnenderweise der Schwerindustrielle Krupp, der 1899 einen hohen Preis für die beste Antwort auf die Frage »Welche Folgen ergeben sich, wenn man den Menschen wie ein Naturobjekt behandelt?« aussetzte. Wer auch den Preis bekommen haben mag, er hat ihn nicht verdient. Dieser Preis gebührt der Geschichte, die uns innerhalb eines halben Jahrhunderts das vollkommenste und konsequenteste Exposé zu dieser Frage geliefert hat.

Die wahre Lust, ein Tier zu sein, beginnt für den Menschen aber erst mit der Prosperität der Statistik. Welche bessere, beruhigendere Bestätigung für irgendein Verhalten läßt sich denken, als die exakte Angabe einer Statistik, daß 54,8 Prozent aller Menschen sich gleich verhalten? Dieses wichtige Instrument zur moralischen Selbstentlastung hat, wiederum bezeichnenderweise, ein amerikanischer Zoologe, Mr. Alfred Kinsey, in höchster Perfektion bereitgestellt; er hat eine erdrückende Fülle an statistischem Material über das »Sexual Behavior«, das geschlechtliche Verhalten zunächst des »menschlichen Männchens« – so muß man zoologisch zünftig doch wohl »Human Male« übersetzen – gesammelt. Da es in aller Welt heute zum guten Ton gehört, den »Kinsey-Report« möglichst auswendig zu kennen – so wie man 1920 das Vokabular Sigmund Freuds und 1930 die Thesen van de Veldes zu kennen hatte –, ist über den Inhalt kein Wort mehr zu verlieren. Nur der magische Zusammenhang von Zoologie und Statistik gibt uns zu denken – »Denken? – pfui, wie untierisch!«

Professor Kinsey ging von der Überzeugung aus, dieser intime, ins Persönlichste eingeschlossene Gegenstand bedürfte einer Art »demokratischer« Publizität, um ihn zu entzaubern, um ihn als natürlichste Natur dem Menschen neu zu schenken. Aber was er in seinem Bestseller vor uns ausbreitet, ist nicht Natur, sondern ein sorgfältig hergerichtetes Präparat. Alle Beteuerungen Kinseys, es handle sich um eine objektive, streng sachliche Untersuchung, täuschen nicht über den verhängnisvollen Trick hinweg, daß diese Massenbefragung zugleich den Charakter einer Abstimmung hat, die nach demokratischem Prinzip feststellen sollte, was »natürlich« und damit selbstverständlich erlaubt und was es nicht ist. Der statistische Durchschnittswert wird zur Würde der »Natur« erhoben und dadurch zu einem öffentlichen Maßstab für Dinge gemacht, die bis dahin der Selbstverantwortung des einzelnen Menschen anheimgegeben waren.

Nicht mit Gips und Ölfarbe, sondern mit Fragebogen und Tabellen hat uns Mr. Kinsey die Konstruktion des »menschlichen Männchens« und alsbald auch die des »menschlichen Weibchens« beschert. Hinter Maxima und Minima, Prozenten und Durchschnittswerten entschwindet uns der derart hochnotpeinlich Verhörte, der Mensch mit seiner privaten Sphäre und dem Geheimnis seiner nur ihm gehörenden Lebensgeschichte. Mit wie vielen Lügen hat er sein Eigentum gegen den Zugriff des Fragebogens verteidigt? Und sind nicht die, die es widerstandslos preisgegeben haben, gerade dadurch unzuständig, daß sie von diesem Siegel nichts mehr wissen? Hier ist der einzigartige Fall eines wissenschaftlichen Werkes, bei dessen Lektüre man sich nichts mehr wünscht, als daß der Verfasser von seinem Gegenstand gründlich in die Irre geführt worden sei.

5.
Die Rechnung ohne den Wirt
Von der Unsicherheit im Umgang mit der Technik

In Hollywoods Traumfabrik gibt es ein Studio, in dem die neuesten Errungenschaften der Psychotechnik nutzbar gemacht werden sollen, um den vollkommenen Einklang zwischen Filmleinwand und Filmpublikum herzustellen. Hier wird nach einem raffinierten Testverfahren der optimale »Schnitt« der einzelnen Szenen eines Filmes ermittelt. Etwa hundert Personen, die so ausgewählt sind, daß sie den Durchschnitt der großen Macht »Publikum« repräsentieren, wird das aus den Ateliers kommende Aufnahmematerial vorgeführt. Jeder hat vor seinem Sitz einen Druckknopf, durch dessen Betätigung er seine Zustimmung zu den gerade spielenden Szenen zum Ausdruck bringen kann. Auf elektrischem Wege setzt sich die Summe der hundert Einzelurteile in ein Kurvendiagramm um, das je nach dem Maß der Zurückhaltung oder Zustimmung verläuft und später beim Schnitt genau mit den entsprechenden Stücken des Filmes verglichen und abgestimmt werden kann.

Die Absicht ist klar: der im voraus ermittelte Publikumsgeschmack macht den Schnitt des Films unabhängig von dem subjektiven Empfinden eines einzelnen Menschen, etwa des Regisseurs oder des Cutters, und stellt diesen so wichtigen Abschlußvorgang der Filmherstellung auf den sicheren Boden objektiver Maßstäbe. Oder genauer –: würde es tun, wenn hier die Rechnung nicht ohne den Wirt, nämlich ohne diesen auf seine Durchschnittlichkeit getesteten, für Spannung, Sensation und Leinwandtraum so anfälligen Mann aus dem »Publikum« gemacht worden wäre. Zu spät bemerkt man, daß Herr X. und Fräulein Y. gar nicht daran denken, auf einen Knopf zu drücken, wenn ihr Star, ihr umschwärmter Held sich in furchtbarer Gefahr oder auf dem Gipfel der Leidenschaft befinden. Aufs höchste eingefangen und gespannt, haben sie längst vergessen, daß sie hier in einem Spezialstudio nur technische Funktionäre, Organe des ganz großen Geschäfts zu sein hätten – die Knöpfe bleiben unberührt, der Strom wird schwach, die Kurve auf dem Diagrammstreifen sinkt. Und – die Schere schneidet erbarmungslos den sicheren »thrill« aus dem Zelluloidband heraus.

Bis man stutzig wurde und dahinter kam, daß hier wieder einmal das magische Zutrauen zu Test und Apparat getrogen hatte. Noch inmitten der ausgeklügeltesten Konstruktion setzt sich der Mensch durch als das, was er wesenhaft ist: als Subjekt, das heißt: als eigenwilliges Wesen.

Auf seiner Wahltournee durch die USA bediente sich der Präsidentschaftskandidat Eisenhower bei seinen Reden eines Apparates, der ihm den Text der Reden in großen Leuchtbuchstaben so präsentierte, daß die Zuschauer nicht mehr bemerken konnten, die Rede sei abgelesen. Trotz dieser sinnreichen technischen Sicherung der rednerischen Wirkung passierte eine Panne; eine der wichtigsten Ansprachen, von der sich die Organisatoren des Wahlkampfes viel versprochen hatten, »fiel flach«, weil der Redner versucht hatte, noch etwas mehr, etwas Persönliches als das vorher Abgestimmte zu tun. Er hatte einige improvisierte Sätze am Anfang eingeschoben und war dadurch so in Rückstand zu dem unerbittlich abrollenden Leuchtschriftband geraten, daß für rednerische Bravour und Brillanz kein Spielraum mehr blieb. Die Gleichschaltung des Menschen mit dem Apparat im Dienste der demagogischen Perfektion war daran gescheitert, daß das Bedürfnis eines persönlich echten, sich unmittelbar aufdrängenden Wortes sich durchgesetzt hatte.

Das Bild vom Umgang des Menschen mit der Technik, das die beiden charakteristischen Vorfälle aus dem großen Experimentierfeld Amerika zeichnen, entspricht unseren Erwartungen. Europa ist durchdrungen von einer tiefen Skepsis gegenüber der Technik: von pessimistischen Untergangsphilosophen belehrt, sind wir längst darauf vorbereitet, daß der technische Fortschritt sich selbst überschlägt, daß die Sache schief gehen muß. Wer hätte bei der Lektüre unserer beiden Mißgeschicksanekdoten nicht bei sich gedacht: Ja, ja, so mußte es kommen!

Aber dieses Bild ist einseitig und ungenau. Es stellt den Menschen der neuen Welt in fortschrittsgläubiger Naivität dar, die jedes Problem mit einem Apparat beantwortet und ein lächerlich verdutztes Gesicht macht, wenn die Sache nicht funktioniert. Es gibt ebensoviel Beispiele für den umgekehrten Sachverhalt. Die letzte amerikanische Präsidentenwahl bot zum ersten Male Gelegenheit, die Dienste einer jener elektronischen Rechen- und Denkmaschinen für die Vorhersage des Ergebnisses in Anspruch zu nehmen, die unter dem Namen »Univac« in den USA zu einer Leistung entwikkelt worden sind, die ans Wunderbare grenzt. Bei der Entwicklung der Atombombe haben diese elektronischen Hirne ganzen Stäben von Mathematikern Jahre mühsamer Rechenarbeit erspart. In der Nacht der Präsidentschaftswahl machte man nun den Versuch, aus den ersten vorliegenden Teilergebnissen die Maschine das Endresultat vorausberechnen zu lassen, indem man sie vorher mit allen Teilergebnissen früherer Wahlen »impfte«. Das Elektronengehirn vermag unbegrenzt viele Daten und Zahlen in sich aufzunehmen, zu verwahren und mit anderen Daten und Zahlen zu vergleichen; es stellt ein »Gedächtnis« von ungeheurer Fassungskraft dar.

Als die ersten Stimmauszählungen einliefen, begann die Maschine zu arbeiten; sie fraß ungeheure Quantitäten von Zahlen, jagte sie durch das Labyrinth der Kabel und Röhren und produzierte in Sekundenschnelle das Ergebnis einer unnachdenklich komplizierten Wahrscheinlichkeitsberechnung. Sie prophezeite einen Wahlsieg Eisenhowers, der in seiner Höhe alle Vorhersagen anderer Art so weit übertrumpfte, daß keiner der beteiligten Ingenieure, Physiker, Mathematiker und Politiker auch nur einen Cent für die Richtigkeit dieser Zahlen verwettet hätte. Und nun geschieht das Groteske: die Ehre der Maschine muß gerettet werden, man manipuliert die Ergebnisse zum scheinbar Wahrscheinlichen hin und gibt sie der Öffentlichkeit bekannt. Man hat mehr Vertrauen zu den Fragebogenmethoden des Mr. Gallup als zu dem technischen Präzisionsmechanismus »Univac«. Wieder einmal setzt sich der Mensch gegen die Technik durch. Aber – und das ist das Entscheidende – er bekommt Unrecht. Die Vorhersagen der Maschine stellten sich schließlich als bis auf Bruchteile von Prozenten richtig heraus.

Bedenken wir, was das bedeutet. Die Berechnungen, auf denen die Auswertung der Atomkräfte beruht, sind so kompliziert und umfangreich, daß menschliche Gehirne und menschliche Arbeitskraft sie nicht mehr bewältigen können. Die Sicherheit im Umgang mit diesen gewaltigen Energien hängt an der Funktion von Apparaten, die selbst nur von wenigen hochgezüchteten Spezialisten noch verstanden und bedient werden können. Aber die Wahrscheinlichkeit, daß bei ihnen ein Fehler entsteht, ist viel geringer als bei einem Stab von Mathematikern, die sich gegenseitig ihre Resultate nachrechnen. Dennoch scheint es, daß das Gefühl der Unbehaglichkeit gegenüber der Maschine um so größer ist, je weniger uns ihr Funktionieren einleuchtet.

Das Überraschende, das sich uns hier ergibt, ist, wie wenig eindeutig das Verhältnis des modernen Menschen zur Technik ist. Er traut ihr ebenso leicht zu viel wie zu wenig. Er ist sich seiner Sache nicht sicher und flüchtet sich daher in eine blinde, magisch geblendete Unterwerfung einerseits, und in erschreckte, krampfhafte Abwehr andererseits. Dabei kommt es nicht mehr darauf an – kann gar nicht mehr darauf ankommen –, für oder gegen die Technik Stellung zu nehmen; ganz gleich, wie man sich dabei entscheidet – es ist absurd, hier überhaupt noch von einer möglichen und uns überlassenen Entscheidung zu sprechen. Wenn wir noch eine Aufgabe sehen wollen, kann sie nur darin liegen, das Verhältnis des Menschen zur Technik aus seiner Unsicherheit und Unstimmigkeit herauszuführen und ihm die Genauigkeit zu geben, die bei technischen Dingen nun einmal unerläßlich ist.

6.
Technik und Wahrheit

1. Das von Natur Seiende hat in der Antike einen ontologischen Vorrang vor dem Verfertigten. Die Physis *ist* wesentlich »aus sich selbst«, und sie ist wesentlich »aus sich selbst« *wahr*. So wahr also wie die Natur ist, so »natürlich« ist die Wahrheit. Die Redeweise, die das zum Ausdruck bringt, bedient sich der Metapher des *Lichts*. Im Licht artikuliert sich das Seiende als *Kosmos*, als verstehbare, einsichtige Ordnung. Wahrheit ist dann das, was »einleuchtet«.

2. Seinsgrund der Natur und Wahrheitsgrund der Erkenntnis sind also ein und dasselbe, wie das platonische Höhlengleichnis sinnfällig macht. Dem Licht als dem Prinzip der Erkennbarkeit des Seienden entspricht das *Sehen* als Paradigma der Erkenntnis.[1] Aus der *Theorie*, dem unbeteiligten Sehen, begreift sich der Mensch in seiner Möglichkeit zur Wahrheit. »Unbeteiligt« darf das Sehen sein, weil sich die Wahrheit ihm von ihr selbst her *darbietet*. Die rechte Weise der *Praxis*, von Tat und Werk, leitet sich immer ab von der im Sehen gegebenen Wahrheit: als *Poietik* ist sie verbindlich in der Nachahmung der Natur, als *Ethik* in der Einwilligung in die vorgegebene kosmische Ordnung. So kann das Prinzip des Seins und der Wahrheit, das Licht, zugleich begriffen werden als das Prinzip des *Guten*. In diesem Grundriß der antiken Ontologie ist aller *Techne* ihr sekundärer, fundierter Ort eindeutig bestimmt: die Techne ruht nachbildend auf der Physis auf.[2]

3. Obwohl das von Natur Seiende als aus sich selbst seiende und sich selbst tragende *Substanz* das Fundament aller Wahrheit ist, wird es doch als solches *für uns* nicht unmittelbar zugänglich. Als immer Bewegtes und Werdendes wird es, wie Aristoteles zeigt, nach dem Paradigma des Verfertigten verstanden. Obwohl *seinsmäßig* die Physis das Erste ist, wird sie doch *erkenntnismäßig* nur über die Techne zugänglich. An der *realen* Unterscheidung von Stoff und Form am technisch Verfertigten gewinnen wir das Strukturschema, mit dem wir das von Natur Seiende *begrifflich* analysieren.

1 Plato, *Staat* 508a-508b. [Die Nachweise der Zitate erfolgen im Erstdruck im Haupttext.]

2 Aristoteles, *Physik* 194a.

4. Das Mittelalter kompliziert die Zuordnung von Physis und Techne, von natura und ars. Die Natur bleibt »von sich her« wahr, weil sie *Schöpfung* ist. Die Licht-Metapher gewinnt noch an Bedeutung, indem sie an den theologischen Grundbegriff der Gnade heranrückt. Das Seiende ist *für* den Menschen geschaffen, und es erfüllt diese Bestimmung *als* Wahrheit, in seiner »veritas ontologica«. Daher ist dem Mittelalter eine tief eingewurzelte Seinsvertrautheit eigen, die mit der Gewißheit einhergeht, daß die Wahrheit »sich herausstellt«. Darauf beruht die ganze dialektische Erkenntnispraxis des Mittelalters. Aus ihrem unaufhebbaren Bezug zu einem offenbarungswilligen Gott heraus setzt sich im Gegeneinander der Meinungen, in der »disputatio«, die Wahrheit durch; ja sie zeigt sich zuweilen als das *Gewaltsame*, Ungelegene, wie *Anselm von Canterbury* im Prooemium des *Proslogion* die Entstehung seines berühmten Argumentes beschreibt: »tune magis ac magis nolenti et defendenti se coepit *cum importunitate* quadam *ingerere*«.[3]

5. Zugleich aber wird nun mit dem biblisch-christlichen Schöpfungsbegriff ein völlig neues Verhältnis von Physis und Techne grundgelegt: die Physis selbst ist einem Akt der Techne entsprungen. Die Wahrheit des Seienden ist in letzter Instanz in der »ars divina« begründet. Die Natur wird nicht mehr über das Paradigma der »*Herstellung*« nur hilfsweise begriffen, sondern sie wird damit im Grund ihres Seins erfaßt: sie ist ein »factum«. Hier setzt ontologisch der Primat der praktischen Vernunft ein, indem die Herkunft der Wahrheit aus dem *Akt* der Schöpfung gedacht wird. »...unaquaeque res dicitur *vera absolute* secundum ordinem ad intellectum a quo dependet«.[4] Die für das Mittelalter verbindliche Definition der Wahrheit als »adaequatio rei *et* intellectus« aus dem »Liber definitionum« des Isaak ben Salomon Israeli läßt ja die »Richtung« dieser adaequatio offen. Nun wird entdeckt, daß absolute Wahrheit nur als »adaequatio rei ad intellectum« gedacht werden kann. Das ist eine der folgenreichsten Entdeckungen, die sich unter der Oberfläche der Traditionalität der Scholastik vollzogen haben.

6. Solange der Ordo der mittelalterlichen Schöpfungswelt unerschüttert war, traten die *Konsequenzen* der Umkehrung des Verhältnisses von Physis und Techne nicht zutage. Die Gegenwärtig-

3 *Opera omnia*, ed. F.S. Schmitt I, S. 93 (Hervorhebung H.B.).
4 Thomas von Aquino, *Summa theol.* I q. XVI a.1 (Hervorhebung H.B.).

keit und Nähe des Schöpfergottes ließ die Möglichkeit, das Prinzip der Begründung der Wahrheit des Seienden als »fabricatio« *nicht* nur Gott vorzubehalten, außerhalb des Denkbaren. Die »*naturalia*« sind der Inbegriff des Seienden, das als von uns unbewirkbares nur der »cognitio speculativa« zugehört als einer »nullo modo [est] ad *actum* ordinabilis cognitio«.[5] Naturerkenntnis ist durch ihre »Unwirksamkeit« geradezu charakterisiert, denn sie hat nur solche Gegenstände, »quae non sunt natae *produci* per scientiam cognoscentis«.[6] »Natur« ist der Inbegriff dessen, was immer schon durch einen Anderen, nämlich Gott, hervorgebracht ist und *wesentlich* als nur durch ihn begründbar gedacht werden kann. Die »Anwendbarkeit« der Naturerkenntnis ist hier noch ganz und gar ungedacht und undenkbar.

7. Erst mit der neuen Situation des spätmittelalterlichen *Nominalismus* wird das ontologisch Neue wirksam. Hatte Thomas von Aquino noch von der »res naturalis« gesagt, sie sei »*inter duos intellectus* constituta«, zwischen dem göttlichen und dem menschlichen Geist, und sie sei wahr durch ihre »adaequatio ad utrumque«, so verliert nun dieses »Zwischen« seine Denkbarkeit.[7] Gott einerseits entrückt durch die extreme Theologie seiner Freiheit und Souveränität in eine unendliche und furchtbare Ferne und Fremdheit; der *Mensch* andererseits stürzt in die Tiefe seines Sündenbewußtseins und seiner Heilsungewißheit, in der die Reformation wurzelt. Die »adaequatio« des Wahrheitsbegriffes erscheint als unerreichbar. Der Mensch wird nun auf die bloße *Ökonomie* seiner Selbstbehauptung zurückgeworfen, und die »Wahrheit« wird verstanden als *Funktion* dieser Ökonomie, das heißt: sie steht im Dienst der Bewältigung der Wirklichkeit und empfängt von hier ihren Sinn. Anstelle der »*Natürlichkeit*« der Wahrheit tritt die Wahrheit als Ergebnis von »*Arbeit*« im weitesten Sinne, die Wahrheit, die uns »comme maîtres et possesseurs de la nature« macht, wie *Descartes* es formulieren wird.[8]

8. In der Methode des *Descartes* finden die Konsequenzen des angezeigten ontologischen Umbruchs ihre fast abgeschlossene Ex-

5 Thomas von Aquino, *Quaest. disp. de verit.* III, 3 (Hervorhebung und Auslassung H. B.).

6 Ebd.

7 *Quaest. disp. de verit.* 1, 2.

8 *Discours de la Méthode*, ed. Gilson, S. 62.

plikation. Der Mensch stellt sich selbst kraft seines Denkens auf ein Fundament absoluter Wahrheit; er wird sich für die Möglichkeit seiner Existenz selbst zum Prinzip. Die Wahrheit der Erkenntnis des Seienden beruht letztlich nicht darauf, daß es Gott geschaffen *hat*, sondern darauf, daß es der Mensch schaffen *könnte*. Das seit der Patristik ausschließlich auf Gott gewendete »Solus potest scire qui fecit« wird nun zum Prinzip der menschlichen Erkenntnisgewißheit. Die *Evidenz*, die in der ersten Regel des Discours gefordert wird, stellt sich ein durch Anwendung der zweiten und dritten Regel, die das Schema der *rationalen Konstruktion* des Gegenstandes enthalten. »*Analysis* veram viam ostendit, per quam res methodice et *tanquam a priori inventa* est, adeo ut, si lector illam sequi velit atque ad omnia satis attendere, rem non minus perfecte intelliget suamque reddet, *quam si ipsemet illam invenisset*«.[9] Erkenntnis ist wesentlich *Aneignung*, Begründung eines prinzipiellen Verfügungsrechtes über den Gegenstand. So theoretisch das cartesische Ideal der unbedingten Evidenz sich ausnimmt, so tief ist es doch bestimmt von der Implikation des »trouver une pratique« in dem weiten Sinne von »Praxis«, der Tat und Werk, Moral und Technik einschließt.[10] Hier beginnt die folgenschwere Verwischung der Grenze zwischen Handlung und Arbeit, Sittlichkeit und Leistung, Tugend und Energie. Die Vollendung der Wissenschaft als Gewähr einer universalen Beherrschung der Wirklichkeit ist geradezu Voraussetzung für die endgültige Normierung des menschlichen Lebens, das heißt: die perfizierte Technik ermöglicht erst die »morale définitive«. Der Wahrheitsbegriff, der sich hier durchzusetzen beginnt, macht eine generelle Supposition, die sich in der Gleichung posse = nosse formulieren läßt und die man als die »*technische Supposition*« bezeichnen könnte, auf der die Realisierung unserer technischen Welt als deren historische Manifestation aufruht. Die »Technik« kann nur deshalb *angewandte* Wissenschaft sein, weil schon diese Wissenschaft aus einem »technischen« Seinsverständnis und Wahrheitsbegriff entspringt.

9. Wissenschaftliche Erkenntnis ist nicht »*vernehmend*«, sie läßt sich nicht *primär* von der Sache her bestimmen. Sie ist vielmehr »*entwerfend*«, das heißt: sie läßt sich nur von der Sache her *bestä-*

9 Descartes, *Meditationes*, ed. Adam-Tannery VII, S. 155 (Hervorhebungen H. B.).
10 *Discours*, ed. cit., S. 62.

tigen, was sie zuvor systematisch supponiert und in Hypothesen formuliert hatte. *Hypothesen* sind ihrem Wesen nach »rationes factibilium«, Konstruktionspläne der Gegenstände. Wissenschaft antizipiert die Wirklichkeit als Inbegriff möglicher Produkte der Technik. So war es keine beliebige Abseitigkeit des Descartes, die Tiere als Automaten zu begreifen, sondern Ausfluß seines Wahrheitsbegriffes, nach dem der Erkennende im Erkennen den Gegenstand potentiell selbst konstruiert. Jede *Hypothese* zur Erklärung eines Phänomens ist prinzipiell Anweisung zur *Herstellung* dieses Phänomens, deren Ausführung das *Experiment* ist.

10. Am Experiment zeigt sich am deutlichsten der Umschlag von der »Natürlichkeit« der Wahrheit, der »*veritas ontologica*«, zur »Technizität« der Wahrheit, der »*veritas verificata*«. Mit Pathos wendet sich Descartes gegen das »verum casu«, das er dem »falsum« gleichsetzt.[11] Geist und Wahrheit haben keinerlei Inklination mehr zueinander, sie stehen sich sozusagen in eisiger Indifferenz gegenüber, ja unsere »inclination naturelle« läßt uns ständig der Unwahrheit verfallen. Dadurch wird die Erkenntnis zur Gewaltsamkeit, die sich »nocte dieque incubando« (Newton) vollzieht. Wahrheit ist das Ergebnis überwundener Schwierigkeiten: »Pour moi, si j'ai … trouvé quelques vérités dans les sciences …, je puis dire que ce ne sont que des suites et des dépendances de cinq ou six principales difficultés que j'ai surmontées …«[12] Man muß dieses Selbstzeugnis dem des Anselm von Canterbury konfrontieren (s. o. Nr. 4), um die radikale Wandlung des Wahrheitsverständnisses aufs prägnanteste vor sich zu haben. »Découvrir«,[13] »in apertum protrahere«,[14] wird die genaue Vokabel für diesen Sachverhalt. Erkenntnis bekommt den Charakter der *Arbeit*. Schon im ausgehenden Mittelalter finden sich Zeugnisse für die Auseinandersetzung zwischen dem neuen Verständnis der Wahrheit; so läßt *Nicolaus Cusanus* in seinen Idiota-Dialogen den Rhetor, als Typus des »geistigen Arbeiters«, fassungslos darüber sein, wie dem Laien, als Typus des Charismatikers, die Weisheit »zufällt«.[15]

11. Die »technische Supposition« läßt das Seiende wahr sein, in-

11 AT I, S. 522.

12 Descartes, *Discours*, ed. cit., S. 67.

13 Ebd., S. 69.

14 AT VI, S. 578.

15 E.g. *De Sapientia*, ed. Baur, S. 25 f. (Original in Latein verfaßt).

sofern es »*zum voraus gedacht*« ist und dadurch jene Fremdheit ganz und gar verliert, die es seit dem spätmittelalterlichen Nominalismus als das Werk des »ganz Anderen« angenommen hatte. Nur als das *Eigene* kann es im strengen Sinne wahr sein, da »die Vernunft nur das einsieht, was sie selbst *nach ihrem Entwurfe hervorbringt*«.[16] *Kant* hat das cartesische Programm des Gegenstandes der Erkenntnis als der »res methodice et tanquam a priori inventa« (s. o.) konsequent zuende geführt. In der Urheberschaft des Menschen an den Gegenständen seiner Erkenntnis gründet das Recht, nicht als »Schüler«, sondern als »bestallter Richter« an die Natur zu gehen, um sie zur Beantwortung seiner Fragen, zur Bestätigung seines Entwurfes zu »nötigen«.[17]

12. Die Objektbeziehung des experimentierenden Subjekts ist im Grunde ein Verhältnis der *Macht*. Die Naturgesetze sind Regeln über den Ausfall möglicher Experimente. Die Wirklichkeit, mit der es die Physik zu tun hat, läßt sich definieren als der »Bereich der Möglichkeiten, Phänomene der Wahrnehmung willkürlich hervorzubringen« (C. F. v. Weizsäcker). Die Physik schafft also nicht erst als selbst rein theoretische Erkenntnis die Möglichkeiten einer »*Anwendung*« ihrer Ergebnisse, sondern sie ist wesentlich *als* Erkenntnis eben Erkenntnis möglicher Herstellung. Technik ist also nicht erst ein *Derivat* der Wissenschaft, sondern sie ist *Aktualisierung* eines Wesensmomentes der wissenschaftlichen Wahrheit selbst.

13. Die umfassendste Formulierung hat dem Prinzip der »technischen Supposition« *Giambattista Vico* gegeben. Die Möglichkeit des Menschen zur Wahrheit fällt zusammen mit den Grenzen seiner schöpferischen – Vico sagt dafür »poietischen« – Freiheit. In »*De antiquissima Italorum Sapientia*« faßt er dieses Prinzip so zusammen: »... ex his, quae sunt hactenus dissertata, omnino colligere licet *veri criterium* ac regulam *ipsum esse fecisse*«.[18] Die Grenze dieses »ipse facere« ist die vorgegebene Materie, der Rohstoff der Techne; dies aber ist nicht der klassische Urstoff, sondern die ganze »Natur« als das in seinem Wesen unzugängliche Werk des Anderen. Der ontische Raum, in dem das menschliche »facere« seine Seinsmacht entfaltet, ist die *Geschichte* in dem weitesten Sinne aller Manifestationen der Freiheit, von den Gestaltungen des Staates und des Rechts

16 Kant, *Kritik der reinen Vernunft*, Vorrede zur 2. Auflage (KrV, B XIII).
17 Ebd.
18 *Opere*, ed. Ferrari II, S. 56.

bis zu Kunst und Dichtung. Exemplarisch ist auch hier, wie bei den Cartesianern, die *Mathematik*, und zwar insofern sie das reinste, amateriale – und das heißt hier: anaturale – »*fictum*« ist, dessen Bedingungen sich die Vernunft selbst gibt. »Geometriam demonstramus, quia facimus; si physica demonstrare possemus, faceremus«.[19]

14. Bei Vico wird sichtbar, daß der Bezug von Technik und Wahrheit auf dem Zusammenhang von *Freiheit* und Wahrheit fundiert ist. Die neuzeitliche Auszeichnung dieses Zusammenhanges vollendet sich wiederum bei *Kant*: indem er Freiheit und Vernunft identifiziert, überwindet er endgültig den seit der Antike bestehenden Verdacht, die Freiheit sei das Prinzip des Chaos, also potentiell die Zerstörung der Wirklichkeit als »Natur«, als intelligibler Kosmos. Kant setzt dagegen die Freiheit geradezu als Prinzip der Begründung von »Natur« als »Existenz unter Gesetzen«, nämlich des moralischen Kosmos der Menschenwelt. Indem der Mensch, der sich aus Freiheit selbst verwirklicht, sich Maximen als Leitfäden seines Handelns »entwirft«, wird ihm das moralische Gesetz als »kategorischer Imperativ« gewiß. Diese Gewißheit des moralischen Gesetzes ist die hervorragendste Weise, in der »Wahrheit« dem Menschen gegeben ist. Während die theoretische Vernunft eingeschränkt ist unter die Bedingungen einer Welt von bloßen »Erscheinungen« und ihr das Seiende »an sich« unzugänglich bleibt, ist die Gewißheit des moralischen Gesetzes der praktischen Vernunft eine letzte und unüberbietbare, nicht an Sinnesdaten gebundene Wahrheit. Hierauf beruht der *Primat* der praktischen Vernunft, der im Grunde ein Vorrang der Wahrheit ist.

15. Kant hat seinen Begriff der *praktischen* Vernunft, der sich auf das Prinzip der Freiheit gründet, sorgfältig abgegrenzt gegen den Begriff einer nur *technischen* Vernunft, die auf dem Prinzip der *Kausalität* als Einsicht in Zweck-Mittel-Zusammenhänge beruht. Aber gerade diese Unterscheidung zwischen dem »kategorischen Imperativ« der praktischen Vernunft und dem »hypothetischen Imperativ« der technischen Vernunft ist durch das 19. Jahrhundert um ihre Wirkung gebracht worden. Die technische Werkwelt der Gegenwart ist eine Welt hypothetischer Imperative: in ihr ist »*Freiheit*« ein Inbegriff des *Könnens*, eines der Idee nach unbeschränkten energetischen Potentials. *Wahrheit* wird im Grunde als *Energie*

19 [Vico,] *De nostri temporis studiorum ratione*, *Opere*, ed. Ferrari II, S. 13.

verstanden, wie *Auguste Comte* in seinem berühmten »Savoir pour prévoir, prévoir pour pouvoir« formuliert hat. Der *Positivismus* macht die technisch begründete *Ökonomie* der wissenschaftlichen Erkenntnis zum Programm, indem er ihr positive Grenzen ihrer auf »Wahrheit an und für sich« zielenden immanenten Dynamik setzt; und diese Grenzsetzung wird reguliert durch die technische *Funktion* der Erkenntnis. Die Wahrheit wird dem *Absolutismus* der Mittel unterworfen.

16. Dem ontologischen Vorrang dessen, was *ist* – wie er das antike und mittelalterliche Denken beherrscht –, setzt die Neuzeit den Vorrang dessen, was *sein soll*, entgegen. Das, was ist, wird immer schon im Dienste dessen, was noch nicht ist, begriffen. Die Natur ist ein Inbegriff von Rohstoffen, Energiereservoirs, Siedlungs- und Bewirtschaftungsräumen; der Mensch ist ein Funktionär der Zukunft seiner Gattung. Diese ontologische Grundentscheidung bestimmt, welche Fragestellungen möglich und sinnvoll sind. Dem Vorrang dessen, was ist, war die Frage nach dem *Was*, *Woraus*, *Woher*, *Warum* – das aristotelische Ursachen-Schema – angemessen. Dem, was erst sein soll, entspricht die Frage nach dem *Wie*, die technische Urfrage. Das »Know-How« wird zum Inbegriff alles Wissens, zum Modus der Wahrheit. Dieses Wie ist die Frage nach der Möglichkeit der Realität durch *Arbeit*.

17. Die *technische* Bestimmung der Freiheit erschöpft sich nicht darin, den Menschen als ein Wesen zu begreifen, das technische *Gebilde* hervorbringt, sondern als ein Wesen, das *sich selbst* technisch verwirklicht, dessen »Wahrheit« im Grunde technisch ist. Diese Grundauffassung beherrscht die biologische Abstammungstheorie, die den Menschen in der Kontinuität der Organismenreihe dort beginnen läßt, wo die *Mechanik* des Entwicklungsprozesses als solche »*ergriffen*« wird, das heißt: wo die Primaten beginnen, »*sich*« im genauen Sinne des Reflexivs zu entwickeln. Der Mensch verdankt sich wesentlich sich selbst, er ist »*autotechnisch*«; – er »hat« nicht nur Arbeit, er »ist« auch Arbeit. Philosophisch hat diese Auffassung ihre bestimmteste Formulierung bei *J.-P. Sartre* gefunden: der Mensch ist »anfangs überhaupt nichts«, das heißt: er ist »von Natur« wesenlos, er erzeugt seine Existenz selbst und ist »nichts anderes als wozu er sich macht«.[20]

20 *L'Existentialisme est un Humanisme*, dt. Ausgabe Zürich 1947, S. 14.

18. Der Mensch, der sich selbst nach seinem Bild hervorbringt, ist auch der Schöpfer seiner Welt, die demzuvor als »Natur« nichts als der Rohstoff seiner Konstruktion und Arbeit ist. Das demiurgische Pathos einigt noch die in Ost und West zerspaltene Welt. Die »kraft des Menschen« entstehende *Werkwelt* schließt sich zu einer Realsphäre von eigener immanenter Gesetzlichkeit zusammen. Als »Existenz unter Gesetzen« aber erfüllt diese Realsphäre den Begriff der »*Natur*«. Hier wird sichtbar, wie das frei eingesetzte Aufgebot der konstruktiven Idee und der kumulierten Energie »von selbst« umschlägt in einen naturhaften, das heißt: »aus sich selbst« regulierten Prozeß. Unser Bewußtsein ist leicht absuchbar nach solchen »*Naturierungen*«, in denen das ursprünglich Technisch-Faktische unvermerkt den Charakter des Naturhaft-Notwendigen annimmt. Der Typus des modernen Menschen ist weithin geprägt durch die Naturierung des Technischen, durch das Bewußtsein der Selbstverständlichkeit und Unvermeidlichkeit dessen, was doch von seiner eigenen Freiheit ausgegangen ist. Die Ontologie der Technik verwickelt sich in das Paradoxon einer »zweiten Natur«.

7. Reisen durch die präparierte Welt

Der kleine Gasthausgarten, dicht am Rebenhang in dem idyllisch gebetteten Flußtal, liegt in spätsommerlicher Abendstille da. Der Oberinspektor X. sitzt mit seiner Frau behaglich vor einer Flasche des ortsansässigen Weins, von dem er allabendlich mit allmählich erworbener Kennerschaft nach dem Essen eine Flasche auswählt. Denn seit fast zwanzig Jahren, die Kriegszeit ausgenommen, kommt er in jedem Sommer für zwei Wochen hierher, um sich an Leib und Seele aufzufrischen. Jedem Rat zum Wechsel des Standorts und der Methode hat er widerstanden. Und auch heute abend fühlt er es wieder bestätigt, daß diese Beharrlichkeit der Wiederkehr sich auszahlt in vertiefter Vertrautheit mit Natur und Menschenwelt.

Da blitzt es um die Windung der Straße in eitel Lack und Chrom, Bremsen knirschen, vor den Ausblick schiebt sich ein Super-Luxus-Reiseomnibus (»mit verstellbaren Schlafsesseln«), der seinen Inhalt in Minuten über den kleinen Gasthausgarten entleert. Laut Prospekt wird hier das Abendessen eingenommen, eine halbe Flasche vom letzten Jahrgang je Person im Pauschalpreis inbegriffen. Die Reisegesellschafter sind an Gang und Gesicht gezeichnet von dem Pensum des Tages, das sie absolviert haben: drei Dome zu je einer Viertelstunde, die Kunstausstellung in O., das Glockenspiel von H., zehn durchfahrene Städte, die auch nicht so ganz ohne Geschichte und Sehenswertes waren, dazu die einschlägigen Daten, Maße, Namen und Sagen … Ach, es ist schon gut, die über zweihundertfünfzig Kilometer angezogenen Beine jetzt auszustrekken und nach so viel Kultur, die man gesehen haben muß, der hungrigen und durstigen Natur ihr Recht zu geben. Mag auch dieser spießige Herr, der hier schon vorher saß, ein gekränktes Gesicht ob so viel lärmend fordernder Menschennatur ziehen. Schließlich besteht man ja nicht nur aus Bildungsdrang!

Und dann wird es dunkel. Dem Leibe ist Genüge getan, der ermüdete Geist durch die in weiser Voraussicht der Reiseorganisation im Pauschalpreis eingeschlossene halbe Flasche aufs neue belebt für den letzten Programmpunkt des Tages: Illumination der alten Ritterburg Räuberhausen, hoch über dem Flußtal. Rebenhänge und

Flußlauf sind im Dunkel der Nacht versunken. Da reißen tausendkerzige Scheinwerfer den Umriß der sagenreichen Feste ins Helle.

Der gemeinsame Kern aller Formen des modernen Tourismus erweist sich an diesem Paradigma als eine Sache der Optik. Das Kontinuum der Weltdinge zerfällt zu einer aneinandergereihten Folge von präparierten Ausschnitten. Die Technik überbrückt mit Geschwindigkeit und Komfort die »leeren« Zwischenräume. Aber der Drang, vieles und nur das Bedeutende zu erleben, hebt zugleich den gesuchten Erlebniswert selbst auf. Das Erlebenkönnen setzt ein Einleben und Mitleben voraus. Sonst bleibt die nackte Dinglichkeit eines unverstehbaren Relikts, das nichts als Bestürzung und Sprachlosigkeit hinterlassen müßte, wenn nicht auch dagegen Vorkehrungen getroffen wären. In Tausenden von Plakaten und Prospekten, in Reiseführern und Handbüchern sind die Formeln für die Erscheinungen schon vorgeprägt und eingeprägt worden. So kommt man nicht in die Verlegenheit, mit dem Unvermuteten fertig werden zu müssen. Mit schußbereiter Kamera entstürzt man dem fahrenden Behältnis, man weiß schon, was kommt, und zum tausendsten Male trifft man sicher den Standardaspekt, den schon neunhundertneunundneunzig zuvor auf ihrem Rollfilm »vereinnahmt« haben. So spart man die Zeit, die die Reiseagentur so dringend benötigt, um einem halb Europa in vierzehn Tagen vorbeiführen zu können, und sich den Vorwurf zu ersparen, es sei etwas ausgelassen worden.

Hat es Sinn, über diesen Unsinn der modernen Touristik zu lamentieren? Bleibt nicht auch dann noch, wenn der falsche Bildungsvorwand entlarvt ist, noch genug des Guten übrig, und sei es das blanke Vergnügen an der Abwechslung, die Vorfreude auf die bewundernde Zuhörerschaft daheim? Vielleicht auch eine kleine verbleibende Ahnung davon, wie vielfältig, wie gleich im Recht und Verschiedenheit die Welt ist, und wie borniert jeder überhebliche Stolz auf die eigene Parzelle darin? Das würde freilich genügen, würde selbst ein gutes Quantum falscher Prätention hingehen lassen – wenn nicht zugleich an einer Substanz gezehrt würde, die unwiederbringlich dahinschwindet: die Substanz eines in Jahrtausenden kultivierten Vermögens, Werte wahrnehmen und erfahren zu können. Der bare Bestand unserer Kultur ist untrennbar an dieses Vermögen gebunden. Geht es zugrunde, dann wird es nicht bei den Fingern der Scheinwerfer bleiben, die sich nach den Zeugen vergangenen schöpferischen Geistes ausstrecken.

Letzten Endes ist dies alles ein Problem des Menschlichen, sagen wir: der Tugend der Bescheidenheit. Der Oberinspektor X., den wir zu Beginn in dem kleinen Gasthausgarten bei seinem Wein antrafen, ist nie im Louvre, nie in Brügge, nie in Florenz gewesen. Er spürt vielleicht, daß man nicht hoffnungslos primitiv sein muß, wenn man nicht mit der passenden Vokabel die Venus von Milo dem »Selbstgesehenen« einverleibt hat. Er ist vielleicht bescheiden genug, daß sich ihm das kleine Stückchen Welt, das er in jedem Urlaub wieder umwirbt, mit seiner verborgenen Fülle hingibt. Und wenn er das Schmähwort des »Spießers« nicht scheut, das die laute Touristengesellschaft vorhin auf der Zunge hatte, dann wird ihm das wahre Glück allen Reisens zuteil: an der Fülle des Fremden sich das Eigene erst recht zu eigen zu machen.

8. Vom Unbehagen in der Natur

Gedanken beim Vorüberfliegen eines unsichtbaren Kometen

Der große Komet hat uns enttäuscht. Keine giftigen Dünste, kein Erzittern der Erde, keine Meteorschwärme, nicht einmal ein markantes Lichtsignal am nächtlichen Himmel – lautlos und unauffällig ist der kosmische Wanderer an uns vorübergezogen. Nur die Astronomen haben ihn gesehen und uns mitgeteilt, daß seine beobachtete Bahn nicht ganz der errechneten entsprach. Das freilich beunruhigt uns. Wir sind von der Astronomie an präziseste Voraussagen gewöhnt worden. Die Astronomie gewährleistet die Genauigkeit aller Zeitmessung, von der das reibungslose Ineinanderspiel der technischen Welt abhängt. Ohne zu wissen, wie es »gemacht« wird, stellen wir unsere Uhren nach dem »Zeitzeichen« – es ist ein Stück selbstverständlichen Vertrauens in die Wissenschaft, das noch nicht von Skepsis und Kritik angefochten wurde.

An der vielgerühmten Genauigkeit der »exakten« Wissenschaft hängt das Grundgefühl unseres Verhältnisses zur Natur. Daß sie zum ästhetischen Requisit, zur emotionalen Gefühlskulisse unserer Sonntagsausflüge, unserer Verliebtheiten und Ausnahmebestimmungen werden konnte, setzt voraus, daß ihre Macht uns nicht mehr ständig gegenwärtig ist. Das gehört zum »Programm« unseres Zeitalters, wie es zu Anfang des 17. Jahrhunderts Descartes formuliert hat: durch exakte Wissenschaft sollten wir zu »maîtres et possesseurs de la nature«, zu Bemeisterern und Eigentümern der Natur werden: Dieser Anspruch bestimmt uns noch heute, ja, er ist durch imposante Zwischenbestätigungen seiner Legitimität bis zur Selbstverständlichkeit gesteigert worden. Aber wie weit sind wir wirklich gekommen? Ist die Natur endgültig und unaufkündbar in ein gleichsam vertraglich gesichertes Dienstverhältnis zum Menschen getreten?

Wer die alltägliche Konsumware des lesenden Zeitgenossen auch nur einer flüchtigen Musterung unterzieht, dem fallen sofort Überschriften dieser Art auf: »Rächt sich die Erde?«, »Die Natur läßt sich nicht überlisten«, »Wettlauf zwischen Medizin und

Krankheit«, »Bedrohung aus dem Weltall?« Sagen Sie bitte nicht, hier würden die »niederen Instinkte« angesprochen. Es kommt nicht darauf an, ob die Instinkte höheren oder niederen Ranges sind: es kommt darauf an, welcher Art sie sind und was sie verraten. Der Mensch, der durch diese Schlagzeilen angesprochen wird, trägt ein geheimes Unbehagen in sich. Sigmund Freud hat vor einem Vierteljahrhundert in einem berühmten Buch von dem »Unbehagen in der Kultur« gesprochen. Das Freudsche Unbehagen gründete sich auf eine erschreckende Entdeckung: die Bloßlegung einer psychischen »Unterwelt« im Menschen. Seither erlaubt das Gespenst des Unterbewußtseins keinem mehr ganz, sich selbst zu trauen. Es ist wie nach einem Erdbeben: die Erde sieht so fest und verläßlich aus wie zuvor, aber das Vertrauen in ihren unverrückbaren Bestand kehrt nicht zurück. Das Unbehagen der Gegenwart, auf das die Schlagzeilen der Gazetten und Magazine spekulieren, ist anderer Art; es ist, um Freuds Formel abzuwandeln, »Unbehagen in der Natur«. Auch dieses Unbehagen geht auf die Entdeckung einer Unterwelt zurück.

Unser Jahrhundert begann mit der Veröffentlichung der Quantentheorie von Max Planck; mit ihr endet das Zeitalter der klassischen Physik, auf die sich das Vertrauen in die totale Berechenbarkeit der Natur gründete. Zwar weiß der Laie auch heute noch nur sehr Ungefähres über die Inhalte der neuen Physik; aber das Bewußtsein der Zeit ist doch schon auf breiter Front berührt von der Ahnung einer elementaren Unsicherheit, die aus dem Reich der Atome und Moleküle aufsteigt und alles Feste und Solide unserer Welt gespenstisch beschattet. Der Physiker Pascual Jordan hat zuerst von der »physikalischen Unterwelt« gesprochen. Das Gesetz, das die Bedeutung dieser Sphäre für unsere Welt bestimmt, könnte man auf die Formel bringen: Kleinste Ursache, größte Wirkungen. Das aber bedeutet den Bruch mit einer der Grundlagen all unserer Erfahrung, nämlich der Entsprechung von Ursache und Wirkung in ihrer »Größe«. Nun zeigt sich die Natur beherrscht von einer ungeheuerlichen Disproportion: an der geringsten Änderung oder Verschiebung im Gefüge winzigster Teilchen hängen Schicksale, keimen Epidemien auf – wenn es sich z. B. um die zwischen toter Materie und lebendigem Wesen schillernden Viren handelt –, entspringen organische Mißbildungen oder unabsehbare Neugestaltungen – wenn es sich um die Träger erblicher Eigenschaften, die

Gene, handelt –, entzünden sich weltgefährdende Energien – wenn eine atomare Kettenreaktion ausgelöst werden kann. Das Exempel vom »Druck auf den Knopf«, der etwas ungleich Bedeutenderes in Gang setzt, ist hier ins Überdimensionale projiziert, und das Gefühl, das den Laien so oft bei solchem Auf-den-Knopf-Drücken befällt, wächst ins Ängstigend-Beklemmende: daß wir immer weniger »wissen«, was wir tun, aber auch, weshalb wir es tun – was befürchten läßt, daß es auch ohne Grund und Sinn getan werden könnte.

Das Unbehagen in der Natur entspringt aus der Herrschaft des Unberechenbaren und Unsichtbaren. Die Natur hat den Wettlauf zwischen Instrument und Objekt schon gewonnen: die Beobachtung kleinster Objekte findet ihre absolute Grenze daran, daß sie den Gegenstand selbst verändert. Welche Wettläufe wird die Natur noch gewinnen? Etwa den zwischen antibiotischen Substanzen und Immunisierung der mit ihnen bekämpften Krankheitserreger? Oder den zwischen radioaktiver Strahlenverseuchung und Strahlenabwehr? Die Abfälle des Atomzeitalters werden vielleicht das größte Problem einer Epoche sein, die zu schreckliche Waffen hat, um sie je anwenden zu können, aber an den Rückständen ihrer Erzeugung zugrunde gehen kann. Die Angst vor dem Unsichtbaren begann mit der Mikrobenpanik, die längst abgeebbt ist. Aber die Strahlenpanik könnte uns noch bevorstehen. Ist der Mensch der Zukunft der mit dem »eingebauten« Geigerzähler, dem Anzeigegerät für unsichtbare radioaktive Strahlen? Dieser sechste Sinn eines immer wachen Mißtrauens spürt das Unbehagen noch in der reinsten Waldesluft, für ihn hat die Natur den letzten Rest von idyllischen Möglichkeiten verloren.

Auf dieses Unbehagen prasseln die Schlagzeilen von Erdbeben, Wetteranomalien, Sturmfluten, Lawinenkatastrophen, fliegenden Untertassen, drohenden Kometen. Dieses Unbehagen war vor einem halben Jahrtausend schon einmal da, als der helle Komet von 1456 am Himmel stand und die holzgeschnittenen Flugblätter eine »Flut von Plagen« ankündigten, das bevorstehende Ende der Welt. Aber der Schein des Endes verdeckte die Wirklichkeit eines Anfanges: es war die »Inkubationszeit« der modernen Welt, wie Egon Friedell die Epoche der Pest und der Kometen genannt hat. Was verbirgt uns das kosmische Unbehagen der Epoche des Geigerzählers?

9. Der Glaube an das »Und-so-weiter«

Ist die Gedankenles-Maschine unvermeidlich?

Eines Morgens steht die Nachricht in der Zeitung, ein bekannter französischer Professor, Mitglied des Collège de France, habe auf Grund sicherer Informationen angekündigt, daß es den Wissenschaftlern eines sehr fortschrittlichen Landes bald möglich sein werde, mit Hilfe radioaktiver Strahlen menschliche Gedanken zu registrieren und dadurch kontrollierbar zu machen.

Jeder kann an sich selbst das harmlose Experiment machen, die eigene Reaktion auf eine solche Meldung abzuschätzen. Wer würde sie ohne Zögern für eine dicke Zeitungsente halten? Wer würde sich vergewissern, ob nicht vielleicht gerade der 1. April ist? Viel wahrscheinlicher ist, daß die meisten ernst und besorgt mit dem Kopf nicken und bei sich denken: Aha, nun ist es also so weit! Der Huxley und der Orwell haben das doch richtig vorausgesehen. Es liegt ganz in der »Verlängerung« dessen, was wir an Neuigkeiten Tag für Tag zur Kenntnis zu nehmen haben. Warum sollte nicht dies einer der nächsten Schritte des ehernen Fortschritts sein, noch dazu in einem so überaus fortschrittlichen Lande?

Natürlich bereitet uns diese Unaufhaltsamkeit des Fortschritts nicht mehr die selbstbewußte Freude, die das Lebensgefühl vergangener Generationen bestimmte. Aber aus solcher enttäuschten Freudelosigkeit den Schluß zu ziehen, der Fortschrittsglaube sei erstorben, ist ganz sicher falsch. Er hat nur seine Färbung geändert. Geblieben ist die tief eingewurzelte Überzeugung, in der Geschichte sei das fatale Gesetz des Und-so-weiter wirksam, ganz gleichgültig, ob das für den Menschen Sieg oder Niederlage, Leben oder Untergang bedeute. Ein und dieselbe Vorstellung von der Geschichte enthielt einst begeisternden Antrieb und ist heute das entseelte Schema weltweiter Resignation. Dabei fällt es nicht ins Gewicht, ob ein solches Schema von primitiver Geradlinigkeit wie der »klassische« Fortschritt ist oder ob man das angebliche Gesetz der Geschichte in ein raffiniertes Kurvenbild gefaßt hat. So glauben viele Wirtschaftstheoretiker, daß es einen »Normalzyklus« wirtschaftlicher Entwicklung, der Aufeinanderfolge von Prosperität und Depression gibt; und die Praktiker, denen das einleuchtet, starren gebannt Monat für Monat auf die neuesten statistischen Diagramme, ob der zyklenmäßig fällige Knick in der Kurve noch nicht sichtbar wird. Und deutet sich etwas von der Art an, dann wird umdisponiert, gestoppt, storniert, abgestoßen, entlassen – und tatsächlich, im nächsten Bericht des Instituts für Konjunkturforschung ist der »Knick« ganz deutlich da, und man hat wieder mal »die Nase gehabt«!

Die Wirtschaft mit ihrer Empfindlichkeit für den »Trend« (die Grundrichtung einer sich über längere Zeit erstreckenden Entwicklung) und mit ihrer perfekten statistischen Erfaßbarkeit liefert nur das Modell für die Tyrannei schematischer Vorstellungen vom Gang der Geschichte. Der Mensch der Gegenwart glaubt weithin mit Stolz, an nichts zu glauben, was er nicht sieht. Aber es gibt Wesentliches, was einfach nicht sichtbar ist; wer sich dennoch davon »ein Bild machen will«, gerät in die Sklaverei einer Fiktion. So ist es mit der Geschichte. Wer glaubt, sie habe ein festes Gesetz und er habe davon Kenntnis, der hat seine Freiheit an eine verhängnisvolle Ideologie preisgegeben. Ob diese Ideologie nun Fortschritt oder Niedergang, zyklische Wiederkehr des Gleichen oder übermorgigen Weltuntergang oder tausendjährige Reiche zum Inhalt hat, das ist verhältnismäßig gleichgültig – die Ideologie geschichtlicher »Trends« läßt keine echte Freiheit menschlicher Entscheidungen mehr zu, sondern nur noch das Rechnen mit, die Spekulation auf das Unausbleibliche.

Die Gefangenschaft des modernen Menschen in schematischen Geschichtsvorstellungen hat viele Aspekte. Sie hat das literarische Genre der Utopie ebenso hervorgebracht und getragen wie das politische Rezept der Diktatoren, sich den Nimbus des Einklanges mit dem Gesetz der Geschichte zu verschaffen. Daß sie mit dem »Trend« der Dinge im Bunde seien, gibt ihnen den ihre Umwelt lähmenden Anschein der Unwiderstehlichkeit, höhlt ihren Gegnern das Mark aus. Deshalb müssen sie die Welt in Bewegung halten, auf allen Gebieten ausgreifen, um sich die Huld der Geschichte bestätigen zu lassen und allen, die nicht mitgehen, den Mut zu nehmen. Das Schema des Und-so-weiter ist die geheime Diktatur, unter der die Diktatoren selbst stehen: sie haben um jeden Preis für die »Konsequenz« der Geschichte zu sorgen.

Auf dem Felde der Kultur pflegen die Signaturen der Zeit feinädriger, differenzierter, verborgener aufzutreten. Aber wer sich umsieht und aufmerksam hinhört und hinsieht, wird auch hier die Spekulation auf den »Trend« wahrnehmen, die es schöpferischer Freiheit so schwer, wenn nicht unmöglich macht, zu einer bestimmten Zeit etwas *nicht* in einer bestimmten Weise zu formulieren. Sicher hat es zu allen Zeiten so etwas wie einen »Stil« der Zeit gegeben; aber der Stil unterscheidet sich vom Schema dadurch, daß er ein »Spielraum« und nicht eine Tyrannei ist. Stil entsteht nicht aus dem Rechnen darauf, daß man »auf der Höhe der Zeit« bleibt; in der echten Aussage markiert die schöpferische Freiheit selbst erst die »Höhe der Zeit«. Gewiß, der Mensch ist nur selten und in den glücklichsten Augenblicken souverän über seine Geschichte; aber er bestimmt seine Chance, es jemals wieder zu sein, entscheidend durch den Abbau seines Glaubens an den »Trend«. Es gilt hier, wie so oft, wenn es ins Wesentliche geht, beides fest- und offenzuhalten: die Gefangenschaft der Freiheit in der Geschichte und die Gefangenschaft der Geschichte in der Freiheit.

10.
Der kopernikanische Umsturz und die Weltstellung des Menschen
Eine Studie zum Zusammenhang von Naturwissenschaft und Geistesgeschichte

Von dem Humanisten *Cesare Cremonini*, der zu Anfang des 17. Jahrhunderts als Anhänger des *Aristoteles* in Padua lehrte, ist überliefert, daß er sich geweigert habe, durch das neue Fernrohr seines Freundes *Galileo Galilei* auf den Sternenhimmel zu sehen. Er wollte sich nicht in seinem traditionellen Weltbild, etwa durch den Anblick der Monde des Jupiter, irritieren lassen.[1]

Vom Standpunkt der eben entstehenden neuen Naturwissenschaft aus war diese Resistenz gegen den befürchteten empirischen Sachverhalt unentschuldbar. Erst heute, im späten Stadium einer Entwicklung, die mit *Galileis* Fernrohr begann, wird ein eigentümliches Recht in jener Weigerung wieder empfunden, ein Recht, das freilich einer anderen Dimension als der wissenschaftlicher

1 [In den Fußnoten des Erstdrucks sind die Eigennamen, nicht aber die Buchtitel kursiviert.] Galilei berichtet in einem Brief an Kepler vom 19. August 1610 von dieser Weigerung: »Was sagt Ihr über die Hauptphilosophen unseres Gymnasiums, die mit der Hartnäckigkeit einer Natter nie, wenn ich auch tausendmal mir Mühe gab und ihnen von mir aus ein Anerbieten machte, die Planeten, den Mond oder das Fernrohr sehen wollten! Wahrhaftig, wie jene die Ohren, so haben diese die Augen gegenüber dem Licht der Wahrheit zugehalten. Das ist etwas Arges, aber es wundert mich nicht. Diese Gattung von Menschen glaubt nämlich, die Philosophie sei ein Buch, wie die Aeneis oder die *Odyssee* und man müsse die Wahrheit nicht in der Welt oder in der Natur suchen, sondern in der Konfrontation der Texte (um ihre eigenen Worte zu gebrauchen).« (*Johannes Kepler in seinen Briefen*, ed. Max Caspar, Walther von Dyck, Bd. I, München 1930, S. 353) Noch 1613 erwähnt Cremonini die neuen Entdeckungen Galileis in seiner Schrift *De coelo* überhaupt nicht; drei Jahre zuvor hatte Galilei die Jupitermonde, den ersten empirischen Beleg gegen das ptolemäische System, zuerst gesehen. Vgl. Leonardo Olschki, *Galilei und seine Zeit* (= Geschichte der neusprachlichen wissenschaftlichen Literatur, Bd. III), Halle 1927, S. 220, Anm. 1. Noch radikaler als Cremonini half sich G. A. Magini, Professor der Mathematik in Bologna, mit der an *Kepler* gerichteten Formel: *Quatuor tantum novi Joviales famuli eliminandi et excutiendi relinquuntur* (zit. b. Olschki, a. a. O., S. 220, Anm. 3).

Erkenntnis angehört.[2] Ohne restaurative Konsequenzen ernstzunehmen, kann man den *Verzicht* begreifen, der in der Preisgabe des endlichen, geschlossenen und klar geordneten mittelalterlichen Weltbildes lag. In dieser alten kosmischen Topographie hatte der Mensch seinen zentralen Platz, und damit ein durch den festen Weltbestand gewährleistetes Bewußtsein von seiner Stellung in der Schöpfung. Sich dem neuen kopernikanischen Weltsystem auszusetzen, bedeutete ja nicht, ein dem alten an Konsistenz und Bezugsfähigkeit irgend vergleichbares neues »Weltbild« zu übernehmen oder nur *einen* kosmischen Platz gegen einen *anderen* einzutauschen, sondern es eröffnete einen ganz ungewissen, schon als unendlich angekündigten Raum, in dem die Aufgabe der *Orientierung* schier unlösbar sein mußte, mit einer Endlosigkeit aufbrechender Probleme. Mochte der Humanist die Konsequenzen ahnen oder nicht, als er den Blick durch das Fernrohr ausschlug – noch einmal versucht er den Konflikt zwischen *scientia* und *sapientia*, Wissenschaft und Weisheit, zugunsten der Weisheit zu entscheiden, die ein Kriterium zu besitzen glaubt für *die* Wahrheiten, deren der Mensch bedarf, und die, die er auf sich beruhen lassen sollte.

Aber diese Alternative stand im Zeitalter *Galileis* tatsächlich schon gar nicht mehr zur Entscheidung offen: der Widerstand der Metaphysiker war einsam,[3] die Bereitschaft der Mitwelt zur Aufnahme der neuen Weltansicht enthusiastisch.[4] *Galilei* war nicht so sehr

2 Über die metaphysische »Vorsicht« eines Tycho Brahe, dem oft vorgeworfen worden ist, er habe sich vor den Konsequenzen seiner eigenen astronomischen Erkenntnisse gedrückt, kann man heute lesen: »Aber sollte nicht das Gefühl einer Verantwortung seinen Geist dabei beschieden haben, das wir wiederum erst heute würdigen können, wo auch die kopernikanische Welt in Auflösung begriffen ist?« (Ernst Jünger, *Das Sanduhrbuch*, Frankfurt/M. 1954, S. 160) »Sollten aber Historiker kommen, die nicht mehr den menschlichen Fortschritt, sondern das menschliche Glück in den Mittelpunkt ihrer Betrachtung stellen, so müßte das Urteil umschlagen und jene Vorsicht höher gewertet werden als die Kühnheit, die in titanische Bereiche führt« (ebd., S. 171 f.).

3 Es ist ganz unwahrscheinlich, daß Cremonini irgendeine Beziehung zu dem kirchlichen Aufstand gegen das neue Weltbild, der 1616 ausbrach, hatte; er ist Anhänger der averroistischen Linie des Aristotelismus und ihrer Lehre von der »doppelten Wahrheit« gewesen, und Galileis Entdeckungen hätten geradezu als Idealfall in dieses Schema eingebaut werden können.

4 An Breite der öffentlichen Wirkung (über die erregte Empfänglichkeit für die neuen Lehren zahlreiche Belege bei Olschki, a. a. O., z. B. S. 231, Anm. 1, S. 270 f.) und an Intensität der Bewußtseinsumstimmung ist nur die drei Jahrhunderte spä-

der Entdecker der empirischen Fundierung der kopernikanischen Wende – die, im strengen Sinne, erst 1836 durch *Bessels* Entdeckung der Fixsternparallaxe gelang – als vielmehr der Begründer ihres Pathos, in dem sie sich mit den innersten Wünschen des Zeitalters traf. Wie aber ist es zu verstehen, daß die Zeitgenossen dieser Entthronung des Menschen vom Zentralsitz des Universums begeistert zustimmen konnten, als sei ein Akt der Befreiung damit verbunden? Um diesen widerspruchsvollen Sachverhalt zu begreifen, müssen wir fragen, was das geozentrische und anthropozentrische Weltbild für das menschliche Selbst- und Weltverständnis bedeutet hatte.

Zunächst stellen wir fest, daß die kosmologische Aussage von der zentralen Stellung der Erde im Universum weder notwendig eine Auszeichnung dieses Weltortes noch eine Sonderstellung des an ihm beheimateten Menschen einschloß. Für *Aristoteles* etwa ist die Erde nur deshalb in der Mitte des Alls, weil sie aus dem niedersten der Elemente besteht, dessen natürlicher Platz der unterste, nämlich den erhabenen Himmelssphären fernste, ist; die Mitte ist gerade der geringste Rang in der aristotelischen Welt. Auf diesen Umstand wird sich *Galilei* gegenüber seinen scholastischen Gegnern ausdrücklich berufen, um für sich in Anspruch zu nehmen, die Erde, den Ort des Menschen, aus der Niedrigkeit zum Gestirn *erhoben* zu haben.[5] Nur innerhalb der begrenzten Region des organischen Lebens gibt *Aristoteles* dem Menschen eine zentrale Position, auf die dieser ganze Seinsbereich teleologisch bezogen ist; denn da die Natur nichts zwecklos und vergeblich tut, muß hier alles seinem Wesen nach um der Menschen willen hervorgebracht sein.[6] Für den Kosmos als ganzen hat diese partielle anthropozen-

ter sich vollziehende Popularisierung der Thesen Darwins vergleichbar, die den Menschen auch seiner biologischen Sonderstellung beraubten. Den Vergleich zwischen Kopernikus und Darwin hat erstmals Emil Du Bois-Reymond 1883 in einer Berliner Akademierede zum Tode Darwins gezogen: »Für mich ist Darwin der Kopernicus der organischen Welt ... nun endlich nahm der Mensch den ihm gebührenden Platz an der Spitze seiner Brüder ein ...« (*Drei Reden*, Leipzig 1884, S. 48 f.) »Mit einem Wort, die Zeit war reif für Verkündung der Abstammungslehre; daher die massenhafte, schnelle Bekehrung zu einer Meinung über die Natur des Menschen, die von der bisherigen mindestens so sehr abwich, wie vom Ptolemäischen das Kopernikanische System, zu welchem sie die Ergänzung bildet« (ebd., S. 50 f.).

5 *... non autem sordium mundanarumque fecum sentinam esse demonstrabimus* (im *Sidereus nuncius* von 1610, *Opere*, ed. naz. II, 75).

6 *Polit.* I, 8; 1256b 15-22.

trische Teleologie keine Bedeutung. Das wird erst in der stoischen Philosophie anders, die in ihrer Konsequenz die Welt als *ens perfectissimum,* als durch und durch sinnhafte Einheit begreift, die für den Menschen geschaffen und auf ihn als den Träger der Vernunft bezogen ist.[7]

Dieser noch antike Gedankengang erhält einen weiteren wesentlichen Akzent durch den biblisch-christlichen Schöpfungsbegriff. Gott bereitet die Welt für den Menschen, dieser Gedanke ist Gemeingut der Patristik.[8] *Augustinus* stellt sich ausdrücklich die Frage: *Utrum omnia in utilitatem hominis creata sint,*[9] und beantwortet sie mit jener tiefgründigen Unterscheidung zwischen *uti* und *frui*, zwischen Gebrauch und Genuß, die für das Weltverständnis des mittelalterlichen Menschen so grundlegend sein wird. Die reine *utilitas* ist die göttliche Vorsehung selbst; die menschliche Vernunft bringt in den Dingen den Plan der Schöpfung zum Aufscheinen, indem sie sie zum rechten Gebrauch erschließt. Hier ist keine technische Gewalt erforderlich, um die Dinge unter die Hoheit des Menschen zu bringen. *Augustinus* schließt bezeichnenderweise mit einem *Cicero*-Zitat: *Omnia ergo quae facta sunt, in usum hominis facta sunt.* Ihren letzten und absoluten Sinn aber erhielt die kosmozentrische Stellung der Erde und des Menschen durch den Glauben an die Inkarnation Gottes an *diesem* Ort und das darin begründete Heil der Welt.[10] Erst der zum Heil bestimmte, der auserwählte Mensch

7 Vgl. Cicero, *De nat. deor.* II, 13, 37: *Ipse autem homo ortus est ad mundum contemplandum et imitandum* … Der Mensch ist *principium reliquarum rerum* (*De leg.* I, 24-27). Die anthropozentrische Teleologie hat neuerdings G. Gawlick auf ihre autochthone Funktion im Denken *Ciceros* hin untersucht (ungedr.): sie zielt vor allem auf eine Begründung der Religion als eines Rechtsverhältnisses zwischen Göttern und Menschen; jene gewähren diesen das *tributum* einer teleologisch zugeordneten Welt, wogegen diese zu den *tributa* der Religion (*cultus, honores, preces*) verbunden sind (*De nat. deor. prooem.*).

8 Vgl. Theophilus von Antiochia, *An Autolykus* II, 10 (= Bibl. d. Kirchenv. [BKV] Frühchristl. Apologeten II [1913], S. 37 f.). Laktantius, *Epit. Instit. divin.* LXIII (= BKV, Ausgew. Schriften [1919], S. 209). Gregor von Nyssa, *De hominis opificio* c. 2. Johannes Chrysostomus verbindet den Grundgedanken mit der in Röm. 8, 1; 19-20 ausgesprochenen Verflochtenheit des Heilschicksals von Mensch und Kosmos (Kommentar z. Römerbrief, 15 [= Hom. BKV, Schriften V (1922), S. 286]).

9 *De div. quaest.* LXXXIII q. 30.

10 Auf diesen absoluten Akzent konnte sich noch ein gegen »Tatsachen« so indifferenter Eiferer wie Léon Bloy berufen, der seinen Marchenoir in der »Femme pauvre« sagen läßt: »Bevor die wissenschaftliche Idiotie uns vergiftet hat, wußten die

ist die Mitte der Welt und der Bezugspunkt der Intentionen der Schöpfung, wie es auf der Höhe der mittelalterlichen Scholastik der Franziskaner *Duns Scotus* formuliert hat: *Deus … vult propter illos (sc. homines praedestinatos) alia, quae sunt remotiora, puta hunc mundum sensibilem, ut serviat eis … Igitur quia Deus vult mundum sensibilem in ordine ad hominem praedestinatum … homo erit finis mundi sensibilis.*[11]

Aber schon diese scholastische Aussage läßt eine ganz wesentliche Umbildung des von der Patristik rezipierten stoischen Satzes von der Teleologie der Welt erkennen: hier wird nicht mehr eine objektive kosmologische Feststellung über eine allen erkennbare Ordnung getroffen, sondern der verborgene Heilswille Gottes ist zum Prinzip einer Teleologie gemacht, die zwar die empirische Welt mit anderen Augen sehen läßt, aber an empirischen Daten nicht mehr abgelesen werden kann. Die Struktur der geistigen Welt beginnt sich von der des materiellen Kosmos abzulösen. Überhaupt gehen die theologischen Antriebe keineswegs eindeutig in die Richtung, die die patristische Rezeption der stoischen Weltteleologie bezeichnet hatte. Denn wenn die Schöpfung insgesamt dem Menschen zugedacht und zugeordnet gewesen wäre, weshalb hatte Gott dann dem ersten Menschen einen Ort besonderer Zukömmlichkeit in Gestalt des Paradieses eigens bereitet? *Thomas von Aquino* handelt ausdrücklich *De dominio quod homini in statu innocentiae competebat*[12] und charakterisiert diese Weltherrschaft des Menschen als die zwanglose, des umbildenden Eingriffes – der Technik also – nicht bedürfende Verfügbarkeit der Natur, die gleichsam »aus sich selbst« in den Willen des Menschen einwilligt.[13] Aber das gilt nur für den Stand der ursprünglichen Unschuld, für das Paradies, den *locus congruens homini.*[14] Die Vertreibung von diesem Ort bedeutet

Kinder, daß das Grab des Erlösers der Mittelpunkt des Weltalls, die Angel und das Herz der Welten ist. Die Erde mag sich, so lange sie will, um die Sonne drehen … Die unvorstellbaren Himmel haben keine andere Aufgabe, als den Platz eines alten Steines zu bezeichnen, unter dem Jesus drei Tage lang geschlafen hat.«

11 *Op. Oxon.* III dist. 32 quaest. un. n. 6.

12 *Summa theol.* I quaest. 96.

13 Ebd., art. II: *Et sic etiam homo in statu innocentiae dominabatur plantis et rebus inanimatis, non per imperium, vel immutationem, sed absque impedimento utendo eorum auxilio.*

14 Ebd., art. II ad 2: *Paradisus enim terrestris erat locus congruens homini et quantum ad animam, et quantum ad corpus …*

die Aussetzung in eine Welt, die als undienliche Fremde charakterisiert ist und nur in einem ständigen Daseinskampf dem Menschen die Bedingungen des Lebens hergibt. Je schärfer die Theologie den Sündenbegriff heraustreibt, um so steiler wird der Fall aus dem Urstand, um so härter die Differenz zwischen der paradiesischen Teleologie und dem feindlichen Selbstand einer Realität, die durch Arbeit bezwungen sein will. Auch der Vorsehungsgedanke verliert seine Ähnlichkeit mit der stoischen *providentia*, denn nun ist vorausgesetzt, daß Gott den Menschen durch eine seinem Heil widerstrebende Welt »hindurch« führt und ihn *trotz* ihres versucherischen Zugriffs zu seiner Bestimmung gelangen läßt, indem er ihn aus ihr »heraus« errettet. Hier haben gnostische Vorstellungen ihre Spuren hinterlassen, denen eine Trennung zwischen dem Weltdemiurgen und dem gütigen Vatergott des Neuen Testamentes zugrunde lag.[15]

Die Theologie macht also die kosmologische Aussage von der zentralen Stellung der menschlichen Wohnstätte im Universum für das Selbstverständnis des Menschen *gleichgültig*; aus der kosmischen Struktur kann der Mensch für sich keine Konsequenzen ziehen. Diese Entwicklung bekommt ihre äußerste Schärfe im spätmittelalterlichen Nominalismus. Der nominalistische Gottesbegriff geht von der radikalen Zuspitzung der göttlichen Freiheit und Allmacht aus. Der schöpferische Ursprung der Welt ist pure Willkür; kein »Motiv« bindet die *potentia absoluta* Gottes, und der Mensch ist ohnmächtig in dem Streben auszumachen, ob die Welt *für* ihn oder *gegen* ihn, zu seinem Heil oder Unheil geschaffen worden ist. Folgerichtig erhebt sich hier Widerspruch gegen die aristotelischen Grundlagen des mittelalterlichen Weltbildes, vor allem gegen die Bedeutung, die die *causa finalis* in der Metaphysik des *Aristoteles* und der ihm folgenden Scholastik hatte. Es ist sinnlos geworden, von dem *Ort* eines Seienden im kosmischen Gefüge auf seinen metaphysischen *Rang* zu schließen,[16] mit anderen Worten: das Universum ist keine Ordnung, kein »Kosmos« mehr.

15 Vgl. Hans Jonas, *Gnosis und spätantiker Geist*, Bd. I, Göttingen 1934.

16 Unter den Thesen, die der Nominalist Nicolaus von Autrecourt widerrufen mußte, findet sich der Satz: *Quod non potest evidenter ostendi nobilitas unius rei super aliam* (vgl. Clemens Baeumker, *Witelo*, Münster 1908, S. 427, Anm. 1). Die destruktive Tragweite eines solchen Satzes für die mittelalterliche Anthropologie liegt auf der Hand.

Wenn das logische Widerspruchsprinzip die einzige Schranke der göttlichen Allmacht ist, dann könnte Gott eine unendliche Welt geschaffen haben, in der die Erde ein beliebiges Stäubchen ist, dann muß die Möglichkeit einer Vielzahl von Welten zugegeben werden, die *Heinrich von Gent* im 13. Jahrhundert erstmals vertritt.[17] Das zentrale Theologumenon der göttlichen *potentia absoluta* stellt das ganze Verfahren der traditionellen Physik und Metaphysik in Frage, die Einsichten der menschlichen Vernunft spekulativ auf das Werk Gottes zu übertragen; der Konflikt zwischen dem Weltbild der Philosophie und dem theologischen Begriff der schöpferischen Freiheit erzwingt eine neue Haltung des Menschen gegenüber der Wirklichkeit: er muß *hinsehen* auf das, was ist, um wissen zu können, wie es ist. Die Erfahrung tritt in ihr Recht ein; sie ist begleitet von dem Verzicht auf die große Frage nach dem *Warum* der Dinge zugunsten der »kleinen« Frage nach ihrem *Wie*.

Nichts berechtigt den Menschen mehr anzunehmen, daß die Welt *für* ihn gemacht und daß in ihr ihm ein besonderer Platz vorbehalten sei. Im Grunde ist es nun ganz gleichgültig geworden, an welcher Stelle des Kosmos der Mensch haust, ja es ist unglaubwürdig geworden, daß es dessen Mitte sein könne, da *er* doch nicht dessen Mitte *ist*. Der kosmische Umbau, den *Kopernikus* durchführt, ist nur noch eine *Vollstreckung* dieser Situation, die »ohne Erstaunen«[18] aufgenommen werden wird. Dabei sind die kosmologischen Errungenschaften der Nominalistenschule selbst von zweitrangiger Bedeutung: sie haben, an den aristotelischen Grundlagen der Physik durchaus festhaltend, einige »Lockerungen« allzu starrer Konsequenzen vorgenommen, etwa durch Annahme einer Art labiler Identität von Erdmitte und Weltmitte.[19] Die mehr oder weniger fundierte Kreierung von »Vorläufern« des *Kopernikus* vermag das entscheidende Phänomen des kopernikanischen Umsturzes nicht zu erklären, das nicht im Ausbleiben des Erstaunens, son-

17 Vgl. Gerhard Ritter, *Studien zur Spätscholastik*, Bd. I, Heidelberg 1921, S. 77 ff. Ferner zur Wandlung des Gottesbegriffes im Nominalismus überhaupt: v. Vf., *Studium Generale*, Bd. VII (1954), S. 554 ff.

18 Pierre Duhem, *Le système du monde. Histoire des doctrines cosmologiques de Platon à Copernic*, Bd. I, Paris 1913, S. 218 f.: »A partir du XIVe siècle, les Nominalistes de l'Université de Paris … accoutumeront les esprits à regarder comme sans cesse en mouvement cette terre qui nous paraît immobile; ils les prépareront à recevoir sans étonnement les suppositions de Copernic.«

19 Gerhard Ritter, a. a. O., S. 100 ff.

dern in der pathetischen *Einwilligung* des Zeitalters besteht. Hinzu kommt, daß *Kopernikus* selbst ganz außerhalb des Einflußbereiches der nominalistischen Strömungen und damit seiner angeblichen Vorläufer steht.[20] Er läßt sich nicht zum »Revolutionär« stilisieren. Er ist sich zwar, wie die Vorrede an Papst Paul III. belegt, der Neuheit seiner Theorie bewußt, aber es kommt doch deutlich heraus, daß er nur für eine oberflächliche Betrachtung bedenkliche Folgerungen sieht, während es sich in Wirklichkeit darum handelt, aus den alten Prämissen endlich die *legitimen* Konsequenzen zu gewinnen. So fühlt er sich als Reformer der überlieferten Astronomie, der sich, humanistischer Gepflogenheit gemäß, auf antike Autoritäten beruft. Daß hier nicht nur konservative Selbststilisierung im Spiele ist, zeigt eine Analyse seiner Voraussetzungen bald. Ohne die Anwendung des teleologischen Prinzips ist seine Neukonstruktion des Weltgebäudes gar nicht denkbar, bei der er ausdrücklich davon ausgeht, daß die Welt *propter nos ab optimo et regularissimo opifice conditus*[21] sei. Gerade dieses Axiom aber zwingt zur Erhaltung der *regularitas* und *aequalitas* der Gestirnbewegungen. Das Ökonomieprinzip, wie *Kopernikus* es anwendet, ist nicht nur ein inneres Gesetz unserer Vernunft, nach dem sie Hypothesen entwirft, sondern das Baugesetz des Alls selbst; indem dieses unserer Vernunft genügen muß, erweist sich gerade die Welt als *propter nos conditus*. Dann aber müssen die Gestirnbewegungen »an sich« regelmäßig sein und nur uns, wegen unseres exzentrischen Weltortes, unregelmäßig »erscheinen«[22] – nur zugunsten des rational-teleologischen Anthropozentrismus gibt *Kopernikus* den kosmologischen Anthropozentrismus preis. Die Weisheit der Natur bleibt mit der menschlichen Vernunft einig.[23] Wenn man historisch adäquat zu verstehen

20 Eine Verbindung zum Nominalismus hat auch A. Birkenmajer (*Philosophisches Jahrbuch*, Bd. 35 [1922], S. 93) nicht wahrscheinlicher gemacht durch den Nachweis, daß in Krakau, wo Kopernikus 1491/92 studierte, okkamistische Einflüsse bis 1488 zu verfolgen sind. Selbst wenn der zeitliche Anschluß voll gelungen wäre, fehlte noch jedes innere Kriterium der Beeinflussung.

21 *De revolutionibus orbium caelestium praef.*

22 Ebd., I, 4: *Cum vero ab utroque (sc. inconstantia cet disparitate) abhorreat intellectus, sitque indignum tale quiddam in illis existimari, quae in optima sunt ordinatione constituta, consentaneum est, aequales illorum motus apparere nobis inaequales.*

23 Ebd., I, 10: *Sed naturae sagacitas magis sequenda est quae sicut maxime cavit superfluum quiddam vel inutile produxisse, ita potius unam saepe rem multis ditavit effectibus.*

sucht, was in der Frühzeit der neuen Astronomie geschieht, dann wird man die eigentliche und vielleicht einzige »Revolte« gegen die Tradition in der Preisgabe der strengen Kreisförmigkeit der Planetenbahnen zugunsten elliptischer Gestalt durch *Kepler* im Jahre 1609 sehen müssen. Das war zweifellos der kühnste Bruch mit der metaphysischen Präsumtion.

Kein Zweifel, daß *Kopernikus* die Voraussetzungen nicht gekannt hat, unter denen seine Änderung des Weltbildes als die Manifestation einer Wandlung des menschlichen Selbstverständnisses erscheinen mußte. Auf dem genuinen Boden seiner Herkunft hat dieses neue astronomische System nichts an sich, was es geeignet gemacht hätte, an der Entstehung des Geistes einer neuen Epoche entscheidenden Anteil zu gewinnen. Wie *Kopernikus* selbst erkennen läßt, wäre die Aufhebung des kosmischen Geozentrismus ohnmächtig gewesen, den teleologischen Anthropozentrismus zu erschüttern; das historische Verhältnis war umgekehrt: in dem neuen Weltsystem fand ein schon virulentes neues Selbstbewußtsein seine letzte Bestätigung. Dieses neue Selbstbewußtsein wird an der erstaunlichen Feststellung faßbar, daß der Satz, die Welt sei *nicht* für den Menschen gemacht, worin die Essenz der nominalistischen Bewegung ausgesprochen ist, keine negative und enttäuschende, sondern eher eine triumphale und steigernde Bedeutung gehabt hat. Nur wenn es gelingt, dieses Phänomen dem Verstehen zu erschließen, kann die Funktion der kopernikanischen Wendung für die Formation des neuzeitlichen Bewußtseins begriffen werden.

Der mittelalterliche Mensch durfte, im Glauben an die auf ihn gerichtete Güte und Weisheit des Schöpfergottes, den Sinn der Welt auf sich beziehen. Er durfte seine Fähigkeit zur Erkenntnis auf eine dem Seienden eingewurzelte Offenheit und Bereitschaft für die Vernunft zurückführen. Er durfte den Dingen einen ihm zugemessenen, auf *convenientia* beruhenden »Wert« beilegen. Er durfte endlich die Schönheit der Natur als den unmittelbaren Ausdruck ihres Ihm-Zugedachtseins wahrnehmen. Der innere Zusammenhang dieser allumfassenden Attribute des Seins wurde in der scholastischen Lehre von den *Transzendentalien* und ihrer Konvertibilität entwickelt. Aber diese Sinngebung der Welt schloß auch einen besonderen Charakter der *Verbindlichkeit* in sich, die den Menschen auf das, was ist, und auf seine gegebene natürliche Ordnung festlegte. Mit einem Wort: der Mensch hatte die Welt als einen gottgegründeten Bestand »anzunehmen«. Der Nominalismus, der diesen Sinnbezug zerstörte, ließ es möglich erscheinen, daß die Natur ein Monolog Gottes, daß Welt und Mensch beziehungslose Würfe einer unergründlichen Willkür sein könnten. Mit dieser Möglichkeit zu »rechnen«, sich gegen sie zu sichern und zu behaupten und darin die aufgebrochene Daseinsangst zu bannen, wurde zum tiefsten Antrieb eines neuen Zeitalters. Nun kam alles auf die Gewähr an, die in der Gewißheit der Erkenntnis und in der ihr entstammenden Beherrschung der Natur allein noch gelegen war. Die entschiedene Konsequenz dieser Situation ist die Umdeutung des Satzes, die Welt sei *nicht* für den Menschen geschaffen, in dem Sinn, sie sei für den Menschen überhaupt *noch nicht* geschaffen. In der voll ausgezogenen Verlängerung dieses Ansatzes liegt die Reduzierung des göttlichen Schöpfungsaktes auf den »Einen Schöpfungstag, an welchem bewegte Materie ward«.[24] Was dem Menschen nun noch »vorgegeben« bleibt, ist ein Minimum an Verbindlichkeit, ist das pure Material der Evolution und des gestaltend eingreifenden Willens, ein Substrat, das den technischen Zugriff, die verwandelnde Kraft der neuen Epoche geradezu herauszufordern scheint. Die Welt bietet nur noch *Möglichkeiten*, aber keine *Schranken* der Freiheit dar. Das Bewußtsein, an einem radikalen Anfang zu stehen, an dem erkennend und handelnd nichts zu »übernehmen« ist, charakterisiert die fundamentalen geistigen Leistungen am Beginn der Neuzeit, die das Pathos der »Voraussetzungslosigkeit« heraufführen. Erst durch den Willen des Menschen, der verbindlich vorgeprägte Wirklichkeit nicht mehr vor sich hat, wird so etwas wie »Welt«, deren Mitte und Eigentümer er ist. Die von *Kopernikus* angezeigte kosmische Exzentrizität wird wettgemacht durch die Selbsteinsetzung des Menschen in die Mitte *seiner* Welt.

Der triumphierende Gebrauch des Possessivpronomens der ersten Person markiert prägnant den Bewußtseinswandel. Schon um die Mitte des 15. Jahrhunderts schreibt der Humanist *Gianozzo Manetti*: *Nostra namque, hoc est humana, sunt, quoniam ab hominibus effecta, quae cernuntur: omnes domus, omnia oppida, omnes urbes, omnia denique orbis terrarum aedificia. Nostrae sunt picturae, nostrae*

24 Du Bois-Reymond, a.a.O., S. 49. Du Bois-Reymond verwahrt sich dagegen, gesagt zu haben: »Nun bedarf es keines Schöpfungstages mehr« (ebd., S. 54).

sculpturae, nostrae sunt artes, nostrae scientiae, nostrae … sapientiae. Nostrae sunt … omnes adinventiones, nostra omnia diversarum linguarum ac variarum litterarum genera …[25] Die Kulturwelt ist *die* Welt des Menschen, die er aus der Fremdwelt der Natur als ihrem Rohstoff heraushebt, ja die er *gegen* jene bildet und behauptet; aus dieser Eigenwelt und auf sie bezieht er sein Bewußtsein. *Adam* wandelt sich in *Prometheus*: das sein Erwachen zum Sein als Gnade empfangende Geschöpf zum selbstmächtigen Demiurgen, der die ihm im Rohen überlassene Welt nach seinen Bildern formt. *Michelangelo* scheint in seinem berühmten Deckenfresko in der Sixtinischen Kapelle den Augenblick festgehalten zu haben, in dem sein älterer Zeitgenosse *Pico della Mirandola* Gott zu Adam sprechen läßt: *Nec certam sedem, nec propriam faciem, nec munus ullum peculiare tibi dedimus, o Adam, ut quam sedem, quam faciem, quae munera tute optaveris, ea, pro voto, pro tua sententia, habeas et possideas. Definita ceteris natura intra praescriptas a nobis leges coercetur. Tu, nullis angustiis coercitus, pro tuo arbitrio, in cuius manu te posui, tibi illam praefinies. Medium te mundi posui, ut circumspiceres inde commodius quicquid est in mundo. Nec te caelestem nec terrenum, neque mortalem neque immortalem fecimus, ut tui ipsius quasi arbitrarius honorariusque plastes et fictor, in quam malueris tute formam effingas …*[26] Noch ist es hier Gott, der den Menschen zu seiner Selbstmächtigkeit ermächtigt; aber Prometheus wird Adam abstreifen und trotzig auf der Unbedingtheit seines Welteigentums bestehen: »Mußt mir meine Erde Doch lassen stehn Und meine Hütte, die du nicht gebaut, Und meinen Herd, Um dessen Glut Du mich beneidest.«

Wenn der Mensch nicht mehr darauf vertraut, daß die Welt für ihn gemacht sei oder daß er überhaupt einen Zugang zu dem Sinn des göttlichen Monologes gewinnen könne, verliert die Frage nach dem Ziel, nach der *causa finalis* der Naturerscheinungen

25 *De dignitate et excellentia hominis* (1452) zit. b. Ernst Cassirer, *Individuum und Kosmos in der Philosophie der Renaissance* (= Studien der Bibliothek Warburg, Bd. X), Leipzig 1927, S. 88.

26 *Oratio de hominis dignitate* (ed. Garin, Florenz 1942, S. 104 sq.). Der traditionelle theologische »Rahmen« der Aussage ist charakteristisch für alle Versuche, die neue Entwicklung *aufzufangen*. Weitere Belege hierfür: v. Vf., »Das Verhältnis von Natur und Technik als philosophisches Problem«, in: *Studium Generale*, Bd. IV (1951), S. 466 [in diesem Band S. 26 f.].

als Aufgabe der Erkenntnis, ihren Boden. Das finale Moment ist jetzt nicht mehr *Inhalt* der Erkenntnis, sondern deren *Folge*; nicht mehr der Sinn der *Dinge*, sondern der Sinn ihrer *Erkenntnis*. Denn wenn die Erkenntnis nicht mehr eruieren kann, wozu die Dinge *sind*, kann sie doch herausbekommen, was aus ihnen und mit ihnen *zu machen* ist und *wie* sie einem Ziel des Willens unterworfen werden können. »Objektivität«, als Ideal der neuen Wissenschaftlichkeit, bedeutet wesentlich: Ausschließung aller teleologischen Kategorien aus der Erkenntnis; aber zugleich um so entschiedener: Indienststellung der Erkenntnis für die Zwecke des Menschen. Die Wahrheit verliert das, was man ihre »Natürlichkeit«[27] nennen könnte: über den Abgrund der Indifferenz hinweg erzwingt sich der Mensch den Zugang zu den Geheimnissen der Natur; das Aufgebot der Kräfte, Methoden und Apparaturen bezeugt, wie »unfreiwillig« sie ihm preisgegeben werden. Der menschliche Geist hat keine »Affinität« zur Wahrheit mehr.[28] Die exzentrische Stellung im Universum impliziert, wie sich schon bei *Kopernikus* angedeutet hat, die Zerfällung von Sein und Erscheinung; die Sinne werden zu Zeugen, die kritisch überwacht werden müssen. Aber wiederum ist

27 Vgl. v. Vf. »Technik und Wahrheit«, in: *Actes du XIème Congrès Int. de Philosophie*, Bruxelles 1953, vol. II, S. 113-120 [in diesem Band S. 42-50].

28 Auch die theologische Anthropologie läßt diese Wandlung erkennen, wenn sie nach dem Ursprung der menschlichen Irrtumsfähigkeit fragt. Die mittelalterliche Scholastik pflegt dieses Problem in den Kommentaren zu den Sentenzen des Petrus Lombardus bei *II. sent. dist.* 23 über die *scientia hominis ante peccatum* zu behandeln. Dabei erscheint das *errare posse* als eine Folge des Sündenfalls, als ein Schaden an der konstitutiv auf Wahrheit angelegten menschlichen Natur. Für den Scholastiker des 16. Jahrhunderts Francisco Suarez, der so erstaunlich weit in die Neuzeit hereinwirken sollte, ist die menschliche Natur auch *in statu innocentiae* wahrheitsindifferent, und das *errare non posse* des paradiesischen Zustandes beruht auf einer peculiaris *Dei providentia et protectio (De opere sex dierum* III, 10). Bezeichnender noch ist, worin die göttliche *protectio* Adams nun eigentlich bestand: nicht etwa in einer positiven *illuminatio*, sondern in der Begabung, sich kategorischer Urteile überhaupt zu enthalten. Das Paradies »besteht« sozusagen darin, nicht handeln – und damit auch nicht urteilen – zu müssen und so *sine periculo erroris* zu existieren. Der nachparadiesische Zustand ist die Not, Urteilen und Handeln nicht mehr ausschlagen zu können, ja mit dem Willen stets der Erkenntnis voraus zu sein. An diesem Zusammenhang zeigt sich, daß Erkenntnis nicht primär in bezug zur Wahrheit, sondern zur Selbstbehauptung steht. Die Ökonomie des Daseins wird zum Kriterium der *notwendigen* Gewißheit, die sich an der *apparentia* begnügen kann und deren Hybris es ist, die *res ipsa secundum se* erfassen zu wollen (ebd., III, 10 n. 9).

dies nicht eine negative Feststellung, denn sie steigert die autonome »Leistung« des menschlichen Geistes in so einzigartiger Weise, daß durch sie die exzentrische Zufälligkeit des Weltortes gleichsam neutralisiert wird. »Objektivität« der Erkenntnis ist Ausschaltung des Standpunktes überhaupt. Die neue wissenschaftliche Methode hat die Wiederholbarkeit ihrer Ergebnisse an jedem beliebigen Weltort zur Voraussetzung. Fortschritt in der Objektivität heißt: zunehmende Aufdeckung von Standpunktbedingtheiten bis zu ihrer restlosen Eliminierung als dem idealen methodischen Limes. Noch der Fortschritt der Relativitätstheorie gegenüber der klassischen Physik besteht in der Aufdeckung einer Standpunktbedingtheit: die klassische Physik erweist sich als Darstellung der Empirie gegeneinander unbewegter Beobachter. Fortan gehört es zur physikalischen Objektivität, jedem Datum den Index des zugehörigen Bezugssystems beizufügen, um so jede Standpunktbedingtheit zu »neutralisieren«.[29]

Noch allgemeiner ist – um ein weiteres »Endprodukt« der neuzeitlichen Geistesgeschichte hier zu nennen – die Standortneutralisierung in der phänomenologischen Methode *Edmund Husserls* durchgeführt. Die von *Husserl* eingeführte phänomenologische Reduktion zielt auf die Gewinnung eines weltlosen Subjekts, des »reinen«, faktisch nicht vorbestimmten Ich. Alle Bedingtheit durch die Welt und in der Welt wird methodisch herauspräpariert und eingeklammert; man könnte sagen: es geht um ein Subjekt, frei von »Subjektivität«, als den absoluten Grund aller Objektivität. Das methodische Mittel hierzu ist die »freie Variation«, die Lösung von dem tatsächlichen Standort des forschenden Subjekts und die experimentierende Selbstversetzung in jeden beliebigen Aspekt des Gegenstandes. Die Freiheit, die in einem »reinen Bewußt-

29 Nach Eddington (*Space, Time and Gravitation*, [Cambridge] 1920, S. 30) ist es das letzte Ziel einer physikalischen Theorie »to obtain a conception of the world from the point of view of no one in particular«. Schon das unendliche Universum des Giordano Bruno erfüllte die Forderung, von jedem beliebigen Punkte aus den gleichen Anblick zu bieten (Beleg b. D. W. Singer, *Giordano Bruno: His Life and Thought*, New York 1950, S. 56, 67 f.). Über den Zusammenhang zwischen Kopernikus und Einstein sagt Max Born (*Die Relativitätstheorie Einsteins*, 3. Auflage Berlin 1922, S. 11): »Von der großen Relativierungstat des *Kopernikus* stammen alle die unzähligen ähnlichen, aber kleineren Relativierungen der wachsenden Naturwissenschaft, bis *Einsteins* Leistung wieder würdig an die Seite des großen Vorbildes tritt.«

sein der Beliebigkeit« gewonnen ist, löst sich von der Bindung an die *gegebene* Wirklichkeit und operiert in einem »Universum der Erdenklichkeit«.[30]

Aber: Standortneutralisierung setzt Standortbewußtsein voraus und erzeugt es in ständig wachsender Schärfe. Das Schicksal der phänomenologischen Reduktion ist dafür ein uns naheliegendes Paradigma. Nicht das »Residuum der Weltvernichtung«, das weltlose Subjekt als Quelle letzter Objektivierung, hat die Nachwirkung *Husserls* bestimmt, sondern das reduzierte, in die Klammer gesetzte In-der-Welt-Sein, die an ihren geschichtlich-faktischen Ort verhaftete Subjektivität, der *Heidegger* zu überraschender Geltung verhalf. Auf die Geschichte der neuzeitlichen Idee der Objektivität angewandt, läßt dieses Paradigma neben der sieghaften Entfaltung der exakten Wissenschaft das Korrelat der Heraufkunft des geschichtlichen Bewußtseins wahrnehmen, das in seiner äußersten Konsequenz, im *Historismus*, nichts anderes darstellt als die vollendete Vorstellung einer um das Subjekt als ihre Mitte zentrierten, geschlossenen »Welt«.

Hier stehen wir an der Wurzel eines oft bemerkten elementaren Vorganges der Geschichte der Neuzeit: der Spaltung von Subjektivität und Objektivität. Vielleicht läßt sich das, was mit dieser Formel gemeint ist, klarer erfassen, wenn man wiederum von dem Umsturz des *Kopernikus* ausgeht. *Kopernikus* hatte das *geozentrische* Weltbild durch das *heliozentrische* ersetzt; aber die Geltung dieses Systems war nur eine episodische. Die wirkliche Konsequenz war ein *azentrisches* unendliches Universum, in dem kein Punkt mehr einen ausgezeichneten Rang besaß. Dieses Weltbild entsprang und

30 *Formale und transzendentale Logik*, Halle 1929, S. 219 f. Die Kontinuität vom cartesischen »commencer tout de nouveau dès le fondement« her ist deutlich und von Husserl bewußt, mit der Absicht letzter Radikalisierung, angenommen. Husserl versucht den Vollsinn des vielgebrauchten Begriffes der »Voraussetzungslosigkeit« zu gewinnen: er bedeutet die Aufhebung des Vorausseins von Welt überhaupt (ebd., S. 221 f.). Nun gilt: »Zuerst und allem Erdenklichen voraus bin Ich« (ebd., S. 209; ferner S. 237). Und ich gewinne diesen unweltlichen, den archimedischen, Punkt im methodischen »Nicht-mitmachen« des Weltbezuges (*Cartesianische Meditationen*, Den Haag 1950, S. 73). Das reine Ich wird zum unbeteiligten Zuschauer des welthaften (ebd., S. 75). Das Subjekt ist nicht nur aus der Mitte der Welt herausgeschleudert, es ist aus der Welt und Weltbindung als solcher »entwurzelt« oder »befreit« – je nachdem, wie dies als Möglichkeit oder Schicksal beurteilt wird.

entsprach der Idee der Objektivität. Nun ist es zweifellos richtig, daß der eines vorstellbaren Jenseits beraubte neuzeitliche Mensch all seine theoretische Aufmerksamkeit und all seine praktischen Energien auf den Bereich dieser Welt konzentrierte; aber ebenso unbezweifelbar ist das Phänomen der *Gleichgültigkeit* dieses Bereiches, die – beim Wort genommen – eben in der azentrischen Nivellierung des Kosmos begründet ist. Die *Strenge* der Wissenschaftsidee duldet nicht die *Voraussetzung* eines Rangunterschiedes ihrer Gegenstände, sie hat weder »kleine« noch »große« Fragen. Der Mensch selbst ist nicht »bedeutender« als irgendeiner seiner Gegenstände: sein Leib, seine Seele, seine Geschichte, seine Leistungen und Lebensformen sind Objekte der Forschung wie die Sonnen des Weltalls, die Atome, die Parasiten. In diesem Anspruch der *Selbstvergleichgültigung* lag eine unausschlagbare Konsequenz der azentrischen Welt: *De nobis ipsis silemus* – dieses Wort *Bacons* setzt *Kant* der »Kritik der reinen Vernunft« voran. Es ist ein Schlüsselwort der Epoche. Aber, so fragen wir, hat sich der Mensch dieser Epoche je mit dieser Konsequenz abgefunden? Hat er je akzeptiert, daß das Universum der Gegenstände in ihm »nur eben sein gelegentliches Subjekt«[31] findet?

Die schlichte alltägliche Erfahrung ist in der Spannung von Objektivität und Subjektivität in eigentümlicher Weise indifferent. Wir lassen, vierhundert Jahre nach *Kopernikus*, weiter die Sonne auf- und untergehen; das Licht des Mondes empfinden wir nicht als geborgten Glanz, obwohl wir die objektiven Verhältnisse genau »wissen« und gegen sie aufzubegehren kaum jemand in den Sinn kommt. Diese Beziehung wiederholt sich sogar auf der Stufe wissenschaftlicher Erfahrung. Die empirische Durchmusterung des Weltalls ergibt eine gleichmäßige Abnahme der Massenverteilung zu den Rändern unseres Erfahrungsraumes hin; dadurch erfährt der Standort des Beobachters erneut eine gewisse Auszeichnung. Aber die *Rationalität* der Modelle, mit deren Hilfe wir den Erfahrungsbestand deuten, hat unveräußerliche Bedingungen: sie fordert gleichmäßige Massenverteilung ohne Auszeichnung irgendeines Punktes, wobei die des Beobachterstandpunktes subjektiver Verfälschung besonders verdächtig ist. Wenn sich nun empirische Befunde ergeben, die den Bedingungen der Rationalität nicht genügen,

31 So Hans Lipps, *Die menschliche Natur*, Frankfurt/M. 1941, S. 58.

so muß, ehe der empirische Befund als »stärker« anerkannt werden kann, jeder Versuch von Hilfskonstruktionen unternommen werden, um dem Homogeneitätsprinzip – das nur eine Abwandlung des rationalen Ökonomieprinzips ist – wieder zu seinem Recht zu verhelfen. Das rationale Ärgernis der zentralen Auszeichnung des Beobachterstandpunktes ist mit den Mitteln der modernen, nichteuklidischen Geometrie seit *Riemann* gleichsam durch eine »Umkonstruktion« des Welt*raumes* behoben worden. Auch die Empirie kann keine Befunde legitimieren, die der Subjektivität verdächtig sind. Wenn die Welt aus bestimmten Gründen nicht mehr im klassischen Sinne unendlich sein kann, dann muß eine Endlichkeit konstruiert werden, die doch unzentriert, mittelpunktfrei ist, das heißt: in der von jedem Punkte aus sich ein gleichartiger Anblick des Universums bieten muß. Dabei ist die empirische Illusion, der Beobachterstandpunkt sei Mittelpunkt, dadurch objektiviert, daß grundsätzlich jeder mögliche Punkt dieselbe Illusion gewährt. Die Erfahrung wird nun aber nicht nur von der Vernunft korrigiert, sie ist auch der *Emotionalität* ausgesetzt. Die menschliche Emotionalität läßt sich nun aber gerade dadurch positiv definieren, daß sie das *subjektive* Moment aller Erfahrung in seinem Recht bestärkt, zur Entfaltung bringt. Alle Emotion ist wesentlich Zentrierung der Wirklichkeit auf das Subjekt. Die Sperre, die die wissenschaftliche Vernunft dem Anspruch der Emotionalität entgegengesetzt hat, hat diesen Anspruch in eine andere Sphäre abgedrängt, die dadurch in der Neuzeit eine einzigartige, mit ihrer vorausgehenden Geschichte unvergleichliche, Bedeutung erlangt hat: die Sphäre der *Kunst*.

Diesen Begriff nehmen wir hier nicht in seiner späten Verengung auf Leistungen und Gebilde des ästhetischen Schaffens und Genießens (»Kunst« im engeren Sinne), sondern in seiner ursprünglichen Bedeutungsfülle, die aus der griechischen τέχνη, der lateinischen *ars* herkommt und dabei außer dem »ästhetischen« Bereich auch den der instrumentalen Erzeugnisse des Menschen (»Technik« im heutigen Sinne) einschließt; darüber hinaus aber weiterhin alles, was menschlichem Handeln und Schaffen seinen Ursprung verdankt, also historische, politische, kulturelle Realität überhaupt. *Giambattista Vico* ist wohl der erste gewesen, der die innere Einheit und den Umfang dieses Wirklichkeitsbereiches gesehen hat. Welches ist diese innere *Einheit*, die zugleich den *Umfang* des Begriffes der Kunst bestimmt?

In dem Bewußtsein, daß die Welt nicht für den Menschen gemacht sei, sah sich – wie gezeigt wurde – die beginnende Neuzeit befreit von der Verbindlichkeit der vorgegebenen Natur. Auf dieser Verbindlichkeit hatte seit der Antike alle Kultur beruht. Menschliche Fertigkeit und menschliches Tun sahen sich vor keiner anderen Möglichkeit als der, das von Natur immer schon Daseiende verpflichtend anzunehmen und *nachzuahmen*. Angleichung an und Einfügung in den Kosmos war die fundamentale Idee, von der der Begriff der Erkenntnis, der werkgestaltenden Fertigkeit jeder Art, aber auch des ethischen Verhaltens und der politischen Gestaltung bestimmt wurden. Noch verstärkt wurde diese Verbindlichkeit durch den christlichen Gedanken, daß die Natur Werk und Ausdruck des göttlichen Willens sei. Die spätmittelalterliche Übersteigerung eben dieses göttlichen Willens zerstörte – wie dargestellt wurde – den verbindlichen und bindenden Sinn der Schöpfung. Was hindert den Menschen nun daran, statt auf die gegebene Wirklichkeit zu sehen, auf die Unendlichkeit des Möglichen zurückzugreifen, die gleichsam *vor* der Erschaffung dieser einen, faktisch bestimmten und in ihrer Faktizität unverstehbaren Welt offen lag? Die *Urwahl* der Wirklichkeit von Grund auf zu wiederholen – das scheint nur eine Frage realer *Macht* zu sein. Macht, Akkumulation von Energie, Potenzierung der Arbeit sind erst heimlich, dann offen die Höchstwerte der Epoche, die erst spät verwegene Geister zu formulieren wagten. Und die »Kunst« (im engeren Sinne) trägt den großen Traum in sich aus, die Freiheit der Schöpfung an sich zu reißen. Nicht Mimesis, Imitatio, Nachahmung will diese »Kunst« sein, sondern Urzeugung von Seiendem, radikale Spontaneität, ungebundene Originalität, wie sie dem Prototypen des »Genie« zugesprochen werden.[32] Auch diese Antriebe sind erst spät zu klarer Artikulation gekommen. Erst nachdem das Zeitalter durch den Historismus zu hellstem Bewußtsein seiner untergründigen Tendenzen gelangt war, »ergriff« es diese in programmatischer Absicht und spielte sie gleichsam in »synthetischer Reinkultur« bis ins Extrem durch. So kommt das Bewußtsein vom Nicht-vorgegeben-sein der Wirklichkeit erst in der jüngsten Entwicklung der künstlerischen Disziplinen zu einer formalen Ausdrücklichkeit, die keine Konse-

32 Zum Umschlag vom *imitatio*-Ideal zur *inventio* in der Kunstlehre der Renaissance vgl. August Buck, *Italienische Dichtungslehren vom Mittelalter bis zum Ausgang der Renaissance*, Bd. I, Tübingen 1952.

quenz auszulassen scheint. Daß die Natur uns nichts angeht, uns nichts zu bedeuten hat, ja daß sie uns »zu häßlich« ist – wie es, nach *Baudelaires* Vorgang,[33] *Franz Marc* gesagt hat –, daß der Künstler also mit der Schöpfung neu zu beginnen habe, tritt in Wort, Farbe, Ton und Form – oft ratlos, aber entschieden – zutage. Jede andere der unendlich vielen *möglichen* Welten scheint uns mehr bedeuten zu sollen als diese eine *wirkliche*.

Die Bedeutung, die der *Technik* in diesem Zusammenhang zukommt, ist verstellt worden durch die lange unbesehene Behauptung, die Technik sei wesentlich als »Anwendung« der Naturwissenschaft zu verstehen.[34] Aber noch bevor die empirisch-mathematische Naturwissenschaft das Rüstzeug der Konstruktion zur Verfügung stellen konnte, war der eigentlich »technische« Wille da, der sich selbst zum Prinzip einer ganz dem Geist entspringenden Wirklichkeit setzt, weil er nicht mehr auf ein von Gott dem Menschen überlassenes *dominium* über die Welt vertraut. So gehört der technische Wille viel mehr zu den *Antrieben* der neuen Naturforschung als zu ihren *Wirkungen*. Wie stark hier das von der Verbindlichkeit der Natur befreite Autonomiebewußtsein, das Machtstreben der Subjektivität im Spiele sind, lehrt exemplarisch ein Blick in den dritten Teil des cartesischen *Discours de la Méthode*. Bekanntlich handelt es sich hier um eine Abhandlung von Fragen der Moral, und zwar eine Aufstellung der Maximen, denen der Mensch zu folgen hat, so lange er noch nicht durch die vollendete Wissenschaft in den Besitz jenes Wissens gekommen ist, das ihm keinen Zweifel über sein richtiges Verhalten in der Welt läßt. Was soll der Mensch aber tun, bevor ihn eine solche *morale définitive* leitet? Wie kann er »vorläufig« glücklich werden? »Glück«, so steht für *Descartes* fest, ist nichts anderes als vollkommene Beherrschung aller Bedingungen unseres Daseins. Die Natur aber entzieht sich einer solchen vollkommenen Beherrschung, solange wir ihre Gesetze nicht absolut kennen; partielle Erkenntnis läßt einen mehr oder weniger großen Spielraum für alles, was uns »widerfährt«, für Zufall und Schicksal. Nur *einen Boden* gibt es, der, unabhängig von dieser Vorläufigkeit, *»entièrement en notre pouvoir«* ist, und das ist

33 Baudelaires Naturfeindlichkeit wurde neuerdings überscharf analysiert von Jean-Paul Sartre, *Baudelaire*, dt. Ausgabe Hamburg 1953, S. 86-88.

34 Vgl. v. Vf. *Studium Generale*, Bd. IV (1951) S. 465 [in diesem Band S. 24].

unser Denken selbst. In einem Brief an *Mersenne*[35] wendet sich *Descartes* gegen die Behauptung der Kirchenväter *Augustinus* und *Ambrosius*, daß unser Herz und unsere Gedanken nicht in unserer Gewalt ständen. Im Bereich unseres Denkens sind wir souverän, stellt *Descartes* fest, und noch die Dinge außer uns können nur so viel Herrschaft über uns gewinnen, wie wir ihnen einräumen; wir verfügen über unsere »Einstellung« zu ihnen, über ihre Gültigkeit für uns, die wir zur *Gleichgültigkeit* nivellieren können. Der Grundgedanke ist stoisch: frei sind wir nur im Bereich des ἴδιον, des *eigenen* Seins, unfrei im Bereich des ἀλλότριον, des *fremden* Seins. Aber dieser Grundgedanke tritt nun in den ganz unstoischen Zusammenhang des Bewußtseins, daß die Welt *nicht für uns gemacht*, daß sie uns fremd und damit unverfügbar, daß sie kein Medium unserer Freiheit ist. Deshalb muß die Herrschaft, die wir über unser eigenes Denken besitzen, an die Stelle des naiven Anspruches treten, mit dem wir uns von Jugend auf unvermerkt durchsetzt haben: *que le monde n'était fait que pour nous, et que toutes choses nous étaient dues.*[36] Dieser Gedanke hat eine ganz naheliegende Konsequenz: der Bereich unserer Souveränität und Freiheit ist nicht nur unser Denken als solches, sondern auch alles das, was seinem Wesen und seiner Herkunft nach ganz in unserem Denken fundiert und von ihm abhängig ist, das Reich der puren Konstruktion, die technische Welt. Sie ist die Projektion der absoluten Selbstmächtigkeit, deren unantastbare, keiner – nicht einmal der göttlichen – Willkür ausgesetzte Basis das *Cogito ergo sum* ist. So ist die Technik, aus ihrer Verwurzelung in der Geschichte des Geistes heraus, das eindeutige Phänomen der zur unbedingten Macht entschlossenen Subjektivität.

Aber die *Erfahrung*, die die Menschheit auf diesem Felde gemacht hat und täglich zunehmend machen muß, ist beispielhaft für den unvermuteten *Eigensinn* der Dinge und ihrer Geschichte, für die Fortwandlung des vermeintlich Eigensten zum entfremdeten Gegenüber, dem wir am Ende uns selbst preisgegeben sehen. Mag auch das technische Gebilde im einzelnen nichts an sich haben, was es nicht konstruktiver Projektion und freier Zwecksetzung verdankt, so ist doch das Ganze dieser Hervorbringungen nicht weniger als eine »zweite Natur«, die wiederum *nicht für* den Men-

35 Vom 3. Dezember 1640 (éd. Adam-Tannery III, S. 248 f.).
36 Brief vom März 1638 (éd. cit. II, S. 36 f.).

schen gemacht zu sein scheint, sich vielmehr seiner vorgedachten unbedingten Verfügung zunehmend entzogen hat und ihn nicht als ihre »Mitte« duldet. Als ein Überlebender der ersten Natur ist der Mensch in diese zweite, von ihm gegründete, verschlagen; die Situationen mehren sich, in denen er ihr nicht gewachsen ist, die Forderung der Anpassung nicht zu erfüllen vermag und den Vorwurf, eine »Fehlkonstruktion« zu sein, hinnehmen muß. Dieser bestürzende Vorgang wird heute mit Vorliebe die »Dämonie der Technik« genannt, worin sich die verhängnisvolle Resignation verrät, auf ein vom Menschen inauguriertes Phänomen aus den Möglichkeiten des Menschen heraus zu entgegnen.

Die exzentrische Stellung des Menschen in allen Bereichen der Realität, die er sich selbst geschaffen hat, ist die Signatur unserer Zeit; die »Rücksichtslosigkeit«, mit der er in objektive Funktionen eingespannt wird, entspricht dieser Stellung. Seit Urzeiten war der *Bedarf* des Menschen das Regulativ aller wirtschaftlichen Prozesse, bis zu Beginn des 19. Jahrhunderts mit fast sprunghafter Dynamik diese Zentrierung, die »Idee der Nahrung«, aufgegeben und die Wirtschaft zu einem autonomen, nach objektiven Eigengesetzen regulierten Vorgang wird, dem nun der Mensch und seine Bedürfnisse assimiliert werden müssen. Wie zu Beginn der Neuzeit bei der Umgestaltung des Weltbildes Aufhebung der Mitte und Aufhebung der Endlichkeit nur zwei Aspekte *eines* Vorganges waren, so bringt auch in der ökonomischen Revolution die Ausschaltung des Bezuges auf den konkret-menschlichen Bedarf die Sprengung der Grenzen der wirtschaftlichen Sphäre mit sich.[37] Vielleicht kann nirgends unmittelbarer *erlebt* werden, daß der Mensch auch nicht mehr die Mitte *seiner* Welt ist.

Aber an dieser Situation wiederholt sich, was wir bereits für den kopernikanischen Umsturz als erstaunlich festgestellt haben und

37 Vgl. Werner Sombart, *Die deutsche Volkswirtschaft im 19. Jahrhundert*, 8. Auflage Darmstadt 1954, S. 68: »In der Überwindung der Konkretheit der Zwecke liegt die Überwindung ihrer Beschränktheit eingeschlossen. Die Zwecke der kapitalistischen Unternehmung sind abstrakt und darum unbegrenzt.« Wilhelm Röpke (»Der wissenschaftliche Ort der Nationalökonomie«, in: *Studium Generale*, Bd. VI, 1953, S. 380) spricht von den theoretischen Konsequenzen dieses Prozesses als der »Dehumanisierung der Nationalökonomie«, die unter *Wirtschaft* mehr und mehr ein Relationsgefüge physischer Artung versteht, das mathematisch erfaßbar ist, den Menschen als reduzible Größe außer acht läßt und zur Zugehörigkeit zu den naturwissenschaftlichen Gegenständen tendiert.

was ebenso *Darwins* Wirkung charakterisierte: wie die Depossedierung aus der Stellung in der Mitte der Welt und von dem Sonderrange im Reiche der Lebewesen eher als *befreiend* und *entlastend*, denn als *entwürdigend* und *entwertend* empfunden wurde, so stehen wir auch gegenwärtig vor dem bestürzenden Phänomen, daß die letzten Konsequenzen jener Wandlungen des Weltbildes in der politischen, technischen, ökonomischen und sogar kulturellen Realität nicht als die »Krise« *erfahren* werden, die von der unübersehbaren Schar der Kritiker unseres Weltzustandes in immer neuen Formeln *konstatiert* wird. Was kann das Überangebot heilender Rezepte noch ausrichten, wenn der »Verlust der Mitte« zwar eingeredet und demonstriert, aber nicht als verlorenes Gut *empfunden* wird? Wenn sich eher ein Pathos der erneuten Befreiung durchsetzt, die den Menschen der Selbstverantwortung für Gegenwart und Zukunft, der »Sorge um die Mitte« enthebt? Schon machen sich Daseinsformen bemerkbar, die durch den »Verzicht auf das Heil« charakterisiert sind, die in die Verlorenheit des Menschen an Apparat und Organisation eingewilligt zu haben scheinen und den »Ausweg des Glückes« verschmähen. Was kann einer Trauer noch zugesprochen werden, die »keinen Trost mehr will«? Was bedeutet noch ein Appell, der auf keine Vorstellung davon mehr trifft, was der Mensch sein kann? Die bloße Lamentation versagt hier; aber auch der Rückzug auf den einsamen Widerspruch, der das schon Geschichte Gewordene nicht wahrhaben und den »Tatsachen« widerstehen will.[38] Die Subjektivität kann sich nicht stark machen, ohne damit zugleich die Übermacht des Reiches der Objekte zu stärken. Der Versuch des Don Quijote, ein Subjekt ohne Welt zu sein, läßt eine Welt ohne Subjekt erstehen, die den Titel des Dämo-

38 Aus der Fülle der Zeugnisse seien nur die folgenden zitiert: »Wenn die Astronomen mir erzählen, daß ein Stern so weit entfernt ist, daß sein Licht tausend Jahre braucht, um zu uns zu gelangen, so scheint mir die Größe der Lüge unkünstlerisch.« (G. B. Shaw, zit. b. G. K. Chesterton, *Shaw*, dt. Ausgabe Wien 1925, S. 63) »Die Sorge des Menschen um die Mitte. Ich habe sie nicht, denn wo ich stehe, mit meinen Füßen den Boden berühre, die Erde berühre, dort ist die Mitte, Mitte für mich.« (Rudolf Kassner, »Der Zauberer«, in: *Die Neue Rundschau*, Bd. LXIV [1953], S. 507) »Die zentrale Stellung des Menschen in der Natur wird gar nicht astronomisch bestimmt und hat sich nach *Kopernikus* nicht geändert; sie hängt gar nicht von dem ab, was die Naturwissenschaften entdecken.« (Nikolai Berdiajew, *Das Reich des Geistes und das Reich des Caesar*, dt. Ausgabe Darmstadt 1952, S. 52)

nischen zu verdienen scheint. Die Zerspaltung von Subjektivität und Objektivität muß an ihrer Wurzel begriffen werden, um die Möglichkeit ihrer Versöhnung vielleicht wieder wahrzunehmen. Kein geistiges Ereignis der Neuzeit kann wirklich »groß« genannt werden, dem dieses Thema fremd geblieben wäre. Wir befragen daraufhin hier zwei der »groß« Genannten, Kant und Goethe.

Kant hier hereinzuziehen, mag auf den ersten Blick aussichtslos erscheinen; gilt er doch weithin als der systematische Vollender der Spaltung zwischen Subjekt und Objekt, indem er die Frage nach der Möglichkeit des Objekts – in der »Kritik der reinen Vernunft« – und die Frage nach der Möglichkeit des Subjekts als Freiheit – in der »Kritik der praktischen Vernunft« – endgültig auseinandergerissen und isoliert zu haben scheint. *Kant* selbst hat gesehen, daß zwischen den beiden Kritiken eine systematische Lücke klafft; aber er hat auch, um sie zu schließen, ein drittes Hauptwerk geschrieben, die »Kritik der Urteilskraft«. Hier wird der Versuch einer *Vermittlung* zwischen Subjektivität und Objektivität gemacht, und zwar durch die »Rettung« eines Begriffes, dessen Außerkraftsetzung mit dem Satz, die Welt sei nicht für den Menschen gemacht, hier dargestellt wurde. Es ist der Begriff der *Teleologie*, der Zweckmäßigkeit. Freilich kann dieser Begriff nichts mehr darüber aussagen lassen, ob die Welt *für* den Menschen gemacht und unter sein *dominium* gestellt sei; unsere Erkenntnis läßt uns bei dieser Frage im Stich. Ebenso aber gilt, daß wir, um zur Erkenntnis der lebendigen Natur zu gelangen, den Leitfaden der Zweckmäßigkeit gar nicht loslassen können; die Struktur der Lebewesen erschließt sich uns nur, wenn wir sie in Hinordnung auf ihre Zwecke auffassen. Was aber sagt solche immanente Zweckmäßigkeit über die Stellung des Menschen in der Natur? Die Beziehung zu dieser Frage springt in dem Augenblick heraus, in dem der Fundierungszusammenhang von Zweckmäßigkeit und *Schönheit* deutlich wird. »Schönheit ist Form der Zweckmäßigkeit eines Gegenstandes, sofern sie, ohne Vorstellung eines Zwecks, an ihm wahrgenommen wird.«[39] Der tiefe Grund aller Schönheit ist die unmittelbare Übereinstimmung zwischen dem Subjekt und dem Objekt, das Bewußtsein, daß die Dinge überraschend einer geheimen und unbegriffenen Erwartung entsprechen, mit der der Mensch ihnen gegenübertritt, daß *wir* sie

39 *Kants Werke*, ed. Ernst Cassirer, V, S. 306.

»nicht anders gemacht hätten«. In der Wahrnehmung der Schönheit ist das Subjekt niemals einsam, denn das Schöne beansprucht, wie *Kant* sagt, »subjektive Allgemeingültigkeit«. Im ästhetischen Erleben wird das Subjektive weltgültig, das Weltwirkliche aber auf das Subjekt zentriert. Das Kunstwerk liefert das Paradigma: als Gegenstand objektivierender Erfahrung ist es ein pures, in Raum und Zeit begegnendes, kausal durch und durch determiniertes Gebilde; in der ästhetischen Begegnung aber ist es dem Menschen zugewandt, enthält es einen »Überschuß« an Bedeutung *für* ihn, der wegen seiner Allgemeingültigkeit nicht Einbildung sein kann und sich doch dem feststellenden Zugriff entzieht. Erstaunlich aber ist, daß dieser Begriff der Schönheit nicht nur für Kunstwerke, sondern auch für Naturdinge gültig ist, erstaunlich wegen der *Unwahrscheinlichkeit*, die das innerhalb eines Naturverständnisses annimmt, welches die amorphe Urmaterie, die zufällig streuenden Mutationen und den Kampf ums Dasein zu Prinzipien hat. Wenn man sich diesen Zusammenhang gegenwärtig hält, wird verständlich, daß die »Schönheit der Natur« eigentlich die Entdeckung einer Epoche ist, die sie hätte verleugnen müssen, und daß sie nicht gesehen wurde in einer Zeit, die geglaubt hatte, die Natur sei von Gott für den Menschen geschaffen worden.

Aber damit ist die Bedeutung des Teleologiebegriffs für *Kant* noch nicht erschöpft. Die in der Idee der Schönheit gefundene Vermittlung von Subjektivität und Objektivität strahlt aus; die gerechtfertigte *Erlebniswelt* wirkt auf die zuvor isoliert erscheinende *Erkenntniswelt* zurück, läßt uns das Wesen der Erkenntnis tiefer begreifen, die Idee der Wahrheit genauer fassen. Wie Gegenstände der Erfahrung möglich sind, war das Thema der »Kritik der reinen Vernunft«. Aber es genügt ja nicht, daß überhaupt Gegenstände erkannt werden können, sondern es muß auch eine Entsprechung bestehen zwischen der Ordnung, die wir dem einsichtigen logisch-systematischen Zusammenhang der Erkenntnisse geben müssen, und dem Zusammenhang der Erfahrungsgegenstände selbst. Naturgesetze genügen der Forderung dieser Entsprechung nicht; es muß ein weiteres Strukturmoment hinzukommen, das ein »Reich« der Gegenstände ermöglicht, welches zwar nicht abgeschlossen oder auch nur abschließbar sein muß, aber doch eine Ökonomie der Übersicht und begrifflichen Gliederung zuläßt, wie es dem Anspruch der Vernunft gemäß ist. Daß dieser Anspruch sich *bestätigt*, nennt *Kant* mit theoretischer Vorsicht einen »glücklichen unsere Absicht begünstigenden Zufall«.[40] Dieser »Zufall« trägt das Kennzeichen der in der Teleologie fundierten Schönheit an sich, das Moment der Überraschung, daß die objektive Möglichkeit der Ordnung der Gegenstände mit der rationalen Ordnung zusammenfällt, die wir selbst nicht anders ihnen geben können. Hier ruht alle Wissenschaft, die doch auf die Möglichkeit von Systematik ihrer Gegenstände notwendig angewiesen ist, auf einer Voraussetzung, die objektiv nicht mehr gesichert werden kann, die in theoretischer Strenge nicht mehr denn ein »Zufall« ist, nämlich der »formalen Zweckmäßigkeit der Natur«. Auf diesem Fundament steht der Mensch ständig vor der Notwendigkeit, die Natur so vorauszunehmen, *als ob* sie für ihn gemacht wäre, ohne je schließen zu dürfen, *daß* sie für ihn gemacht ist.

Unbefangener im Vertrauen darauf, daß die Natur dem Menschen nicht nur aus Zufall zugeneigt ist, steht *Goethe* ihr gegenüber, oder besser: in ihrer Mitte. Denn was könnte das Große an der Existenz *Goethes* genauer treffen als die Aussage, hier sei noch einmal – drei Jahrhunderte nach Kopernikus, zwei Jahrhunderte nach Galilei und ein Jahrhundert nach Newton – der Versuch eines *kosmozentrischen* Daseins gewagt worden? Was für den Philosophen und seinen theoretischen Anspruch nur ein »glücklicher Zufall« – und doch eine notwendige Idee der möglichen Einheit unserer Erkenntnis – sein konnte, ist für *Goethe* Wirklichkeit und Gewißheit des unmittelbaren Naturverhältnisses. Hier war er, um ein Wort George Santayanas zu wiederholen, »zu weise, um Philosoph zu sein«. Aber er rühmt doch Kants »Kritik der Urteilskraft« nach, er habe in ihr »Kunst- und Naturerzeugnisse eins behandelt wie das andere«. Das aber heißt nichts anderes, als das Für-uns-sein der Natur in eben der Art zu sehen, wie die Kunst wesentlich *für uns* ist. *Goethe* ist das innige Einverständnis der Natur mit dem Menschen, des Menschen mit der Natur, ihre offenherzige Hingabe an die Anschauung, die ungezwungenste Zugänglichkeit ihres Sinnes gewiß. Die »Farbenlehre« ist das sprödeste, aber auch prägnanteste Zeugnis für diese Grundhaltung, für den daraus folgenden Umgang mit den Erscheinungen. Auch *Goethe* scheut vor dem Blick durch das vermittelnde Instrument zurück. »Mikroskope und Fernrohre ver-

40 Ebd., S. 253.

wirren eigentlich den reinen Menschensinn«.[41] Aber nicht, weil er, wie der Aristoteliker, alles schon spekulativ zu wissen glaubt, sondern damit das Phänomen selbst »in seiner ganzen Einfalt erscheinen, sein Herkommen aussprechen und auf die Folgerung hindeuten« kann.[42] Die bewaffnete Gewaltsamkeit, das Vorauseilen der Hypothese vor der Anschauung erscheint *Goethe* abwegig, weil der Mensch doch nicht als ein Eindringling in die Natur hineinstößt, sondern aus ihrer Mitte heraus mit ihr schon in reicher Korrespondenz steht. Der Apparat verführt dagegen zu einer Position, »wo das Instrument, anstatt das Geheimnis der Natur zu entwickeln, sie zum unauflöslichen Rätsel macht«.[43] Das Mißtrauen der Neuzeit gegen die Sinne teilt Goethe nicht; das Auge selbst ist ihm die reinste Vermittlung von Subjektivität und Objektivität. »Das Auge als ein Geschöpf des Lichtes leistet alles, was das Licht selbst leisten kann ... In ihm spiegelt sich von außen die Welt, von innen der Mensch. Die Totalität des Innern und Äußern wird durch das Auge vollendet.«[44] Nicht dem Anspruch der *Herrschaft*, sondern dem Willen zur *Hingabe* öffnet sich wieder die Mitte der Welt, und von hier einigen sich ohne Zwang Idee und Phänomen. Der unendliche Vorbehalt dieser Einigung, den *Kant* gemacht hatte, liegt *Goethe* fern. Der Erlebniswert ist ihm die legitime Qualität der Dinge, denn die Natur ist »die einzige Künstlerin«, der nur die ergriffene Anschauung adäquat begegnen kann.

Aber dies – die Aufhebung des »schlechten Gewissens« der mit der Objektivität entzweiten Subjektivität – ist noch nicht *Goethes* letztes Ziel. Die von *Kant* in einsamer Erhabenheit und Unweltlichkeit angesiedelte moralische Freiheit sucht er in die Einstimmigkeit des Seins mit hereinzuziehen. Der Höhepunkt der »Farbenlehre« ist der Versuch, die Einheit des Sinnlichen mit dem Sittlichen herzustellen. Hier freilich wird man am heftigsten spüren, wie sich Idee und Wirklichkeit gegeneinander sperren, und, wie in der Auseinandersetzung mit *Newton* und der exakten Naturwissenschaft, auf die Notwendigkeit der Unterscheidungen, der schmerzlichen, aber unabwendbaren Trennungen zurückgewiesen werden. Aber so

41 *Maximen zu Wilhelm Meisters Wanderjahren.*

42 Goethe, *Farbenlehre. Vollständige Ausgabe der theoretischen Schriften*, Tübingen 1953, S. 574.

43 Ebd., S. 576.

44 Ebd., S. 22.

wenig wir *Goethe* gegenüber *Newton* heute noch Recht zu geben vermögen, so wenig wir die Strenge des wissenschaftlichen Anspruches einfach übersehen können, so wenig sollten wir den Schmerz der unvermeidlichen Zertrennungen vergessen, die uns selbstverständlich geworden sind oder zu werden drohen. Die Vergeblichkeit des Aufbegehrens, ja die Fehlerhaftigkeit der Argumente, sprechen für *uns* nicht mehr – wie für das 19. Jahrhundert – gegen *Goethe*, an dem wir, nachdem die Sache längst entschieden ist, um so klarer die *Ritterlichkeit* des Geistes wahrnehmen, der das Vergebliche angesichts der Idee dennoch auf sich nimmt.

Die exzentrische Stellung des Menschen in der Welt ist weder durch den Handstreich noch durch geduldige Therapie zu korrigieren. Die nächste Gefährdung liegt nicht darin, daß wir die Mittel zu dieser Korrektur nicht besitzen, sondern darin, daß wir die Idee des Menschen in der Mitte der Welt als eine historisch überlebte Metapher ansehen, ihre Verbindlichkeit an ihrer Ohnmacht messen und uns mit dem abfinden, was ist. Mehr Vertrauen auf das ewige Recht einer Idee zu haben, als seine wirkliche Lage zu rechtfertigen scheint, das macht zum besten Teil die Würde des Menschen aus.

II. ›Nachahmung der Natur‹
Zur Vorgeschichte der Idee des schöpferischen Menschen

I.

Fast zwei Jahrtausende lang schien es, als sei die abschließende und endgültige Antwort auf die Frage, was der Mensch in der Welt und an der Welt aus seiner Kraft und Fertigkeit leisten könne, von *Aristoteles* gegeben worden, als er formulierte, die ›Kunst‹ sei Nachahmung der Natur, um damit den Begriff zu definieren, mit dem die Griechen das ins Reale wirkende Können des Menschen insgesamt erfaßten: den Begriff der τέχνη. Mit diesem Ausdruck bezeichneten die Griechen mehr als das, was wir heute ›Technik‹ nennen; sie verfügten hier über einen Inbegriff für alle Fertigkeiten des Menschen, werksetzend und gestaltend wirksam zu werden, der das ›Künstliche‹ ebenso wie das ›Künstlerische‹ (worin wir heute so scharf unterscheiden) umfaßt. Nur in diesem weiten Sinne dürfen wir übersetzend den Ausdruck ›Kunst‹ gebrauchen. ›Kunst‹ nun besteht nach *Aristoteles* darin, *einerseits zu vollenden, was die Natur nicht zu Ende zu bringen vermag, andererseits (das Naturgegebene) nachzuahmen.*[1] Die Doppelbestimmung hängt mit der Doppeldeutigkeit des Begriffs von ›Natur‹ als produzierendem Prinzip (*natura naturans*) und produzierter Gestalt (*natura naturata*) eng zusammen. Es läßt sich aber leicht sehen, daß in dem Element der ›Nachahmung‹ die übergreifende Komponente liegt: denn das Aufnehmen des von der Natur Liegengelassenen fügt sich doch der Vorzeichnung der Natur, setzt bei der Entelechie des Gegebenen an und vollstreckt sie.[2] Dieses Einspringen der ›Kunst‹ für die Natur geht so weit, daß *Aristoteles* sagen kann: wer ein Haus baut, tut nur genau das, was

1 *Physik* II, 8; 199a 15-17: ὅλως τε ἡ τέχνη τὰ μὲν ἐπιτελεῖ ἃ ἡ φύσις ἀδυνατεῖ ἀπεργάσασθαι, τὰ δὲ μιμεῖται. [Im Erstdruck dieses Aufsatzes sind in den Fußnoten die Eigennamen, nicht aber die Buchtitel kursiviert. Die teilweise Kursivierung der Zitate wurde beibehalten.]

2 Vgl. die Formulierung *Politik* IV, 17; 1337a 1-2: πᾶσα γὰρ τέχνη καὶ παιδεία τὸ προσλεῖπον βούλεται τῆς φύσεως ἀναπληροῦν.

die Natur *tun würde*, wenn sie Häuser sozusagen ›wachsen‹ ließe.[3] Natur und ›Kunst‹ sind strukturgleich: die immanenten Wesenszüge der einen Sphäre können für die der anderen eingesetzt werden. Es ist also sachlich begründet, wenn die Tradition die aristotelische Definition auf die Formel *ars imitatur naturam* verkürzt hat, wie schon *Aristoteles* selbst sie in Gebrauch nimmt.[4]

Worin nun aber kann der aktuelle Sinn dessen liegen, daß wir den Voraussetzungen und geschichtlichen Wandlungen dieser Formel nachgehen sollten? Besteht der Mensch der Neuzeit nicht seit langem darauf, ein ›schöpferisches‹ Wesen zu sein, und hat er nicht der Natur die Konstruktion schroff entgegengestellt? Und seit der *Parmigianino* 1523 sein Selbstbildnis aus dem entstellenden Konvexspiegel malte – also das Natürliche im Künstlichen nicht sich bewahren und steigern, sondern sich brechen und transformieren ließ[5] –, ist im Kunstwerk die Signatur des schaffenden Menschen als des um seine Potenz Wissenden immer schärfer artikuliert worden. Als Selbsterprobung und Bezeugung seiner genuinen Seinsmächtigkeit ist die Kunst dem neuzeitlichen Menschen erst zur *eigentlich metaphysischen Thätigkeit dieses Lebens*[6] geworden, und an der Frage nach der Verbindlichkeit der Natur für das Kunstwerk hat sich das Bewußtsein der Absolutheit dieses Tuns wesentlich kondensiert. Die Ausmessung des Spielraums der artistischen Freiheit, die Entdeckung der Unendlichkeit des Möglichen gegenüber der Endlichkeit des Faktischen, die Lösung des Naturbezuges durch die historische Selbstvergegenständlichung des Kunstprozesses, innerhalb dessen sich Kunst immer wieder an und aus

3 *Physik* II, 8; 199 a 12-15. Die Natur ist sozusagen autotechnisch, vergleichbar dem Arzt, der sein Können auf sich selbst anwendet (199b 30-32). Zurückgewiesen wird die Unterstellung, daß solche Autotechnizität mit einsichtiger Absicht identisch sei (199b 26-28). Aristoteles stellt jene uns (zumindest hypothetisch) unausweichliche Ursituation, in der noch nichts ist oder auch nur etwas von bestimmter Spezifität noch nicht ist, gar nicht vor. Da alles seiner Spezifität nach immer schon da ist, existiert der Moment, in dem etwas allererst ›ausgedacht‹ und aus der Vorstellung in die Realität überführt werden müßte, für Aristoteles nicht. Das Denken denkt prinzipiell dem Seienden nur *nach*.

4 *Physik* II, 2; 194a 21f. *Meteor.* IV, 3; 381b 3-7.

5 Vgl. Katalog der Ausstellung »Der Triumph des europäischen Manierismus« (Amsterdam, Rijksmuseum 1955) Nr. 88.

6 Nietzsche, *Die Geburt der Tragödie*. Vorwort an Richard Wagner (= *Ges. Werke*, Musarion-Ausgabe, Bd. III, S. 20).

Kunst generiert[7] – das sind Grundvorgänge, die nichts mehr mit der aristotelischen Formel zu tun zu haben scheinen. Es ist oft gesagt und gezeigt worden, daß die Welt, in der wir leben, eine Welt bewußter, ja pathetischer Überbietung, Entmachtung und Entstaltung der Natur, eines tiefen Ungenügens am Gegebenen ist. Mag *erst André Breton* für den Surrealismus die ›ontologische‹ Formel gegeben haben, daß das Nichtseiende genauso ›wirklich‹ (*intense*) sei wie das Seiende, so ist doch dies der exakte Ausdruck für die Möglichkeit des modernen Kunstwillens insgesamt, für die *terra incognita,* deren Unbetretenheit die Geister anlockt. Das Werk bezieht sich nicht hindeutend und präsentierend auf ein anderes, ihm vorgehendes Sein, sondern es ist originär in seinem Seinsanteil an der Welt des Menschen. *Ein neues Bild ist ein einmaliges Ereignis, eine Geburt, die das Weltbild, wie es der Menschengeist erfaßt, um eine neue Form bereichert.*[8] Das Neue zu sehen und hervorzubringen, ist nicht mehr eine Sache triebhafter ›Neugier‹ im Sinne der mittelalterlichen *curiositas,* sondern es ist zum metaphysischen Bedürfnis geworden: der Mensch sucht das Bild zu bewahrheiten, das er von sich selbst hat. Nicht weil Not erfinderisch macht, ist ›Erfindung‹ der signifikative Akt in der modernen Welt; und nicht, weil unsere Wirklichkeit so mit technischen Strukturen durchsetzt ist, tauchen sie in den Kunstwerken der Zeit abbildlich auf – hier ist vielmehr die prägende Kraft des homogenen Impulses zu verspüren, der auf Artikulation eines radikalen Selbstverständnisses des Menschen drängt. Woher aber die Gewalt und Mächtigkeit, mit der dieses Selbstverständnis sich zu verstehen geben will?

7 Vgl. W. Hofmann in: *Studium Generale*, Bd. VIII, S. 9 (1955). Schon Kant hat das Moment der Nachahmung verschoben auf das fortzeugende Verhältnis von Kunst zu Kunst, während die Natur durch das Medium des ›Genies‹ die letztlich produktive Urinstanz der Kunst ist, aber in einem Sinne, der nicht Nachahmung, sondern *Hervorbringung durch Freiheit* impliziert (*Kritik der Urteilskraft* I, 1, 2, § 43 u. 46). Genie ist *dem Nachahmungsgeiste gänzlich entgegen zu setzen;* indem es aber als *die Natur im Subjekte* verstanden werden muß, ist hier eine letzte formale Verbindlichkeit der Natur supponiert, die keinen Erklärungswert mehr hat. Exemplarisch sichtbar ist nur noch der historische Prozeß, in dem *das Produkt eines Genies* zum Beispiel wird *der Nachfolge für ein anderes Genie, welches dadurch zum Gefühl seiner eigenen Originalität aufgeweckt wird,* so daß Kunst *Schule* macht – *und für diese ist die schöne Kunst sofern Nachahmung, der die Natur durch ein Genie die Regel gab* (§ 49).

8 Henri Matisse, zit. b. W. Haftmann, *Malerei im 20. Jahrhundert*, München 1954, S. 113.

Eben diese Frage wird man nicht zureichend beantworten können, wenn man nicht ins Auge faßt, *wogegen* sich der neuzeitliche Begriff des Menschen von sich selbst *durchzusetzen* hatte. Das vehemente Pathos, mit dem das Attribut des Schöpferischen dem Subjekt hinzugewonnen worden ist, wurde angesichts der überwältigenden Geltung des Axioms von der ›Nachahmung der Natur‹ aufgeboten. Diese Auseinandersetzung ist noch nicht abgeschlossen, während schon neue Formeln zu triumphieren scheinen. Aber es ist nicht nur eine politische Weisheit, daß sich der Besiegte für den Sieger im Augenblick des Sieges aus dem Feind in eine Hypothek verwandelt. Läßt ein Widerstand nach, gegen den alle Kräfte aufgeboten werden mußten, so tragen die mobilisierten Energien leicht über die erstrebte Position hinaus.

II.

Ich versuche zunächst, den geschichtlichen Raum genauer zu bestimmen, in dem sich diese Auseinandersetzung abspielt. Ungreifbar, wie die ›Anfänge‹ nun einmal bei allem Geschichtlichen sind, ist der *terminus a quo,* den ich wähle, schon eine Gestalt ausgeprägter Frühreife unseres Problems: ich meine die Figur des *Idiota* in den drei Dialogen des *Nikolaus von Cues* aus dem Jahre 1450. Zur Charakterisierung dieser Dialogfigur genügt es nicht, das neue Selbstbewußtsein des ›Laien‹ im 15. Jahrhundert, wie es sich hier reflektiert, soziologisch aus dem Gegensatz gegen den Kleriker herzuleiten. Der Cusaner konfrontiert seinen *Idiota* sowohl mit dem Philosophen als dem Vertreter der Scholastik wie auch mit dem Rhetor als dem Repräsentanten des humanistischen Typus.[9] Sicher ist der cusanische ›Laie‹ mitbestimmt durch den Gegensatz der Mystik und der *Devotio moderna* gegen den Schul- und Bildungshochmut der Zeit. Aber die Ironie des Tones, in dem dieser *illiteratus* den Leuchten der Wissenschaft begegnet, der gleichsam demokratische Stil, in dem er ohne Rücksicht auf die Ungleichheit der Voraussetzungen mitzureden beansprucht, haben doch noch ein anderes Fundament: es deutet sich eine neue Prägung des Men-

9 Vgl. die Einführung des Vf. zu den Idiota-Dialogen in: Nikolaus von Cues, *Die Kunst der Vermutung. Auswahl aus den Schriften*, Bremen 1957 (Sammlung Dieterich), S. 231 ff. Der hier herangezogene Text ebd., S. 272.

schen an, der sich selbst aus dem heraus versteht und seine Geltung rechtfertigt, was er tut und kann – aus seiner ›Leistung‹, würden wir sagen. Der historisch keineswegs selbstverständliche Verbund von Leistung und Selbstbewußtsein ist an dem cusanischen *Idiota* greifbar, und zwar gerade in der Hinsicht, die uns hier beschäftigt.

Im zweiten Kapitel des Dialoges »De mente« führt der ›Laie‹ seinen Gesprächspartnern, dem Philosophen und dem Rhetor, vor, was sein eigenes Handwerk, die ihren Mann nur bescheiden nährende und im öffentlichen Kurs so niedrig notierte Löffelschnitzerei, ihm selbst für sein Selbstverständnis und seine Selbstwertung bedeutet. Zwar ist auch diese ›Kunst‹ Nachahmung, aber nicht Nachahmung der Natur, sondern Nachahmung der *ars infinita* Gottes selbst, und zwar insofern diese originär, urzeugend, schöpferisch ist, nicht aber insofern sie faktisch diese Welt geschaffen hat. *Coclear extra mentis nostrae ideam non habet exemplar.* Der Löffel, kein Hochprodukt gerade der Kunst, ist doch etwas absolut Neues, ein in der Natur nicht vorgegebenes Eidos, und der schlichte ›Laie‹ ist der Mann, der das hervorbringt: *non enim in hoc imitor figuram cuiuscunque rei naturalis.* Die Formen von Löffeln, Töpfen, Tellern, die der ›Laie‹ herstellt, sind rein technische Formen, und es ist von der Freude über diesen Sachverhalt bis zu seiner Akzentuierung am Produkt selbst als Grundzug des modernen *industrial design* kein Sprung mehr nötig. Der Mensch blickt nicht mehr auf die Natur, den Kosmos, um seinen Rang im Seienden abzulesen, sondern auf die Dingwelt, die *sola humana arte* entstanden ist.[10] Wichtig an unserer Stelle ist weiter, daß sich der *Idiota* mit seiner ›Leistung‹

10 Es ist für den ›mittelalterlichen‹ Aspekt des Cusaners überaus charakteristisch, daß in der hier besprochenen Aussage des *Idiota* noch ein versteckter Bezug auf die Doppeldefinition der ›Kunst‹ bei Aristoteles enthalten ist: *ars mea est magis perfectoria quam imitatoria figurarum creatarum et in hoc infinitae arti similior.* Es wird unterstellt, daß die beiden Teile der aristotelischen Definition eine *generelle* Differenz implizieren (statt einer *spezifischen*) und daß sie alternativ gelten; da also der Idiota nicht eine *ars imitatoria* für die seine halten kann, bleibt ihm nur übrig, an die *ars perfectoria* anzuknüpfen, da ihm eine dritte Möglichkeit terminologisch gar nicht zugänglich ist, obwohl die zuvor gegebene Darstellung dessen, was er tut, überhaupt keinen sachlichen Anhalt dafür bietet, daß er etwas von der Natur unvollendet Liegengelassenes aufnimmt und ›vollendet‹, es sei denn das Material, das er verwendet. Hier zeigt sich, wie die Geschichte des menschlichen Geistes durch Definitionen (und das heißt: durch den Anspruch auf Endgültigkeit) kanalisiert werden kann.

ausdrücklich absetzt gegen das, was Maler und Bildhauer zustande bringen, die doch ihre *exemplaria a rebus* hernähmen – *non tamen ego, ich aber nicht!* Es ist von unschätzbarer signifikativer Bedeutung, daß hier das ganze Pathos des schöpferisch-originären Menschen und der Bruch mit dem Nachahmungsprinzip beim *technischen*, nicht beim *künstlerischen* Menschen hervortreten. Diese Differenz wird hier wohl zum ersten Male *positiv* betont, und darin liegt wesentlich der Wert des Zeugnisses, wenn man sich gegenwärtig hält, wie fast ausschließlich sich in der Folge die Bezeugung des Schöpferischen auf bildende Künste und Poesie konzentriert: daß dort der Autor von sich selbst und seiner schaffenden Spontaneität zu sprechen beginnt, gehört seit dem Ende des Mittelalters geradezu zur Erscheinungsform der Kunst.

Die Geschichte des technischen Geistes dagegen ist überaus arm an solchen Selbstzeugnissen ihrer Träger. Das ist nicht nur ein typologisches Phänomen, das den nüchternen Mann der Konstruktion charakterisiert. Es ist auch nicht nur ein soziologisches Phänomen der öffentlichen Wertung und Aufmerksamkeit, die sich erst mit der Beachtung der *artes mechanicae* durch die französische »Enzyklopädie« der geistigen Ursprungssphäre des technischen Produkts zuwenden. Es ist vor allem ein Phänomen der ›Sprachlosigkeit‹ der Technik. Für den Dichter und Künstler war schon in der Antike ein Arsenal von Kategorien und Metaphern, bis ins Anekdotische hinab, bereitgestellt worden, das zumindest in der Negation zu sagen gestattete, wie sich der schöpferische Prozeß neuerdings verstanden wissen wollte. Für die herankommende technische Welt stand keine Sprache zur Verfügung, und es versammelten sich hier wohl auch kaum die Menschen, die sie hätten schaffen können. Das hat schließlich zu dem erst heute – da die technische Sphäre erstrangig *gesellschaftsfähig* geworden ist – kraß auffallenden Sachverhalt geführt, daß die Leute, die das Gesicht unserer Welt am stärksten bestimmen, am wenigsten wissen und zu sagen wissen, was sie tun. Autobiographien von großen Erfindern sind – im Gegensatz zur raffiniert gesteigerten Selbstdeutung des modernen Künstlers – von oft rührender Ohnmacht der Sprache dem Phänomen gegenüber, das sie verständlich machen wollen. Nur ein Beispiel: *Orville Wright* hat der Erfindung der ersten Flugmaschine die typische Stilisierung gegeben, daß die Brüder *Wright* sechs Jahre vor ihrem ersten Flug in Kitty Hawk ein Buch über Ornithologie in die Hand bekommen hätten und ihnen dabei aufgestoßen sei, warum der Vogel eine Fähigkeit besitzen sollte, die der Mensch nicht durch maßstäbliche Nachbildung der physischen Mechanismen sich aneignen könnte.[11] Das ist noch genau der Topos, den *Leonardo da Vinci* vier Jahrhunderte zuvor gebraucht hatte[12] – er freilich, und selbst noch *Lilienthal*,[13] mit Recht, da sie wirklich eine homomorphe Konstruktion erstrebten. Der Hiatus liegt zwischen *Lilienthal* und *Wright:* die Flugmaschine ist gerade dadurch wirkliche *Erfindung,* daß sie sich von der alten Traumvorstellung der Nachahmung des Vogelflugs freimacht und das Problem mit einem neuen Prinzip löst. Die Voraussetzung des Explosionsmotors (der seinerseits eine wirkliche Erfindung repräsentiert) ist dabei noch nicht einmal so wesentlich und charakteristisch wie die Verwendung der Luftschraube, denn rotierende Elemente sind von reiner Technizität, also weder von *imitatio* noch von *perfectio* herzuleiten, weil der Natur rotierende Organe fremd sein müssen. Ist es etwa zu kühn, wenn man behauptet, daß das Flugzeug so in der Immanenz des technischen Prozesses darinsteht, daß es auch dann zu dem Tage von Kitty Hawk gekommen wäre, hätte nie ein Vogel die Lüfte belebt?

Aber die Berufung auf den schon vorhandenen und das Fluggeschäft gottgegebenerweise ausübenden Vogel hat gar nicht so sehr die Funktion einer genetischen Erklärung. Sie ist vielmehr der Ausdruck für das mehr oder weniger bestimmte Gefühl der *Illegitimität* dessen, was der Mensch da für sich beansprucht. Der Topos der Naturnachahmung ist eine Deckung gegenüber dem Unverstandenen der menschlichen Ursprünglichkeit, die als metaphysische Gewaltsamkeit vermeint ist. Solche Topoi fungieren in unserer Welt, wie in modernen Kunstausstellungen die naturalistischen Titel unter abstrakten Bildern stehen. Das Unformulierbare ist das Unvertretbare. Das Paradies war: für alles einen Namen zu

11 »How we invented the Airplane«, in: *Harper's Magazine*, Juni 1953.

12 *Tagebücher und Aufzeichnungen*, dt. Übers. v. Th. Lücke, Zürich 1952, S. 307: *Du mußt die Flügel eines Vogels samt den Brustmuskeln, den Bewegern dieser Flügel, anatomisch untersuchen. Und du mußt das gleiche auch beim Menschen tun, um darzulegen, welche Möglichkeit im Menschen steckt, wenn er sich durch Flügelschlagen in der Luft halten will.* Hier kommt neben der *ars imitatoria* auch in unmittelbarem Zusammenhang die *ars perfectoria* zur Geltung, also der ganze Aristoteles.

13 *Der Vogelflug als Grundlage der Fliegekunst*, 2. Auflage München 1910.

wissen und durch den Namen sich geheuer zu machen. Wo das λόγον διδόναι (in seinem Doppelsinn!) versagt, neigen wir dazu, von ›Dämonie‹ der Sache zu sprechen, wie die vielgebrauchte ›Dämonie der Technik‹ für unsere Thematik belegt. Eine solche Problematik wie die der modernen Technik ist dadurch gekennzeichnet, daß wir zwar ein ›Problem‹ empfinden, es zu formulieren aber in unausgesetzter Verlegenheit sind. Diese Verlegenheit eben soll hier auf die Geltung der Formel von der ›Kunst‹ als Nachahmung der Natur zurückgeführt werden, indem ich zu zeigen versuche, daß und weshalb diese Idee unsere metaphysische Tradition derart beherrscht hat, daß für die Konzeption des *authentischen* Menschenwerkes kein Spielraum blieb. Das schöpferische Selbstbewußtsein, das an der Grenze von Mittelalter und Neuzeit aufbrach, fand sich ontologisch unartikulierbar: als die Malerei nach ihrer ›Theorie‹ zu suchen begann, assimilierte sie sich die aristotelische Poetik; der schöpferische ›Einfall‹ metaphorisierte sich als *entusiasmo* und in den Ausdrücken einer säkularisierten *illuminatio.* Verlegenheit der Artikulation angesichts des Übergewichts der metaphysischen *imitatio*-Tradition *und* der Renaissancegestus der Rebellion gehören zusammen. Das ontologisch fraglos Gewordene bildet eine Zone der Legitimität, in der sich neue Verständnisweisen nur gewaltsam durchsetzen können. Man denke an den ›Ausbruch‹ des *Originalgenies* noch im 18. Jahrhundert, der im Idealismus sozusagen systematisch aufgefangen wurde.

Erst im historischen Nachhinein sieht man, was der Versuch des Cusaners hätte bedeuten können, mit der Ironie seines löffelschnitzenden *Idiota* die bestürzende Idee vom Menschen als einem seinsoriginären Wesen so zu formulieren, daß sie als notwendige Konsequenz und legitime Explikation der theologischen Auffassung vom Menschen als dem gottgewollten Ebenbild Gottes, als dem (in der Hermetik vorformulierten) *alter deus,* hervortrat. An seiner geschichtlichen Wirksamkeit gemessen, ist dieser Versuch, die Neuzeit gleichsam als immanentes Produkt des Mittelalters heranzuführen – ein Unternehmen, innerhalb dessen die metaphysische Legitimierung des Attributs des Schöpferischen für den Menschen nur *eine* Komponente darstellt –, nicht gelungen. Wir haben den *Idiota* des Cusaners als historisches Indiz, nicht als geschichtsbildende Energie zu betrachten. Denn das Fazit der neuzeitlichen Geistesgeschichte ist der Antagonismus von Konstruktion und Organismus, von Kunst und Natur, von Gestaltungswillen und Gestaltgegebenheit, von Arbeit und Bestand. Das menschliche Schaffen sieht seinen Wirkungsraum sich durch das Gegebene benommen. *Nietzsche* hat auch diesen Sachverhalt am schärfsten formuliert, wenn er im »Zarathustra« sagen läßt, daß *wer ein Schöpfer sein will im Guten und Bösen, der muß ein Vernichter erst sein und Werthe zerbrechen. Also gehört das höchste Böse zur höchsten Güte: diese aber ist die schöpferische.*[14] Hier ist der Nihilismus funktional dem seinsoriginären Anspruch des Menschen zugeordnet; aber sogleich ist zu fragen, ob nicht das, was hier wie ein Seinsgesetz ausgesprochen ist, vielmehr die geschichtliche Situation kennzeichnet, in der der Mensch seine schöpferische Freiheit durch eine bestimmte (eben die hier näher zu ergründende) metaphysische Tradition verstellt findet. Der Antinaturalismus des 19. Jahrhunderts ist getragen von diesem Gefühl der Beengung der authentischen Produktivität des Menschen durch einen lästigen Bedingungshorizont. Das neue Pathos der Arbeit richtet sich gegen die Natur: *Comte* prägt den Ausdruck ›Antinatur‹, *Marx* und *Engels* sprechen von ›Antiphysis‹. Die Natur hat nicht nur ihre exemplarische Verbindlichkeit verloren und ist zum Objekt nivelliert worden, dessen theoretische und praktische Bemeisterung seine Bedeutung ausschöpft; sie ist vielmehr so etwas wie die Gegeninstanz des technischen und künstlerischen Willens geworden. Ihre Wirkung auf die emotionelle Empfänglichkeit des Menschen erweckt Mißtrauen: das In-sich-Beruhende, Ausreifende, Zu-sich-Zurückkehrende der Natur hat den Charakter der Versuchung für die Eindeutigkeit des menschlichen Werkwillens angenommen.[15] In unserem Jahrhundert hat sich

14 *Gesammelte Werke*, Musarion-Ausgabe, Bd. XIII, S. 149; ich zitiere nach dem etwas abweichenden Selbstzitat Nietzsches in *Ecce Homo* (*Werke*, Bd. XXI, S. 277).

15 Niemand hätte das greifbarer verbildlichen können als Bert Brecht, der in einer seiner *Geschichten vom Herrn Keuner*, betitelt »Herr K. und die Natur«, sagen läßt: *Ich würde gern mitunter aus dem Haus tretend ein paar Bäume sehen* … Der Irrealis ist wie eine versteckte Fußangel in der Quasi-Idylle, die sich nun entfaltet, wo der ›besondere Grad von Realität‹ des Naturgebildes gegenüber der bloßen Relativität des Gebrauchsgegenstandes gefeiert wird, das *beruhigend Selbständige, von mir Absehende* der Bäume, ja es wird schließlich die Hoffnung ausgesprochen, es möchte an diesen Bäumen etwas Unverwertbares, nicht Materialhaftes sein. Aber diese scharfsichtige Phänomenologie eines untergründigen Naturbedürfnisses endet mit einem Ordnungsruf, dessen Stilisierung auf Beiläufigkeit – der Nachsatz ist in Klammern gesetzt und beginnt: *Herr K. sagte*

dazu die Erfahrung eingestellt, daß das natürliche Material einerseits, die physische Ausstattung des Menschen andererseits auf eine lästige Weise den Anforderungen nicht gewachsen sind, die das technische Werk an sie stellt. Eine eigentümliche Trägheit enthüllt sich als Qualität des Organischen; das Konzept, sie zu überwinden, ist zuerst in der Idee der ›organischen Konstruktion‹ des »Arbeiters« von *Ernst Jünger* rücksichtslos entwickelt worden.

Das ist, in Andeutungen, der *terminus ad quem* des geschichtlichen Prozesses, dessen metaphysischen *terminus a quo* wir hier betrachten wollen. Die metaphysische Exklusivität des Naturbegriffes hat, wie sich näherhin zeigen wird, den legitimen Spielraum des authentisch menschlichen Werks eliminiert, oder richtiger: unvorgesehen gelassen; am Ende des gewaltsamen Gegenzuges ist der Natur selbst durch den absoluten Anspruch des Werkes in Technik und Kunst ihr Geltungsbereich bestritten. Und nicht zufällig hat die Kunst in der Philosophie seit dem Idealismus überall dort, wo man nach dem, was ›Sein‹ ist, glaubt fragen zu können, eben den exemplarischen Rang eingenommen, den in der Antike und der von ihr abhängigen Metaphysik die Natur innehatte.

Vielleicht hat sich vor dem Leser unsere These nun so weit präzisiert, daß ohne Zumutung eines Gedankensprunges formuliert werden kann, das neuzeitliche Pathos der authentisch menschlichen Hervorbringung in Kunst und Technik entspringe der Widersetzlichkeit gegen die metaphysische Tradition der *Identität von Sein und Natur* und die Bestimmung des Menschenwerkes als ›Nachahmung der Natur‹ sei die genaue Konsequenz dieser Identität gewesen. Hier wird nun freilich eine gründlichere Untersuchung der historischen Basis unumgänglich.

auch: … – nur paideutische Taktik ist: *Es ist nötig für uns, von der Natur einen sparsamen Gebrauch zu machen. Ohne Arbeit in der Natur weilend, gerät man leicht in einen krankhaften Zustand, etwas wie Fieber befällt einen.* Ohne Arbeit in der Natur zu weilen, perhorresziert denn auch den Zeitgenossen (nicht nur den marxistischer Observanz, wenn es ihn gibt); der moderne Arbeitsgarten zeigt das genauso wie die diversen Formen der Begleitung der vorgeblich Naturbedürftigen durch technisches Gerät, das den Natureindruck neutralisiert.

III.

Es lohnt sich, mit einem Blick in das zehnte Buch der platonischen »Politeia« zu beginnen. Bekanntlich führt *Plato* hier seine Polemik gegen die Dichtung und darstellende Kunst überhaupt, und zwar mit einer Argumentation, die nicht so sehr auf deren negative Wirkungen abgestellt ist, als vielmehr ihre *Herkunft*, ihren ontologischen Fundierungszusammenhang ins Auge faßt. Daß die Kunst die Natur nachahmt, ist dabei nicht nur eine Feststellung, sondern schon der entscheidende Einwand. Um diesen Einwand besonders scharf zu profilieren, wählt *Plato* als Paradigma zwei elementare Gebrauchsgegenstände (σκεύη), Bett und Tisch. Der Handwerker (δημιουργός) stellt sie *her*, der Maler (ζωγράφος) stellt sie nur *dar*. Der Handwerker ist aber nicht auch der ›Erfinder‹ von Bett und Tisch, denn kein Handwerker bringt deren *Idee* als solche hervor.[16] Hier haben wir eine Definition von *Erfindung* in der Negation vorausgesetzt: sie ist das Hervorbringen der Idee selbst. Woher aber nimmt der Handwerker die Ideen von Bett und Tisch, da er sie doch nicht selbst hervorbringt und auch nicht derartige Grundgestalten in der gegebenen Realität vorfindet? Die Antwort darauf lautet: es gibt in der Ideenwelt für Tisch und Bett genau so Ideen wie für die schon vorhandenen Weltdinge.[17] Der Handwerker hat diese Ideen als etwas ihm Vorgegebenes im geistigen Blick, wenn er solche Zeugdinge herstellt; der Maler aber blickt nicht auf die Idee selbst, sondern auf das ihr schon Nachgebildete. Ihm dies zum Vorwurf zu machen, daraus eine Kritik der nachbildenden Künste abzuleiten, impliziert nun aber notwendig die Prämisse, daß *Nachahmung etwas Negatives* ist. Zwar gebraucht *Plato* den Ausdruck ›Nachahmung‹ durcheinander und füreinander mit dem der ›Teilhabe‹, oft für ein und denselben Sachverhalt; aber es ist doch deutlich zu erkennen, daß μέθεξις ein *positives* Vorzeichen hat, indem es die Beziehung des realen Dinges zu der Eigentlichkeit seiner Idee betont, während μίμησις eher die *Negativität* der Differenz zwischen Urbild und Abbild, den Defekt des phänomenalen gegenüber dem idealen Sein akzentuiert.[18]

16 596 B: οὐ γάρ που τήν ἰδέαν αὐτὴν δημιουργεῖ οὐδείς των δημιουργων.

17 596 B: ἀλλά ἰδέαι γέ που περὶ ταῦτα τὰ σκεύη …

18 Aristoteles läßt allerdings nur eine nominale Differenz zu: *Metaph.* I, 6; 987b 10-13. Für ihn ist aber auch die Ambivalenz des Sachverhaltes, dem Plato gerecht zu werden hat, nicht mehr aktuell.

Nachahmung heißt eben: das Nachgeahmte selbst *nicht sein*.[19] Kunst ist also nur ein Seinsderivat, im Beispiel des abgebildeten technischen Gegenstandes sogar erst ›an dritter Stelle vom eigentlich Seienden entfernt stehend‹.[20] Der Handwerker mag mit dem Bedürfnis entschuldigt sein, dem sein Werk Genüge tun will – womit aber kann der Maler sich rechtfertigen?

Diesen negativen Aspekt der Ideenmimesis hat die weitere Geschichte des Platonismus so verstärkt, daß schließlich schon die *erste* Nachahmung, die Begründung des sichtbaren Kosmos durch den Weltdemiurgen, ein negatives Vorzeichen bekommen mußte. Diese neuplatonische Einseitigkeit muß man im Auge behalten, wenn man das Motiv verstehen will, das gerade den spätmittelalterlichen Platonismus an der Überwindung der Mimesis-Formel für das Kunstwerk so stark beteiligt sein ließ: daß ›Nachahmung der Natur‹ eine die *Würde* des Menschenwerks in Frage stellende Bestimmung sein könnte, ist von der *aristotelischen* Tradition her (die sie sich vor allem zu eigen gemacht hatte) niemals verstanden worden bzw. auch nur verstehbar geworden.

Für *Plato* selbst freilich muß dem mit der Methexis-Vorstellung verbundenen positiven Aspekt wohl noch der Vorrang gegeben werden. Es läßt sich das leicht verstehen, wenn man die ursprüngliche Frontstellung der sokratisch-platonischen Ideenlehre gegen die *Sophistik* bedenkt. In der griechischen Sophistik ist der Gedanke der absoluten Setzung, der im Vorgegebenen unbegründeten ϑέσις zuerst gedacht worden.[21] Aber dieser Vorstellung fehlt noch alles, was einmal den Begriff des ›Schöpferischen‹ qualifizieren sollte. Staat, Sprache, Sitte sind hier zwar durch menschliche Setzung entstanden und menschlicher τέχνη unterworfen, und die ›Geschichte‹ wird zum erstenmal in der sophistischen Rhetorik als Produkt menschlichen Machens begriffen – aber dieser Leistung kommt doch nichts Auszeichnendes zu, vielmehr ist ihr ›technischer‹ Zug

19 So deutlich bei Demokrit, fr. 39 Diels: ἀγαϑὸν ἢ εἶναι χρεὼν ἢ μιμεῖσϑαι. Selbst in der Ableitung menschlicher Leistungen vom tierischen bei Demokrit (Weben, Stopfen, Hausbau, Gesang: fr. 154 Diels) durch Nachahmung kommt der Vorrang dessen, der etwas *von Natur* besitzt, gegenüber der Armut dessen, der es nur übernimmt, klar heraus.

20 599 A: τριττὰ ἀπέχοντα τοῦ ὄντος.

21 Die Einbeziehung der Sophistik geht auf eine Diskussion meiner These mit D. Henrich zurück.

Ausdruck einer Bedürftigkeit des Menschen, eines Mangels an natürlicher Mitgift, an vorfindlicher Ordnungsstruktur. Auch fehlte es der Sophistik an einem Begriff des geistigen Subjekts, dem eine solche metaphysische ›Auszeichnung‹ hätte zugeschrieben werden können. ›Setzung‹ ist zwar Kontrastbegriff zu ›Natur‹, aber gerade dadurch gerät sie in die Nähe der bloßen τύχη, in der dieser Gegensatz generell ausgedrückt ist. Was mußte geschehen, um der hier zum erstenmal ausgebildeten Vorstellung einer absoluten Spontaneität menschlichen Handelns ihre metaphysische Dignität zu verschaffen? Die Antwort ist im nachhinein leicht zu geben: die ›Setzung‹ bekommt ihre metaphysische Würde erst dadurch, daß sie als theologischer Begriff, als Attribut des Göttlichen entdeckt wird. Erst die Transplantation einer Vorstellung auf den theologischen Nährboden macht sie virulent, um in der Geschichte des menschlichen Selbstverständnisses jene Attraktion auszuüben, die – von der mystischen Sehnsucht nach der ὁμοίωσις θεῷ bis zur trotzigen Usurpation göttlicher Attribute in dem, was man die Hybris der Renaissance genannt hat – den Willen bewegt. Es geht also hier gar nicht primär um die Frage, wo die Authentizität der menschlichen Werksetzung zuerst konzipiert wurde, sondern wo sie zu ihrem einzigartigen metaphysischen Rang gekommen ist, der das Denken einer Epoche auf diese Idee zentrieren konnte. Not hat zwar seit je erfinderisch gemacht, wie das Sprichwort sagt, aber sie vermag der Idee der Erfindung nicht den Glanz zu geben, der zu ruheloser Selbstbestätigung in dieser Qualität treibt.

Die sophistische Thesis begründet Schein, *nicht Sein*, sie hat keinen Bezug zur *Wahrheit*: τέχνη und ἀλήθεια bleiben einander fremd. In diese Grundlosigkeit des menschlichen Tuns *Grund* zu bringen, Seinsbezug, Verbindlichkeit – das war das Motiv der Ideenlehre und der ihr korrelaten Mimesis-Vorstellung. Der Handwerker, der Bett und Tisch herstellt, macht etwas *Neues* nur im Hinblick auf die phänomenale Welt, nicht aber im Hinblick auf den idealen Kosmos, in dem es die Ideen dieser Zeugdinge *immer schon gibt*. Wenn *Plato* nun sagt, diese Ideen bedeuteten das Bett bzw. den Tisch ἐν τῇ φύσει,[22] dann ist der spezifisch platonische Ursinn der Formel von der ›Nachahmung der Natur‹ greifbar: die Natur nachzuahmen, heißt, die Idee nachzubilden. Wie nun aber

22 597 BC.

weiter? Ist die Idee selbst noch auf einen Ursprung hin befragbar oder ist sie das ursprungslos Absolute selbst? Ist die Vorstellung eines *schöpferischen* Aktes der platonischen Metaphysik fremd?

Der Platonismus der Tradition jedenfalls hat diesen Eindruck erweckt; es wird sich zeigen, wie es dazu kam. An unserer Stelle jedoch, im zehnten Buch der »Politeia«, wird ausdrücklich gesagt, es sei der Gott, der wahrhaft Hervorbringer des eigentlich seienden Bettes – nicht irgendeines beliebigen, wie es irgendein beliebiger Handwerker herstellt – sein wollte und es so in der Einheit seiner Natur als ›Idee‹ begründete.[23] Dreimal kurz hintereinander insistiert *Plato* auf dieser Aussage, und er nennt den wesenbegründenden Gott den φυτουργός. Hier ist *Schöpfung* als Akt der Urzeugung von Wesenheit zum erstenmal erfaßt und zum Attribut der Gottheit gemacht. Man sollte denken, diese Konzeption des Schöpfungsbegriffs in seiner Radikalität hätte spätestens in dem Augenblick erkannt und anerkannt werden müssen, als es darum ging, die biblische Schöpfungsidee mit den Mitteln der antiken Metaphysik zu artikulieren und traditionsfähig zu machen. Aber, wie oft genug nachgewiesen worden ist, hat sich in dieser Funktion ein anderes Element des platonischen Werkes durchgesetzt: der Demiurgenmythos des »Timaios«. Im Demiurgen wird die Präfiguration des biblischen Schöpfergottes gesehen werden. Aber der Demiurg ist *nicht schöpferisch*. Er ist – seiner Handlungsstruktur, nicht seinem metaphysischen Range nach – genauso Handwerker wie der Tischler im zehnten Buch der »Politeia«. Der Demiurg des »Timaios« hat eine kosmologische, keine ontologische Begründungsfunktion: er soll erklären, weshalb es überhaupt neben dem Ideenkosmos noch sein phänomenales Pendant gibt, also eine Verlegenheit der platonischen Philosophie überbrücken, an der dann *Aristoteles* so nachhaltig Anstoß nahm. Die Funktion des Demiurgen ist eine *dienstbare*, dem absoluten Sein der Ideen untergeordnete; nicht auf diesem ›Schöpfer‹, sondern auf seinem Werkmodell liegt der metaphysische Akzent. Er bringt nur das eigentlich Seiende (das man sich als zur Selbstmitteilung drängend vorstellen muß, wie es die Neuplatoniker getan haben) zur faßbaren Erscheinung, er übersetzt es in die Sinnensprache. Ob das Urbild solcher ›Verkündigung‹ bedarf, ist eine unwichtige Frage, allerdings nur so lange wie der Demiurg nicht

23 597 D.

selbst der Gott ist, der als Prinzip des Guten gerechtfertigt werden muß. Eben diese Identifizierung des Demiurgen mit Gott wird aber schon im ersten vorchristlichen Jahrhundert eingeleitet und beherrscht den christlichen Platonismus. Daß in der geschichtlichen Rezeption der φυτουργός der »Politeia« keinen Widerhall findet und statt dessen der δημιουργός des »Timaios« die maßgebende Vorstellung wird, bedeutet, daß der Begriff der ›Schöpfung‹ mit den kategorialen Mitteln des Strukturschemas der ›Nachahmung‹ ausgelegt werden mußte. So wenig es hier schon um das Verständnis *menschlicher* Spontaneität ging, so wesentlich wurde dieses doch hier *vorentschieden,* wenn man den typischen Prozeß der theologischen Inkubation der begrifflichen Elemente der Selbsterfassung der Subjektivität in Rechnung stellt. Die Übertragung der Demiurgenvorstellung auf den Gottesbegriff impliziert die entscheidende Sanktion des Prinzips der ›Nachahmung der Natur‹.

Aber noch in einem weiteren Punkt bringt der »Timaios« eine wichtige Modifikation der im zehnten Buch der »Politeia« dargestellten Position. *Aristoteles* berichtet uns den – angesichts des bisher Dargelegten – erstaunlichen Sachverhalt, daß es nach Ansicht der Akademie für künstliche Dinge, wie das Haus oder den Ring, keine Ideen gäbe.[24] Wie ist es dazu gekommen, daß bei *Plato* oder in seiner Schule die Ideen der technischen Gegenstände wieder aufgegeben worden sind? Vom »Timaios« her läßt sich das leicht einsehen. Der Demiurg bildet im vorgegebenen Stoff die vorgegebenen Urbilder nach; aber er waltet dabei nicht nach Belieben, nicht auswählend. Für ihn gilt das Prinzip des optimalen Effekts: der von ihm verfertigte Kosmos ist das Beste, was überhaupt entstehen konnte (κάλλιστος τῶν γεγονότων), und der Demiurg wird durch sein Werk als ἄριστος τῶν αἰτίων qualifiziert.[25] Die Ideenlehre selbst, in ihrer ontologisch-ethischen Doppelfunktion, macht diese Feststellung unumgänglich: die Ideen sind ja nicht nur Vorlagen, *wie* dieses Werk gemacht werden *kann,* sondern zugleich verpflichtende Normen, *daß* es so gemacht werden *soll.* Daraus folgert *Plato* sowohl die *Einzigkeit* des realen Kosmos als auch seine *Vollständigkeit* hinsichtlich des idealen Modells.[26] Das aber heißt

24 *Metaph.* I, 9; 991b 6f. Positiv formuliert: *Metaph.* XII, 3; 1070a 18-20.
25 29 A.
26 30 CD, 31 A. So auch F. M. Cornford, *Plato's Cosmology*, London 1937, S. 40f.: *The intelligible Living Creature corresponds to it, whole to whole, and part to part.*

nun: der Demiurg schöpft das Potential der Ideen aus, das Reale repräsentiert erschöpfend das Ideale. Alles Mögliche ist *schon da,* und für das Werk des Menschen bleiben keine unverwirklichten Ideen übrig. Diese gravierende Abweichung vom zehnten Buch der »Politeia« macht die Frage nach der Herkunft des menschlichen Werkes zur bleibenden Verlegenheit des Platonismus. *Aristoteles* hat die einzig mögliche Konsequenz gezogen: alles hergestellte ›Neue‹ geht auf schon Daseiendes zurück. Die Idee der vollständigen Entsprechung von Möglichkeit und Wirklichkeit läßt nicht zu, daß der Mensch geistig *originär* wirken kann. Ontologisch bedeutet das: durch das Menschenwerk kann das Seiende nicht ›bereichert‹ werden, oder anders ausgedrückt: im Werk des Menschen geschieht essentiell *nichts.* Das menschliche Gebilde hat keine ihm eigene und eigentliche Wahrheit. Kein Wunder also, daß es der traditionellen Metaphysik nichts zu sagen hatte.[27]

IV.

Bei *Plato* ist bereits die ganze Konzeption angelegt, für die *Aristoteles* die traditionsgängige Formel gefunden hat. Die Ewigkeit der Urbilder wird zur Ewigkeit der realen Welt selbst, und die Vollständigkeit der Entsprechung zwischen Ideen und Erscheinungen wird zur Einzigkeit und Vollständigkeit des Kosmos im Hinblick auf den Begriff der *Möglichkeit.* Das Moment der Exemplarität ist mit dieser aristotelischen Transformation geschwächt: *warum* die Natur nachgeahmt werden *soll,* war von *Plato* her besser zu verstehen, insofern die reale Welt als das schlechthin bestfundierte Werk erschien, demgegenüber auf anderes zu sinnen unsinnig sein mußte. Hier wird die *Stoa* wieder ansetzen. Was aber bei *Aristoteles* eindeutiger als bei *Plato* heraustritt, ist die Notwendigkeit, warum ein Werk immer nur Wiederholung der Natur sein *kann.*

27 Der antike Platonismus hat es sich mit dieser Hypothek sauer werden lassen, wie W. Theiler (*Die Vorbereitung des Neuplatonismus,* Berlin 1930) gezeigt hat. An der Exklusivität der Ideen für die φύσει ὄντα wird festgehalten (z. B. Chalcidius [ed. Wrobel 333, 8]: *ideae sunt exempla naturalium rerum*). Man hilft sich, wie in aller »Scholastik«, mit nominalen Differenzierungen, denen begriffliche Deckung fehlt, so mit der schon bei Plato anklingenden Unterscheidung von ἰδέα und εἶδος. Das Eidos wird die ins Werk gesetzte Idee.

Natur ist der Inbegriff des überhaupt Möglichen. Geist kann gar nicht anders bestimmt werden denn als eine Fähigkeit in bezug auf das All des Schon-Seienden. Möglich ist immer nur, was seiner μορφή nach schon wirklich ist: der Kosmos ist das All des Wirklichen und des Möglichen zugleich. So ist das immanente Gesetz aller Bewegung (in dem weitesten Sinn von Veränderung, den dieser Begriff bei *Aristoteles* hat) die ewige *Selbstwiederholung des Seins.* Diese Grundstruktur übergreift Ding und Geist, Natur und ›Kunst‹, sie ist letztlich die innere Struktur des absoluten Seienden der aristotelischen Metaphysik: der ›unbewegte Beweger‹ ist die reine geistige Form der Selbstwiederholung in der νόησις νοήσεως, im sich selbst denkenden Denken. Diese in sich verschlossene Selbstgenügsamkeit des Absoluten ist ebensowenig nach außen schöpferisch wie nach innen zeugerisch (wie erstaunlich, daß die christliche Theologie sie dennoch zum Modell nahm!). Die Selbstwiederholung des Absoluten geht im Kosmos in die Struktur der ›Nachahmung‹ über: dieses Prinzip erklärt schon die ungetrübte Kreisform der ersten Sphärenbewegung als liebende Assimilation an das rein in sich zurückkehrende Höchste, es spiegelt sich im Kreislauf des Wassers der Meteorologie,[28] es ist das Grundgesetz aller generativen Prozesse, in denen das Zeugende immer nur wieder seine eigene Wesensform produziert. Am allgemeinsten schließlich: Seiendes kommt nur aus Seiendem.[29] Die τέχνη steht in dieser kosmischen Prozeßordnung tief unten: der Produzierende wiederholt ja nicht sich selbst; nur mittelbar – eben durch das notwendige Angewiesensein auf ›Nachahmung‹ – ist der technische Akt in die kosmische Grundstruktur zurückgebunden, ist er nicht bloße βία oder τύχη. So ist auch die ›Kunst‹ noch für den Kosmos ›gerettet‹, ihm funktional inkorporiert, bezeugt seine Einzigkeit und Vollständigkeit. Im Grunde ist die Theologisierung des Kosmos, die erst die Stoa vollziehen wird, hier schon beschlossen. Wo das Seiende als ganzes absolut ist, kann es ›Bereicherung‹ an Sein nicht geben, selbst durch Gott nicht. Der Wille hat keine Seinsmacht; er kann nur wollen, was schon ist, kann nur – wie der Gott auch – ›in Bewegung halten‹. Die Homogeneität der aristo-

28 *Meteor.* I, 9; 346b 16-347a 5.

29 *Metaph.* XII, 2; 1069b 19. XII, 3; 1070a 8. Vgl. hierzu *Studium Generale*, Bd. IV (1951), S. 463 f. [in diesem Band S. 19 ff.].

telischen Lehre von der Erkenntnis innerhalb dieses Ganzen seiner Metaphysik versteht sich von selbst.[30]

In der Interpretation der aristotelischen Mimesis ist wiederholt auf die Bedeutung des dynamischen Naturbegriffs hingewiesen worden, der nicht so sehr den gegebenen eidetischen Gesamtbestand bedeutet, als vielmehr den Inbegriff der generativen Prozesse, die diesen Bestand jederzeit bedingen: *the creative force, the productive principle of the universe.*[31] Es ist die klassische Unterscheidung von *natura naturans* und *natura naturata.* Einen entscheidenden ontologischen Zuwachs gegenüber *Plato* vermag ich auch dann nicht zu sehen: selbst wenn man, ohne Rücksicht auf die letzte Gestalt der platonischen Lehre, die *Statik* der Ideenwelt unterstellt, ist doch in der Funktion des Demiurgen die initiierende *Dynamik* konzentriert. Dies alles – Ideen, Stoff, Demiurg – muß *Aristoteles* im Naturbegriff unterbringen; das führt zur Mehrdeutigkeit, die auf die Mimesis-Vorstellung übergeht. ›Nachahmung der Natur‹ bedeutet so nicht nur Reproduktion eines eidetischen Bestandes, sondern Nachvollzug des produktiven Vorganges: *art in general imitates the method of nature.*[32] Ich kann dieser Unterscheidung für unsere Fragestellung keine entscheidende Bedeutung beimessen, da

30 S. H. Butcher, *Aristotle's Theory of Poetry and Fine Art*, 4. Auflage London 1927, S. 126 weist z. B. mit Recht darauf hin, daß man den Ausdruck φαντασία bei Aristoteles nicht genau durch ›Imagination‹ wiedergeben könne, worin *an image-making power* bedeutet werde. An der noch direkteren Wiedergabe mit ›Phantasie‹ läßt sich ein ähnlicher differenzierender Bedeutungszuwachs entnehmen, um dessen ontologische Möglichkeit es uns hier gerade geht. Davon darf man auf Aristoteles nichts zurückfließen lassen. Um so weniger verstehe ich die geheimnisvolle Bemerkung bei *Butcher* (ebd., S. 127, Anm. 1): *The idea of a creative power in man which transforms the materials supplied by the empirical world is not unknown either to Plato or Aristotle, but it is not a separate faculty or denoted by a distinct name.* Für die Bedeutungsgeschichte von ›Phantasie‹ ist es charakteristisch, wie spät erst originäre Momente zufließen, und nicht weniger, daß es ein Vertreter der sog. ›zweiten Sophistik‹ im 3. nachchristl. Jahrhundert war, der eine neue Definition von φαντασία als *creative imagination* (Liddell-Scott) gab: Philostrat in seiner *Apollonius-Vita* (ed. Kayser VI, 19), wo ausdrücklich die ›Phantasie‹ der ›Nachahmung‹ entgegengestellt wird, und zwar im Hinblick auf das Mehr, das in den Götterstatuen eines Phidias oder Praxiteles enthalten ist, das Mehr an Ungesehenem, Unvorgegebenem: μίμησις μὲν γὰρ δημιουργήσει ὃ εἶδεν, φαντασία δὲ καὶ ὃ μὴ εἶδεν.

31 S. H. Butcher, a. a. O., S. 116.

32 Ebd., S. 117.

doch für *Aristoteles* alle generativen Prozesse der Natur durch einen unverrückbaren eidetischen Bestand reguliert sind. Die Natur wiederholt sich in ihrer Selbstproduktion ewig – was erlaubt, ihr *creative force* zuzuschreiben? Hier sind offenkundig Implikationen des modernen, durch die Evolution bestimmten Naturbegriffs herangetragen, die dann konsequent dazu führen, daß das ἐπιτελεῖν in der aristotelischen Definition der ›Kunst‹ überdeutet wird. Inwiefern kann die Natur überhaupt einer Vollendung bedürfen? Mangel heißt hier jedenfalls nie so etwas wie eine ›Leerstelle‹, sondern nur das je faktisch *noch nicht* erreichte *Werdeziel.* Wenn *Aristoteles* sagt, es sei Sache des Künstlers, die Naturdinge nachzuahmen, wie sie *sein sollen*,[33] so bedeutet das nicht den Hinweis auf irgendeine diesen Gegenständen transzendente Norm, sondern die ›Extrapolation‹ aus dem Werdeprozeß auf das Werdeziel, von der γένεσις auf ihr τέλος. Damit es sich die ›Kunst‹ nicht am jeweilig faktischen *Zustand* des Seienden genug sein läßt, sondern es auf das darin gestaltend wirksame *Werdeziel,* die ἐντελέχεια, absieht, ist die generative Seite des Naturbegriffs für die Mimesis wesentlich, aber dies doch nur deshalb, weil nach und trotz der Beseitigung der Ideen eben immer noch so etwas wie ›Idealität‹ benötigt wird, um zu verstehen, was den Menschen in seinem Werk, vor allem: was ihn im Kunstwerk bestimmt. Sollte die Natur einmal ihre eidetische Konstanz verlieren, würde auch die aristotelische Lehre von der ›Kunst‹ ihr Fundament einbüßen: wo ist der Natur noch eine Form des Seinsollens abzugewinnen, wenn an Stelle der ewig wiederholten endlichen Ontogenesis die von Mutation und Selektion induzierte unendliche Phylogenesis den Begriff der *natura naturans* bestimmt? Dieser Hinweis auf Späteres soll nur hier schon andeuten, daß philosophische Grundvorstellungen nicht beliebige Renaissancen haben können.

Der Kern der aristotelischen Lehre von der τέχνη ist, daß dem werksetzenden Menschen keine *wesentliche* Funktion zugeschrieben werden kann. Was man die ›Welt des Menschen‹ nennen wird, gibt es hier im Grunde nicht. Der werksetzende und handelnde Mensch stellt sich in die Konsequenz der physischen Teleologie: er vollbringt, was die Natur vollbringen *würde*, ihr – nicht sein – immanentes Sollen. τέχνη und φύσις sind gleichsinnige Konsti-

33 *Poetik* XXV, 1460b II, 35.

tutionsprinzipien, das eine bewirkt *von außen,* was das andere *von innen* zustande bringt.[34] Verfertigung ist an die Entsprechung zu Wachstum gebunden. Das technisch-ästhetische Werk hat daher auch immer nur einen *verweisenden* Sinn, keinen ihm seinseigenen Wahrheitsgehalt. Die Möglichkeit, am Kunstwerk etwas nur da Aufgehendes zu erfahren, ist noch ungedacht, das Werk ist noch kein Medium der Selbsterkenntnis und Selbstbestätigung des Menschen.

Im *Hellenismus* bietet die ps.-aristotelische Schrift »Über den Kosmos« eine nicht unbedeutsame Variation der Mimesis-Vorstellung durch ihre Einbeziehung heraklitischer Motive.[35] Die Mimesis wird nicht primär auf den *eidetischen* Bestand der Natur bezogen als vielmehr auf ihre *formale* Struktur (wobei man ›formal‹ nicht im Sinne der aristotelisch-scholastischen *forma* zu verstehen hat). Der Kosmos ist, nach *Heraklit,* ein Gefüge aus Gegensätzen, die sich nicht aufheben, so wie eine Polis aus Armen und Reichen, Jungen und Alten, Schwachen und Starken, Schlechten und Guten eine Einheit bildet. Die Natur realisiert sich in Gegensätzen, wie dem Männlichen und Weiblichen, dem Trockenen und Feuchten, dem Warmen und Kalten. Und eben darin ahmt die ›Kunst‹ die Natur nach, etwa wenn die Malerei gegensätzliche Farben verwendet, die Musik aus hohen und tiefen Tönen Harmonien bildet, die Schreibkunst Vokale und Konsonanten zusammenfügt. Hier ist zweifellos durch die Formalisierung der Mimesis ›Spielraum‹ für die Authentizität des Werkes gewonnen, aber die Heterogeneität von Musik oder Sprache (Schrift) gegenüber irgendeinem Naturvorgang ist noch nicht gesehen.

Die *Stoa* hat das metaphysische Fundament der Mimesis eindeutig verstärkt, indem sie Vollständigkeit und Vollkommenheit des Kosmos zu Prädikaten von theologischer Dignität erhob. Trotzdem hat sich die Stellung des Menschen gesteigert durch die universale Fassung des Teleologiegedankens: Die Natur ist auf den Menschen hin angelegt, und das menschliche Werk ist Annahme und Vollzug dieser Disposition. Die τέχνη erhält geradezu eine religiöse Sank-

34 *Metaph.* XII, 3; 1070a 7f.: ἡ μὲν τέχνη ἀρχὴ ἐν ἄλλῳ, ἡ δὲ φύσις ἀρχὴ ἐν αὐτῷ.

35 *De mundo* 5; 396a 33-b 22. Es ist sicher falsch, auch das Mimesis-Element dieses Zusammenhanges schon Heraklit zuzusprechen, wie es Michaelis (Art. μιμέομαι in: *Theolog. Wörterbuch zum NT,* Bd. IV, S. 662) tut, wohl veranlaßt durch das Gesamtzitat bei Diels 22 B 10.

tion, wenn etwa *Poseidonios* das Färberhandwerk auf die Sonne zurückführt, die die Farbenpracht des Vogelgefieders, der Blumen und Minerale erzeugt und die menschliche ›Kunst‹ gleichsam in ihren Dienst stellt.[36] Zwischen Natur und Technik gibt es keine definierbare Grenze mehr, eine einzige ἐνέργεια ist am Werke: ›Kunst‹ ist Natur mit anderen Mitteln. Wie hier durch den christlichen Schöpfungsbegriff die Schranke zwischen der Natur als Gotteswerk und der ›Kunst‹ als Menschenwerk wieder aufgerichtet wird, läßt sich gerade am Beispiel des Färberhandwerks sehr hübsch zeigen: bei einigen patristischen Autoren findet sich eine Polemik gegen textile Finessen mit der Begründung, Gott *hätte* die Schafe farbig geschaffen, wenn er sich für den Menschen farbige Kleidung gewünscht hätte. *Tertullian* weitet das zu einer sehr charakteristischen Polemik gegen die *ars* aus: *Gott hat an nichts Wohlgefallen, was er nicht selber hervorgebracht hat. Konnte er nicht auch purpurrote oder stahlblaue Schafe erschaffen? Wenn er es vermochte, so hat er es eben nicht gewollt; was Gott aber nicht machen wollte, das darf man auch nicht machen ... Was nicht von Gott kommt, muß notwendig von dessen Widersacher kommen.*[37] Hier ist also schon die ›Dämonie der Technik‹ vorgeprägt, indem Natur und ›Kunst‹ in ein dualistisches Schema gebracht sind. Dazu bedurfte es freilich erst einer neuen Grundauffassung von der Natur als *Willensausdruck* Gottes und der noch impliziten Voraussetzung *anderer* als der so gewollt faktischen Seinsmöglichkeiten.

Aber ich habe, um einer besonders charakteristischen Differenz willen, vorgegriffen. Bei *Poseidonios* bedeutete Nachahmung der Natur nur einen äußeren Aspekt der Homogeneität des einen, durch Natur und Mensch hindurchgehenden Gesamtprozesses. *Aus der Theorie der Nachahmung wird eine Theorie der Wesensrelation, aus dem Erfinden wird ein Ablesen, ein Urteilen, ein Unterscheiden dessen, was* in *der Natur geschrieben steht. Vorbild wird die Natur nicht erst vom Menschen aus, sondern bereits von sich aus, und der Mensch wird zur Erfüllung der Natur nach ihren wesentlichen, nicht nach ihren zufälligen Möglichkeiten.*[38] Die ›Erfindung‹ als Auffin-

36 Diodor, *Bibl. histor.* II, 57, 7: οὗ (sc. τοῦ ἡλίου) τὴν φυσικὴν ἐνέργειαν τὰς θνητὰς τέχνας μιμησαμένας ... μαθητρίας γενομένας τῆς φύσεως.

37 *De cultu fem.* I, 8 (Übers. v. H. Kellner).

38 K. Reinhardt, *Poseidonios*, München 1921, S. 400. Vgl. die verdichtete Formel für diesen Zusammenhang, bezogen auf die Kunst der Rhetorik, bei Cicero, *De*

dung der Naturvorzeichnung wird zum Amt der Weisen, so daß erstmalig die klassische Theorie unmittelbar in die Werksetzung übergeht und die Philosophie als Wurzel auch der materiellen Kultur erscheint. Die Polemik *Senecas* gegen *Poseidonios* richtet sich weniger gegen diese Grundkonzeption als gegen die ›Höhenlage‹, auf die hier die technischen Fertigkeiten als höchste Konsequenzen der Natur selbst versetzt werden, wodurch das theoretische Ideal – wie auch bei *Cicero* – seinen absoluten Rang einbüßt. Mit eben demselben Prinzip der Teleologie argumentiert *Seneca* genau andersherum: die vollkommen auf den Menschen zentrierte Natur gibt volles Genügen, macht Technik und Arbeit überflüssig, gibt ihnen den Charakter des Luxus.[39] Es bedarf keiner ›Nachahmung der Natur‹, weil die Natur für alles Notwendige einsteht. Es gibt keinen legitimen *Übergang* von der Natur zur ›Kunst‹. Schon hier sind ›Kunst‹ und Hybris im Grunde eins, gehen aus dem Ungenügen an der natürlich-göttlichen *providentia* hervor. Der Mensch selbst – seine *künstlichen* Bedürfnisse, sein Überdruß am *facilis actus vitae* – treibt die *artes* hervor: *ad parata nati sumus: nos omnia nobis difficilia facilium fastidio fecimus ... Sufficit ad id natura, quod poscit.*[40] Das Instruktive an diesem Gegensatz ist, daß aus ein und demselben metaphysischen Prinzip ganz entgegengesetzte Folgerungen gewonnen werden. Während *Poseidonios* die Idee der Mimesis aus ihren immanenten Prämissen so übersteigert, daß sie sich beinahe selbst aufhebt durch die Zirkelvorstellung einer sich selbst nachahmenden Natur, sieht *Seneca* das authentisch Menschliche des Ungenügens an der teleologischen Vorsorge der Natur, die Unendlichkeit der sich selbst potenzierenden Bedürfnisse, die Lust am Überflüssigen zum ersten Mal – freilich mit negativem Vorzeichen – als Wurzel des technischen Arbeits- und Werkwillens. ›Nachahmung‹ hat hier im Grunde ihren Sinn verloren, da der Antrieb zur ›Kunst‹ gerade im Ausschlagen der Verbindlichkeit und in der Bestreitung der Vollständigkeit der Natur gesehen wird. Die negative Einstellung hat hier, wie so oft, die Sicht für das Wesentliche geschärft.

ratione dicendi ad C. Herennium (ed. Marx) III, 22, 37: *Imitetur ars igitur naturam et, quod ea desiderat, id inveniat, quod ostendit, sequatur.*

39 *Ep. mor.* XC, 16: *Simplici cura constant necessaria: in delicias laboratur. Non desiderabis artifices, si sequere naturam.*

40 *Ep. mor.* XC, 18.

V.

Die Geschichte der Zersetzung und Entwurzelung der Mimesis-Idee ist aber nicht, wie es das Beispiel der Polemik *Senecas* gegen *Poseidonios* vermuten lassen könnte, ein Vorgang des Aufbrechens ihrer inneren Widersprüchlichkeit; es ist vielmehr ein Prozeß, der durch neue, äußere, nämlich theologische Ideen inauguriert wurde. Freilich ist es nicht damit getan zu sagen, die biblische Schöpfungslehre habe hier ganz neue Voraussetzungen eingebracht; vielmehr wird sich zeigen, daß dieser Impuls sehr wohl in die bestehende Seinsauffassung eingefangen werden konnte. Die beiden Elemente, die sich als konstitutiv für die Mimesis-Vorstellung herausgeschält haben – exemplarische Verbindlichkeit und essentielle Vollständigkeit der Natur –, scheinen sich zunächst sehr wohl mit dem Schöpfungsbegriff zu vertragen. Ja, man muß sagen, daß die *Verbindlichkeit* der gegebenen Natur durch den Gedanken, in ihr manifestiere sich der *Wille* des Schöpfers, verstärkt worden ist, wie das Beispiel aus *Tertullian* schon belegt hat. Und zunächst wird gar nicht gesehen, daß diese Begründung der Verbindlichkeit auf einen Willensakt doch die *Notwendigkeit* der gegebenen Welt als der erschöpfenden Realisierung des Möglichen in Frage stellt; so muß *Tertullian* in unserem Zitat die göttliche Willensäußerung im natürlichen Sachverhalt so formulieren, daß Gott eben *das Nichtgewollte nicht geschaffen* habe und daß er *das Nichtgeschaffene nicht wolle.* Aber was ist dieses Nichtgewollt-Nichtgeschaffene? Eine in der Natur nicht vertretene Seinsmöglichkeit? Diese zwingende Konsequenz ist noch nicht ausdenkbar: sie impliziert die *Faktizität* und *Unvollständigkeit* der Natur, einen Spielraum des Möglichen für das ›Künstliche‹. Dieses Beispiel vermag zu zeigen, in welche ontologischen Konsequenzen das Willensmoment im Schöpfungsbegriff hineintreibt: die verschärfte Begründung der Verbindlichkeit einer Natur, in der Gott sein Wollen dekretiert, hat zum unausbleiblichen Korrelat die Unbestreitbarkeit der nichtgewollten Möglichkeiten, für die sich freilich erst eine unfromme und spitzfindige Neugierde ausdrücklich interessieren wird.

Von diesem Zusammenhang her gesehen ist die oft vorgetragene These nicht zutreffend, das christliche, aus dem Schöpfungsbegriff gespeiste neue Seinsverständnis sei zum erstenmal von *Augustin* geschlossen expliziert worden. Vielmehr war es gerade dieser Denker, der die immanenten Konsequenzen des Schöpfungsgedankens in der antiken Ontologie auffing. Es ist freilich richtig, daß er mit der Reduzierung der *materia prima* auf das absolute *nihil* die *creatio ex nihilo* allseitig gegen den Dualismus abgesichert hat. Aber es ist falsch, hier das wirklich wesentliche Problem zu sehen. Entscheidend ist, daß der schöpferische göttliche Geist nun mit dem platonischen *mundus intelligibilis* identifiziert wird. Idee und demiurgische Potenz sind nun zwar in *einer* Instanz vereinigt, aber nichts hat sich daran geändert, daß der *mundus intelligibilis* noch ein Ganzes darstellt – *Platos* ζῷον νοητόν –, das nur integral in den *mundus sensibilis* umgesetzt werden kann. Hier steht *Augustin* ganz im Bann der Pedanterie, mit der der Neuplatonismus die Entsprechungen von physischer und noetischer Welt durchexerziert hatte.[41] Der göttliche Willensakt, der die Schöpfung beschließt, kann sich nur auf die fixierte Totalität des einen Ideenkosmos beziehen; also nur das *Daß* der Schöpfung, nicht ihr *Was* ist *faktisch* geworden. Der Begriff der *Allmacht* ist bei *Augustin* noch nicht in Berührung gekommen mit dem Begriff der *Unendlichkeit.* Damit aber bleibt er auf dem Boden der antiken Kongruenz von Sein und Natur stehen. Es gibt zum gegebenen Bestand der Schöpfung keine Alternative, auch für den Schöpfer nicht, und *nach* dem Schöpfungsakt kann nichts von essentieller Ursprünglichkeit mehr hervorgebracht werden. Wie sich endliche Welt und unendliche Potenz der Gottesmacht, Seinswirklichkeit und Seinsmöglichkeit zueinander verhalten mochten, das durchzudenken und zu seinen Konsequenzen zu führen, blieb dem Mittelalter als eines seiner schwierigsten und trächtigsten Themen aufgegeben.

Dieser den *antiken* Charakter der Ontologie *Augustins* festhaltenden These hat (als ich sie in München vortrug) *H. Deku* widersprochen, der in einer eigenen subtilen Studie die Geschichte des

41 Z.B. Plotin, *Enn.* V, 8, 3, wo die Weltverdopplung ins Detail so durchgeführt ist, daß die ursprünglich logische Struktur des Ideenreiches zugunsten der Genauigkeit einer Vorlage der physischen Welt völlig verlorengeht. Welt erscheint dadurch nur in dieser *einen* verbindlichen Gestalt als denkbar. Auch der von W. Theiler (a.a.O., S. 30) beschriebene Vorgang des rangmäßigen Stellungstausches zwischen den Ideen und dem Demiurgen, durch den schon Philo die Ideen als ὄργανον dem Schöpfergott mit Hilfe der Logosspekulation subordiniert, hat die absolute Exemplarität der Ideen als eines integralen Bestandes nicht berührt.

possibile logicum bei *Augustin* beginnen läßt,[42] also die Geschichte der Herausbildung eines den idealen wie realen Kosmos übergreifenden Bereiches der Seinsmöglichkeit, den wir hier als ›Spielraum‹ schöpferischer Ursprünglichkeit überhaupt betrachten. *Deku* beruft sich vor allem auf *Augustins* Traktat »De spiritu et littera«, wo sich in der Tat der Begriffsgebrauch von *possibilitas* konzentriert. Aber dieser Begriff tritt hier – wie überhaupt *bei Augustin* – nur im Zusammenhang der pelagianischen Kontroverse auf, also im Rahmen der Gnadentheologie. Es geht um die Frage nach der möglichen Sündenlosigkeit des Menschen, der *possibilitas non peccandi,* also um die Frage nach einer möglichen Qualität des menschlichen Handelns, die es aus sich selbst haben kann: einer *possibilitas naturalis* im Unterschied zu dem nur aus der Gnade entspringenden Heilsstatus.[43] Gott steht also gar nicht als *Seinsgrund,* sondern als *Heilsgrund* in der Betrachtung, ebenso das ›Können‹ des Menschen nur hinsichtlich seiner Qualität der Heilswürdigkeit. Der Traktat »De spiritu et littera« ist an den Tribunen Marcellinus gerichtet, der schon Adressat einer früheren Schrift »De peccatorum meritis et remissione« gewesen war, und beantwortet den auf diese frühere Schrift hin gemachten Einwand, wie man behaupten könne, daß Sündlosigkeit dem Menschen prinzipiell bei gutem Willen und mit Hilfe der Gnade erreichbar sei, wenn man doch zugleich zugeben müsse: *nemo tam perfectae iustitiae in hac vita vel fuerit, vel sit, vel futurus sit* – mit anderen Worten: wie man als möglich behaupten könne, was als wirklich nicht vorkomme.[44] Dieser Marcellinus zumindest denkt ganz im Horizont der antiken Ontologie: die Möglichkeit wird nur ausgewiesen durch die Wirklichkeit bzw. durch das ›eigentlich Seiende‹ der Ideen. Die Argumentation ist aufs engste verwandt der des *Lukrez,* der gegen die Schöpfung einwendet: wie können die Götter Schöpfer der Natur sein, wenn es ihnen doch dazu an dem *exemplum* fehlt, welches erst die schon wirkliche Natur geben kann: *si non ipsa dedit speciem natura creandi.*[45] In der uns nicht überlieferten Einrede des Marcellinus muß eben die-

42 H. Deku, »Possibile Logicum«, in: *Philosophisches Jahrbuch,* Bd. LXIV, S. 10.

43 Augustinus, *De natura et gratia* XLIV, 52.

44 Diese Allgemeinheit der Fragestellung kommt am deutlichsten in der Formulierung der *Retractationes* II, 27 heraus: *quomodo … posse fieri cuius rei desit exemplum.*

45 *De rerum natura* V, 181-186.

se Position bezogen worden sein, wenn *Augustin* darauf schreiben kann: *Absurdum enim tibi videtur dici, aliquid fieri passe cuius desit exemplum.*[46]

Es wird nun gezeigt, daß die biblische Offenbarung einen neuen Leitfaden für die *apud Deum facilia* bietet, denn hier macht Gott über das ihm Mögliche selbst Mitteilung und das ›Wort‹ tritt an Stelle der ›Sache‹ als ein Beleg eigener Art: die Rede vom Kamel, das durch ein Nadelöhr gehen, der Glaube, der Berge versetzen kann – *quod tamen nusquam factum, vel legimus, vel audivimus.*[47] Trotzdem berühren diese theologischen Possibilitätserwägungen die ontologische Basis der augustinischen Metaphysik nicht, denn überall ist hier nur die Rede von der Möglichkeit Gottes, sein eigenes Schöpfungswerk Mensch in seinem ursprünglichen konstitutiven Sein – platonisch: in der Entsprechung zu seiner Idee – *wiederherzustellen.* Der Horizont des ideal präformierten Kosmos wird durch die Fragen nach der Möglichkeit des menschlichen Heils *nicht erweitert,* sondern nur reintegriert. Wenn also festgestellt wird: *omnia possibilia sunt Deo,*[48] so enthält dieses *omnia* noch keinerlei Anzeichen für ein mögliches Mehr im Verhältnis zum faktisch Geschaffenen, die Korrelation von *mundus intelligibilis* und *mundus sensibilis* ist vielmehr nur durch die Urschuld des Menschen und an ihm defekt geworden, und um die Möglichkeit der Restitution dieses Defekts geht es. Am *posse non peccare* des Menschen festzuhalten, ist dabei ein logisches Erfordernis: denn ohne diese Möglichkeit könnte auch nicht sinnvoll vom *posse peccare* mehr gesprochen werden. Der Mensch ist eben zu definieren als ein Wesen, das über sein Kongruenzverhältnis zu seiner Idee selbst verfügt. Aber diese Freiheit ist ganz *innerhalb* der Grenzen der Idealität gesehen.

Nun ist nicht daran zu zweifeln, daß der bereits seit dem Hellenismus in die Kosmogonie eingeführte und von *Augustin* vollends virulent gemachte Faktor des *Willens* einen ›Störbegriff‹[49] ersten Ranges für die Fortgeltung der antiken Ontologie darstellt und einen *ent-necessitierenden Einfluß auf das Wirklichkeitgewordene*[50]

46 *De spir. et litt.* I, 1.
47 Ebd. XXXV, 62.
48 Ebd. V, 7.
49 Briefl. Formulierungen von H. Deku.
50 Briefl. Formulierungen von H. Deku.

ausgeübt hat; doch war es noch nicht *Augustin,* der sich in seinem Seinsverständnis dadurch so gründlich gestört sah, daß er den vorgegebenen Sichthorizont wirklich irgendwo durchbrochen hätte.

Ich glaube, auch den Grund dafür angeben zu können: die Eliminierung der *materia prima* und der mit dieser notwendig verbundenen Tendenz zum Dualismus war das sich vordrängende, durch den Manichäismus aktualisierte Problem. So glaubt man, ganz dicht an unserer Fragestellung zu sein, wenn man *Augustin* zwischen *creatum* und *creabile* unterscheiden sieht, um dann aber enttäuscht festzustellen, daß sich der Ausdruck *creabile* eben auf das materielle Substrat bezieht, das er in sein *tu fecisti* eingeschlossen wissen will.[51] Wo von dem die Rede ist, was *noch nicht* ist, aber *sein kann,* geht es immer um das aristotelische, mit der Materie identifizierte Seinkönnen als formale Unbestimmtheit.[52] Die Betonung des Willens im Schöpfungsbegriff hat ihre Grenze in der antignostischen Position, die die Schöpfung als rationalen Akt zu fassen gebietet: ... *quis audeat dicere Deum irrationabiliter omnia condidisse?*[53] Was aber ›rational‹ hier heißen kann, läßt sich nur nach dem Leitfaden der Entsprechung von noetischer und realer Welt, also nach dem Modell des platonischen Demiurgen, auslegen. Damit aber bleiben die Begriffe der ›Allmacht‹ und der ›Unendlichkeit‹ notwendig getrennt, denn das *infinitum* ist im antiken Verständnis mit Rationalität unvereinbar, es ist das hyletische ἄπειρον. Unter den Attributen Gottes taucht die ›Unendlichkeit‹ noch nicht auf. Aber erst wenn die *potentia* Gottes als *potentia infinita* gesehen wird, tritt die logische Nötigung auf, das *possibile* nicht mehr von der *potentia* (und den in ihr implizierten Ideen) her, sondern umgekehrt die *potentia* vom *possibile* her zu definieren.[54] Damit erst wird

51 *Confessiones* XII, 19, 28: *Verum est quod non solum creatum atque formatum, sed etiam quidquid creabile atque formabile est, tu fecisti ex quo sunt omnia.* (Auf die Stelle hat mich G. Gawlick hingewiesen.)

52 *De vera religione* XVIII, 36: *Ita omne quod est inquantum est, et omne quod nondum est inquantum esse potest, ex Deo habet (sc. esse et esse posse).* Der Kontext dieser Stelle ist auch im Hinblick auf den oben diskutierten Zusammenhang von *De spiritu et littera* insofern aufschlußreich, als hier der theologische Begriff der *salus* mit dem des *bonum* identifiziert und auf dem Boden der antiken Voraussetzungen als *integritas naturae* – platonisch: als Entsprechung zu der Idee – ausgelegt wird.

53 *De diversis quaestionibus* LXXXIII, q. 46.

54 Für die Herleitung des *possibile* vom *posse* zitiere ich die *versio latina* von *De natura hominis* des Nemesius von Emesa (ed. Burkhard) c. 34: *tria igitur haec sunt ad*

der *logische* Umfang des Möglichkeitsbegriffes maßgebend und zugleich der Ideenkosmos für die Frage, was das *omnia* als Umfang der *omnipotentia* bedeute, gleichgültig. Das hat zur Folge: der Begriff der *Rationalität* wird auf den der *Widerspruchslosigkeit* reduziert, während noch bei *Augustin* der Begriff der *ratio* nicht von dem der exemplarischen Idee zu lösen war, also einen endlich-gegenständlichen Bezug implizierte. *Jetzt* erst kann der für unsere Frage nach dem ontologischen ›Spielraum‹ des Schöpferischen entscheidende Schritt Fuß fassen: der als endlich gedachte Kosmos schöpft das unendliche Universum der Seinsmöglichkeiten – und das heißt: der Möglichkeiten der göttlichen Allmacht – nicht aus und *kann* es nicht ausschöpfen. Er ist notwendig nur ein faktischer Ausschnitt dieses Universums, und es bleibt ein Spielraum unverwirklichten Seins – der freilich noch auf lange unbefragtes Reservat Gottes sein wird und zu der Frage des Menschen nach seinen eigenen Möglichkeiten noch nicht in Bezug tritt. Aber zum erstenmal wird in der Erörterung des Allmachtsbegriffs dieser Spielraum überhaupt ontologisch impliziert und als Hintergrund der Weltrealität mitverstanden. Das ist primär ein eminent *religiöser* Gedanke, insofern nicht nur das *Daß* der Welt seine Selbstverständlichkeit verloren hat, sondern auch das *Was* nun als ein Akt besonderer göttlicher Entscheidung verstanden werden kann. Zugleich aber ist hier auch die Basis der *philosophischen* Kritik erweitert, auf der eine Fülle allmählich bewußtseinsbildender Fragen entsteht. Die Welt als Faktum – das ist die ontologische Voraussetzung für die Möglichkeit der Erwägung, schließlich für den Antrieb und die Lockung, im Spielraum des Unverwirklichten, durch das Faktische nicht Ausgefüllten, das *originär Menschliche* zu setzen, das authentisch ›Neue‹ zu realisieren, aus dem Angewiesensein auf ›Nachahmung der Natur‹ ins von der Natur Unbetretene hinaus vorzustoßen.

VI.

Für das Mittelalter freilich lag hier noch nichts Lockendes: alle spekulative Kühnheit wird daran gewendet, den Möglichkeiten Gottes, nicht denen des Menschen, bis zum äußersten nachzugehen. Es

invicem se habentia: potens, potestas, possibile, potens quidem essentia, potestas vero a qua habemus posse, possibile autem, quod secundum potestatem natum est fieri.

wird noch eines weiteren entscheidenden Motivs bedürfen, damit der Mensch die theologisch entdeckte Inkongruenz von Sein und Natur *für sich* als Möglichkeit schöpferischer Originalität erkennen und ergreifen konnte.

Der initialzündende Kontakt der Begriffe *Allmacht* und *Unendlichkeit* scheint im 11. Jahrhundert zustande gekommen zu sein, als die Theologie durch den Angriff der ›Dialektiker‹ vom Schlage des *Berengar von Tours,* vor allem gegen die Transsubstantiationslehre, genötigt wird, den Begriff der göttlichen Allmacht zu systematisieren. Hier ist vor allem *Petrus Damiani* mit seiner Schrift »De divina omnipotentia« federführend,[55] aus deren zwölftem Kapitel ich hier nur die charakteristische rhetorische Frage zitiere: *Quid est, quod Deus non valeat nova conditione creare?* Das Sein der Welt bekommt nun jene eigentümliche Zufälligkeit, Widerruflichkeit und hypothetische Ersetzbarkeit, die erst im ausgehenden Mittelalter mit seiner Faktizitätsangst aus *logischen* zu *emotionalen* – das heißt: vom Menschen auf sich selbst bezogenen – Elementen werden. Ich vermag keine Darstellung dieses Transformationsprozesses zu geben. Mir geht es darum, etwas über das *Anwachsen* der Inkongruenz von Sein und Natur und damit über die Relevanz des Spielraumes der schöpferischen Ursprünglichkeit auszumachen. Diesen Prozeß darf man sich weder als ›organisch‹ vorstellen noch ihm die eherne Gangart geschichtlicher Notwendigkeit beilegen, die er aposteriori – und noch dazu im selektiven Präparat, auf das jede derartige Untersuchung angewiesen ist – an sich zu haben scheint. Es läßt sich leicht sehen, daß die Rolle, die die Scholastik in diesem Vorgang der Umbildung der ontologischen Prämissen spielt, wenig ins Konzept einer ›geschichtlichen Notwendigkeit‹ paßt. Daß man sich die Reantikisierung durch die Aristotelesrezeption auch nicht als zu gewaltsame Reversion denken darf, ergibt sich schon aus der für *Augustin* gewonnenen Einsicht, wie stark der Fortbestand antiker Implikationen ohnehin war. Um so reizvoller ist es, gerade in der Neubelebung der antiken Metaphysik durch die Hochscholastik die oft unscheinbaren, aber signifikanten Verformungen wahrzunehmen, die belegen, *was schon nicht mehr rückgängig zu machen war.*

55 Die Bedeutung dieses Autors für die Geschichte des Möglichkeitsbegriffs ist von A. Faust, *Der Möglichkeitsgedanke*, Bd. II, S. 72-95 (Heidelberg 1932) dargestellt worden.

Ontologische Voraussetzungen, die wir bei *Augustin* in Geltung sahen, ohne daß sie ausdrücklich formuliert zu werden brauchten, werden nun nach scholastischer Manier ›quaestionsreif‹. Aufschlußreich im Hinblick auf unser *Augustin-Ergebnis* ist eine Stelle bei *Albertus Magnus,* die sich polemisch gegen den *Fons vitae* des *Avicebron (Ibn Gabirol)* mit seiner Identifizierung von metaphysischem Lichtprinzip und Willen richtet: *voluntas non potest esse primum.*[56] Die Funktion des göttlichen Willens bezieht sich nur auf die *Existenz* der Welt, auf den Befehl *ut fiat,* nicht aber auf die *forma operis,* den essentiellen Seinsbestand, der auch hier die Selbstverständlichkeit des ideal präformierten Ganzen hat.

Noch bei *Thomas von Aquino* ist diese Position nicht überschritten. Trotzdem zeigt sich für das Prinzip der Nachahmung der Natur eine Lockerung insofern, als neben dieses noch die Idee der Nachahmung Gottes als weiterer Fundierungszusammenhang tritt.[57] Das gab es formal schon bei *Aristoteles,* bei dem ja die reine Kreisbewegung der ersten Sphäre Nachahmung des unbewegten Bewegers war; aber damit ist auch die Ergiebigkeit dieses Bezuges erschöpft. Deshalb mußte *Aristoteles* die Genesis z. B. des Hauses so erklären, daß der Architekt hier etwas zustande bringt, was die Natur ebenso entstehen lassen *würde,* das heißt: er muß sich das künstliche Gebilde als Naturprodukt *vorstellen,* um dann diese hypothetische Vorstellung nachzuahmen. So wurde die universale Geltung der Mimesis gewahrt. *Thomas* schränkt die Nachahmung der *Natur* auf das ein, was die Natur auch tatsächlich hervorbringen kann,[58] gerade das Haus aber ist reines Kunstding: *semper fit ab arte, sicut domus omnis est ab arte.* Natürlich besteht hier noch gar kein Gegensatz, aber der Akzent ist doch anders gelegt. Noch deutlicher wird das im Physikkommentar, wo die eingangs zitierte fundamentale Stelle II, 8; 199a 15-17 zur Sprache kommt. Die

56 Albertus Magnus, *De causis et processu universitatis* I tr. 3 c. 4: *Primum enim et operi proximum, in quo primi est potentia agendi, est illud, quod dat formam operi, et non illud, quod iubet et praecipit opus fieri; lumen autem intellectus universaliter agentis est forma operis opus determinans ad rationem et formam, voluntas autem non est nisi praecipiens ut fiat.*

57 *Summa theol.* I q. 9a. 1 ad 2: … *suam similitudinem diffundit (sc. divina sapientia) usque ad ultima rerum: nihil enim esse potest quod non procedat a divina sapientia per quamdam imitationem …*

58 *Summa c. Gent.* II, 75 ad 3: *In his autem quae possunt fieri et arte et natura, ars imitatur naturam …*

Thomas vorliegende lateinische Version hat: *ars alia quidem perficit quae natura non potest operari ...*, wozu der Kommentar erläutert: *dicit quod ars quaedem facit, quae natura non potest facere.*[59] Das ist radikaler formuliert, als es bei Aristoteles gemeint gewesen sein kann, der doch immer das schon Angelegte, das schon Unterwegs-Seiende der Natur voraussetzt, wenn er von der vollendenden Arbeit des Menschen spricht. *Weshalb* aber die Nachahmung der Natur so erkennbar an Unausweichlichkeit verloren hat, *weshalb* die ›Kunst‹ aus dem Naturzusammenhang heraustreten *kann,* das ist bei *Thomas* nicht zur Ausdrücklichkeit gebracht.

Wohl aber bei seinem Zeitgenossen *Bonaventura,* der den Versuch, den Schöpfungsbegriff mit Hilfe der aristotelischen Beweger-Metaphysik auszulegen, nicht mitmacht, weil ihm in der Mechanik dieser Konzeption das Moment eines göttlichen Willens, der *sich in seinem Werk mitteilen will,* verlorenzugehen droht. ›Mitteilung‹ nämlich bedeutet, daß die unendliche Macht Gottes sich gerade nicht sozusagen ›automatisch‹ exekutiert, sondern sich im Endlich-Faßbaren beschränkt und vernehmbar macht für ein endliches Wesen.[60] In der Welt bekundet sich ein Ausdruckswille, der nicht *alles Mögliche,* sondern *etwas Bestimmtes* zu verstehen geben will: *multa, non omnia* – vieles, nicht alles, holt Gott aus dem Schatze seiner Möglichkeiten hervor, um sich dem Geschöpf in seiner Größe zu erweisen.[61] Rein gefühlsmäßig interpretierend möchte man sagen,

59 *In octo libros Physicorum Aristotelis expositio* II, lect. 13 n. 4 (ed. Maggiòlo S. 126). Um zu zeigen, wie der aristotelische Sinn authentischer getroffen werden kann, zitiere ich noch die Übersetzung des Johannes Argyropylos (ed. Bekker III, 109b): *atque ars omnino alia perficit, quae natura nequit perficere, alia imitando naturam facit.*

60 *Breviloquium* II 1, 1: *universitas machinae mundialis producta est in esse ex tempore et de nihilo, ab uno principio primo, solo et summo; cuius potentia, licet sit immensa disposuit tamen omnia in certo pondere, numero et mensura.* In dieser faktischen Bestimmtheit ist ontologisch der ›Anreiz‹, nachzumessen, nachzuzählen, nachzuwägen, verwurzelt, der den empirischen Weg der Erkenntnis eröffnet.

61 *II. Sent.* 1, 2, 1, 1 concl. (ed. Quaracchi II, 39-40): *Propter ergo immensitatis manifestationem multa de suis thesauris profert, non omnia, quia effectus non potest aequari virtuti ipsius primae causae.* Die aristotelisierende Begründung für einen ganz heterogenen Sachverhalt ist charakteristisch. Trotzdem war sich Bonaventura der Differenz zu Aristoteles viel klarer bewußt als Thomas, ja er dachte bereits so ›geschichtlich‹, daß er Aristoteles dafür loben konnte, daß er in der Frage der Ewigkeit der Welt folgerichtig und seinen eigenen Prinzipien gemäß gedacht habe.

die Differenz zwischen *multa* und *omnia* sei hier nur als ein ›Rest‹ verstanden, dem Menschen vielleicht wohlweislich und liebevoll vorenthalten, kein Grund jedenfalls, sich als im Seinsbesitz und -zugang verkürzt zu empfinden. Aber schon *Wilhelm von Ockham*, der die franziskanische Tradition zu ihren Konsequenzen forciert, wird die Formel *Bonaventuras* umkehren, indem er das *multa* auf die andere Seite bringt, auf die Seite des Nichtgewollt-Unverwirklichten: *Gott kann vieles schaffen, was er nicht schaffen will.*[62] Man spürt geradezu, wie hier ein quälendes, bohrendes Bewußtsein der Faktizität entspringen muß, die anschwellende Frage, weshalb *diese* und keine *andere* Welt ins Sein gerufen wurde, eine Frage, der nur noch das nackte augustinische *Quia voluit* als Un-Antwort entgegengeschleudert werden konnte. Die rationale Anstößigkeit weckt das Bewußtsein der Unerträglichkeit dieser Faktizität: unversehens verlagert sich der Akzent von dem im *Geschaffenen* empfundenen göttlichen Willensausdruck auf den im *Nichtgeschaffenen* implizierten Vorenthaltenheitscharakter. Wir können diesen Prozeß der Umakzentuierung am ehesten ablesen an den sorgenden Versuchen, ihm zu begegnen, ihn aufzufangen, ja ihm Positivität zu geben.

62 *Quodlib.* VI q. 1: *Deus multa potest facere quae non vult facere* (zit. b. R. Seeberg, *Dogmengeschichte*, Bd. III, S. 715). Hier wird der Zusammenhang unseres Problems mit dem ›Nominalismus‹ Ockhams greifbar: der Realismus der *universalia* erweist sich als unvereinbar mit dem strikten Begriff der *creatio ex nihilo.* Das *universale* als das im Konkreten beliebig Wiederholte und Wiederholbare hat nur einen Sinn, solange das Universum des Seinsmöglichen *ein endliches* Ganzes ist (wie der *mundus intelligibilis*), dem Existenz gleichsam nur ›zugeführt‹ wird (*distinctio realis*). Im Begriff der *potentia absoluta* ist nun aber ein *unendliches* All des Möglichen impliziert; das macht die Deutung des Individuellen als ›Wiederholung‹ eines Universellen sinnlos. Schöpfung bedeutet nun für jedes Geschöpf das *ex nihilo* seiner *essentia.* Nur so wird ausgeschlossen, wie Wilhelm argumentiert, daß Gott durch die Erschaffung eines Seienden seine *potentia* einschränkt, weil durch die Setzung eines *universale* im Bereich desselben nur noch ›Nachahmung‹, nicht aber *creatio* möglich wäre, denn *creatio est simpliciter de nihilo, ita quod nihil essentiale vel intrinsecum rei simpliciter praecedat in esse reali.* Der Universalienrealismus würde bedeuten, daß *per consequens omnia producta post primum productum non crearentur, quia non essent de nihilo* (*I. Sent. dist.* 2 q. 4 D). Wieviel Raum das Reich des Möglichen schon bietet, zeigt sich daran, daß Wilhelm gegen seinen Vorgänger Duns Scotus den Satz, Gott allein besitze schöpferische Potenz, für nicht beweisbar erklärt (Quodlib. VII, 23). Dies ist noch nicht die Investitur des Menschen mit dem Attribut des Schöpferischen; aber es löst den Begriff potentiell aus seiner exklusiven Theologizität heraus und läßt erwarten, daß er sich als transplantabel erweisen wird.

Am vielfältigsten spiegelt sich diese Anstrengung wohl im Werk des *Nikolaus von Cues.* Der Cusaner hat in seiner frühen Phase den Versuch *Leibnizens* vorweggenommen, das Nichtgeschaffensein des Ungeschaffenen dadurch zu rechtfertigen, daß er die wirkliche Welt als die höchste Form der Realität hinstellt, als Selbstverschwendung des schöpferischen Prinzips, als *Deus creatus.*[63] Aber in diesem vorchristlichen Neuplatonismus ist eine immanente Gegenläufigkeit zweier Elemente der spekulativen Theologie enthalten: einerseits erfordert die maximale Fassung des Begriffs der Vollkommenheit von Schöpfer und Werk zu sagen, Vollkommeneres habe nicht gemacht werden *können,* andererseits erfordert die maximale Fassung des Begriffs der göttlichen Macht zu sagen, kein wirkliches Werk dieses Schöpfers realisiere je das Äußerste dessen, was er an Größe und Perfektion hätte leisten können. Aus diesem Dilemma ist nicht herauszukommen. In der Schrift *De beryllo* hat der Cusaner fast zwei Jahrzehnte später die Schöpfung nach dem Modell der positiven Rechtssatzung betrachtet, wobei er zweimal das Digesten-Zitat heranzieht, nach dem der Herrscherwille Rechtskraft hat.[64] Am Ende seines Denkweges, in der Schrift *De ludo globi,* hat der Cusaner den Versuch gemacht, seine beiden früheren Positionen zu harmonisieren, indem er sie auf eine Verschiedenheit des *Aspekts* zurückführt: von *Gott* her betrachtet gibt es einen Spielraum der Möglichkeit, von der *Welt* her betrachtet nicht.[65] Das beruht auf einer Metaphysizierung des Möglichkeitsbegriffs: Gott hat nicht nur das Mögliche oder aus dem Möglichen verwirklicht, indem er schuf, sondern er hat die Möglichkeit selbst geschaffen: *et fieri posse ipsum factum est.* Das ist deutlich dazu bestimmt, Fragen zu

63 *De docta ignorantia* II, 2: *Quoniam ipsa forma infinita non est nisi finite recepta, ut omnis creatura sit quasi infinitas finita aut Deus creatus, ut sit eo modo, quo hoc melius esse possit; ac si dixisset creator: Fiat, et quia Deus fieri non potuit, qui est ipsa aeternitas, hoc factum est, quod fieri potuit Deo similius.*

64 *Quod principi placuit legis vigorem habet* (Ulpian, *Digesta* I, 4, 1). Das ist ausdrücklich auf die Unfähigkeit der antiken Metaphysik gemünzt, den Schöpfungsakt auszulegen: *Cur autem sic sit et non aliter constitutum, propterea non sciret, nisi quod demum resolutus (!) diceret: Quod principi etc.* (De beryllo XXIX; cf. cap. XVI). Als biblische Autorität wird *Eccl.* VIII, 17 zitiert: *Omnium operum Dei nulla est ratio.*

65 *De ludo globi* I: *... perfectiorem et rotundiorem mundum atque etiam imperfectiorem et minus rotundum potuit facere Deus, licet factus sit ita perfectus, sicut esse potuit.*

entkräften und auszuschließen, die sich akut aufdrängten. Versucht *Nikolaus von Cues* das noch durch eine Metaphysizierung der Logik, so wird es *Luther* durch die Radikalisierung des Ausschließlichkeitsanspruches der Theologie tun. Mit deutlicher Wendung gegen die Formel *Ockhams* besteht er darauf, daß ›Allmacht‹ keinen logisch explikablen Sinn außerhalb des Schriftsinns hat und eben nicht jene Macht bedeutet, mit der Gott vieles nicht wirkt, was er wirken kann.[66] Die *potentia absoluta* Gottes, deren Unfaßbarkeit noch den jungen *Luther* ängstigte wie das späte Mittelalter insgesamt, ist nun als von Gott selbst durch das Instrument der Offenbarung auf die *potentia ordinata* beschränkt zu denken; über diese gnädige Selbstbeschränkung Gottes hinauszufragen, nimmt das Odium des Ausschlagens des Gnadenaktes an. Nur indem man die Frage nach dem unendlichen Spielraum der Möglichkeit nicht stellt, entzieht man sich der drohenden Ungewißheit dessen, was er offen läßt.

VII.

Aber die Gewalt der einmal aufgebrochenen Fragen ließ sich nicht eindämmen; wohin sie führen, sehen wir schon bei *Descartes* fast in ganzem Umfang ausgesprochen. Bei ihm wird die Philosophie zur Systematik des Möglichen; von der Seinsmöglichkeit her wird die Seinswirklichkeit nun verstanden. Darauf beruht die neue Bedeutung der *Hypothese,* die dem Erkenntniswillen am konstruierbaren *möglichen* Seinszusammenhang Genüge verschafft und demgegenüber die Frage nach dem *faktischen* Nexus gleichgültig werden läßt. Dem Willen zur *Konstruktion* ist es irrelevant, ob zufällig die Natur nachgeahmt wird oder ob eine dort nicht realisierte Lösung Platz greift; das normative Prinzip der *Ökonomie* ist eine Idee des menschlichen Geistes für seine Leistungen, nicht für die Produktionen der Natur. Die Prinzipien der *möglichen Welten* sind so unendlich fruchtbar, daß eine Übereinstimmung der aus ihnen deduzierten hypothetischen Konstruktionen mit der *wirk-*

66 *Werke* (Weimar) XVIII, 718: *omnipotentiam vero Dei voco non illam potentiam, qua multa non facit quae potest, sed actualem illam, qua potenter omnia facit in omnibus, quomodo scriptura vocat eum omnipotentem.*

lichen Welt nur noch Zufall sein kann.[67] Schon ist bei *Descartes* erkennbar, wie sich die Idee der Freiheit gerade auf die Unabhängigkeit der rationalen Formel vom faktisch Gegebenen bezieht: am Beispiel einer *machina valde artificiosa* demonstriert er die *vis ingenii* als so originär seinsmächtig, *ut ipsam (sc. machinam) nullibi unquam visam per se excogitare potuerit.*[68] Der Mensch ›wählt‹ sich seine Welt, wie Gott aus dem Möglichen die eine zu schaffende Welt wählte. *Leibniz* wird noch einmal versuchen, diese Welten durch seine prästabilierte Harmonie zu verklammern und durch den metaphysischen Optimismus den Druck der unendlichen Möglichkeiten zu balancieren. Als aber dieser bodenlose Optimismus um die Mitte des 18. Jahrhunderts zusammenbricht, tritt das ganze Ärgernis der Tatsache hervor, daß die Seinswirklichkeit im Reich der Seinsmöglichkeit nur ein beliebiger Punktwert sein sollte. Welche Rechtfertigung gibt es noch für das Möglichbleiben des Möglichen? Die Natur wird zum faktischen Resultat mechanischer Konstellationen – was kann sie noch der Mimesis durch das Menschenwerk verbindlich machen und empfehlen? Der Zufälligkeit der natürlichen Formationen tritt nun das Menschenwerk – als ästhetisches wie als technisches – mit seiner Notwendigkeit entgegen.

Was von *Leibniz' bester aller möglichen Welten* ontologisch nachhaltig übrigbleibt, ist nicht die »beste Welt«, sondern die Unendlichkeit der möglichen Welten, die eben dann bewußtseinsattraktiv wird, wenn die wirkliche Welt nicht mehr die ausgewählt beste glaubhaft repräsentiert. *O. Walzel* hat, ohne den metaphysischen Hintergrund zu ahnen, die Verbindungslinie von *Leibniz* zur Idee des schöpferischen Genies um die Mitte des 18. Jahrhunderts angezeigt.[69] Er hat vor allem sichtbar gemacht, wie der Vergleich Gottes mit dem schöpferischen Künstler schon das Sich-Vergleichen des Künstlers mit Gott enthält; *logisch* war hier zwischen Renaissance und Sturm und Drang nichts mehr hinzuzufügen. Entscheidend wichtig ist aber der Umstand, daß die *Dichtung* nun in dem Vergleich eine singuläre Bedeutung bekommt. Während der Vergleich Gottes mit dem Baumeister und bildenden Künstler in die Antike

67 *Principia philosophiae* III, 4: *Principia ... tam vasta et tam foecunda, ut multo plura ex iis sequantur, quam in hoc mundo aspectabili contineri videamus.*

68 *Princ. phil.* I, 17.

69 *Das Prometheussymbol von Shaftesbury zu Goethe*, 2. Auflage München 1932.

zurückreicht, wird nun der Dichter zum bevorzugten ›Schöpfer‹, und das nicht zufällig, sondern – wie für uns nun leicht durchsichtig ist – auf Grund der Zersetzung der Mimesis-Idee. Noch *Leonardo* hatte in seinem »Trattato della Pittura« die Gottähnlichkeit des Malers gerade damit begründet, daß er in der Nachahmung der Natur ihren Schöpfer nachahme. Und der Aufstand des Manierismus gegen die Mimesis hatte de facto nur eine ostentative Deformation der Natur zuwege gebracht. In der Tradition der Poetik ist die Auflehnung gegen die *imitatio* primär gegen die Bindung der Stilmittel an den Kanon der Antike gerichtet, als Bestehen auf der Individualität der Aussageform gegen das System der aristotelischen Poetik und den Ciceronianismus.[70] Aber schon *J. C. Scaliger* definiert in seiner *Poetik* von 1561 den Unterschied zwischen der Dichtung und allen anderen Künsten so, daß nur die Tätigkeit des Dichters ein *condere* sei, die aller übrigen Künstler ein *narrare,* ein Nacherzählen im Unterschied zur Seinssetzung des Poeten, der als *alter deus* eine *natura altera* zu begründen vermag.[71] Diese Idee ist aber noch ohne ontologisches Fundament; sie erhält es erst durch *Leibniz,* der selbst aber keine Folgerungen aus der Unendlichkeit der möglichen Welten gezogen hat,[72] wegen seines metaphysischen Optimismus nicht ziehen konnte. Erst die »Schweizer« stellten zwischen der Vorstellung des schöpferischen Dichters und der Idee der *möglichen Welten* den zündenden Kontakt her, der die Bedeutung der Kunst als einer *metaphysischen Thätigkeit* für die Folgezeit statuierte. *J.J. Breitingers* zweibändige »Critische Dichtkunst« von 1740 ist eine *ästhetische Verwertung von Leibnizens Lehre der möglichen Welten.*[73] Der Dichter findet sich in der Lage Gottes *vor* der Erschaffung der Welt angesichts der ganzen Unendlichkeit des Möglichen, aus der er wählen darf; darum ist – und nun kommt die erstaunlichste Formulierung, die man sich in unserem Zusammenhang erwünschen könnte! – die Poesie *eine Nachahmung der Schöpfung und der Natur nicht nur in dem Wirklichen, sondern auch in dem Möglichen.* So mächtig ist die in der metaphysischen Tradition verwurzelte Urformel von der ›Nachahmung der Natur‹, daß ihre Sanktion für die Deutung des menschlichen Werkes auch dann

70 Vgl. A. Buck, *Italienische Dichtungslehren,* Tübingen 1952.

71 Die Stelle ist ausführlich wiedergegeben bei O. Walzel, a. a. O., S. 45 f.

72 Ebd., S. 51.

73 Ebd., S. 39; dort das folgende Zitat.

nicht entbehrt werden kann, wenn das genaue Gegenteil ihrer genuinen Bedeutung gesagt, ja ›proklamiert‹ werden soll! Noch das unendliche Mögliche nimmt hier die Konsistenz der platonischen Ideen an, wenn irgend die Rede von der ›Nachahmung‹ noch einen Sinn behalten soll. Auch *J.J. Bodmer* spricht in seiner ebenfalls 1740 erschienenen »Critischen Abhandlung von dem Wunderbaren in der Poesie« fast in denselben Worten davon, daß die Dichtung *die Materie ihrer Nachahmung allezeit lieber aus der möglichen als aus der gegenwärtigen Welt nimmt.*[74] An dem Beispiel *Miltons* wird gezeigt, wie der Dichter das Gegebene überschreitet, ja das Nichts darzustellen vermag gerade dadurch, daß er *durch eine metaphysikalische Handlung* alles hinauswirft, was die Welt zur Welt macht, und das Nichts als etwas vorstellt, wodurch er *die Schöpfung vor der Schöpfung vorausgeholet* hat. Und auch hier wieder die stupende Formulierung, daß die Dichter *nach ihrer Kunst mittelst der Nachahmung Dinge hervorbringen, die nicht sind.*

Das 19. Jahrhundert hat die Faktizitätscharaktere der Natur entscheidend verschärft. Was als Natur vor uns steht, ist das Resultat ungerichteter mechanischer Prozesse, der Kondensation wirbelnder Urmaterie, des Wechselspiels zufällig streuender Mutationen mit dem brutalen Faktum des Kampfes ums Dasein. Dieses Resultat mag alles sein – nur ästhetischer Gegenstand wird es nicht sein können. Wie könnte der Zufall die überraschende Evidenz des Schönen hervorbringen? So läßt sich das bis dahin Undenkbare verstehen, daß die Natur *häßlich* wird, wie es *Franz Marc* berichtet: *Bäume, Blumen, Erde, alles zeigte mir in jedem Jahr mehr häßliche, gefühlswidrige Seiten, bis mir erst plötzlich die Häßlichkeit der Natur, ihre Unreinheit voll zum Bewußtsein kam.*[75] Den ontologischen Hintergrund genauer angesprochen hat der französische Maler *Raoul Dufy*, als er auf den Vorwurf, er mache zu kurzen Prozeß mit der Natur, erwiderte: *Die Natur, mein Herr, ist eine Hypothese …*[76] Im ästhetischen Naturerlebnis drängt sich nun bereits der Vorbehalt der unendlich vielen möglichen Welten auf, denn wir können seit *Descartes* naturwissenschaftlich nicht mehr mit Gewißheit sagen,

74 O. Walzel, a. a. O., S. 43, für dieses und die folgenden Zitate.

75 Dieses und weitere Zeugnisse bei H. Sedlmayr, *Verlust der Mitte*, Salzburg 1948, S. 158.

76 Zit. in: *Geschichte der modernen Malerei. Fauvismus und Expressionismus*, Genf 1950, S. 69 ff.

welche dieser Möglichkeiten in der Natur verwirklicht ist, sondern nur, mit welcher dieser Möglichkeiten wir *funktional zurechtkommen.* Diese Natur hat nichts mehr gemein mit dem Naturbegriff der Antike, auf den sich die Mimesis-Idee bezieht: das selbst nicht herstellbare Urbild alles Herstellbaren. Dagegen ist Herstellbarkeit aller Phänomene die universelle Antizipation der experimentellen Naturforschung, und Hypothesen sind Entwürfe von Anweisungen für die Herstellung von Phänomenen. Die Natur ist folgerichtig zum Inbegriff möglicher Produkte der Technik geworden. Der Rest an exemplarischer Verbindlichkeit ist damit aus der Natur ausgetrieben. Für den Techniker konnte die Natur mehr und mehr zum bloßen Substrat werden, dessen gegebene Konstitution der Verwirklichung konstruktiver Zwecke eher im Wege steht als sie fördert. Nur durch die Reduzierung der Natur auf ihren nackten Material- und Energiewert wird eine Sphäre reiner Konstruktion und Synthese möglich. So ergibt sich der auf den ersten Blick paradoxe Sachverhalt, daß in einem Zeitalter höchster Geltung der Wissenschaft von der Natur zugleich deren Gegenstand in seinem Seinsrang für den Menschen nivelliert worden ist.

VIII.

Nun erst läßt sich die *positive* Bedeutung ermessen, die der Auflösung der Identität von Sein und Natur zukommt. Der Entwertungsprozeß der Natur ist nur deshalb nicht schlechthin ein nihilistischer Vorgang, weil der Glaube möglich geworden ist, *daß das Sichtbare im Verhältnis zum Weltganzen nur isoliertes Beispiel ist, und daß andere Wahrheiten latent in der Überzahl sind,*[77] und daß diese Welt *nicht die einzige aller Welten* ist.[78] So deutet die Kunst nicht mehr auf ein anderes exemplarisches Sein hin, sondern sie ist selbst dieses für die Möglichkeiten des Menschen exemplarische Sein: das Kunstwerk will nicht mehr nur etwas *bedeuten,* sondern es will etwas *sein.*

Aber ist nicht dieses Sein, das eine der unendlich vielen gleich-

77 Paul Klee, zit. in der Monographie von W. Haftmann, [*Paul Klee. Wege bildnerischen Denkens,*] München 1950, S. 71.

78 Ders., *Über die moderne Kunst,* Bern 1945, S. 43.

sam *neben* der Natur liegengebliebenen Möglichkeiten aufnimmt, ebenso faktisch und beliebig wie das der Natur? Um diesen Kern bewegen sich alle Fragen, die durch die Überwindung der Mimesis-Bindung aufgeworfen worden sind. Wir stehen wohl noch zu sehr im Auslauf des agonalen Prozesses dieser Überwindung, um uns bestimmte Antworten zutrauen zu dürfen. Wir sind auf Hypothesen angewiesen, wo wir dem entfliehen wollten, was ›nur Hypothese‹ ist. Aber manches deutet darauf hin, daß die Phase der gewalttätigen Selbstbetonung des Konstruktiven und Authentischen, des ›Werkes‹ und der ›Arbeit‹, nur Übergang war. Die Überwindung der ›Nachahmung der Natur‹ könnte in den Gewinn einer ›Vorahnung der Natur‹ einmünden. Während der Mensch ganz dem hingegeben scheint, sich in der *metaphysischen Thätigkeit* der Kunst seiner originären Potenz zu vergewissern, stellt sich unvermutet im Geschaffenen eine Ahnung des Immer-schon-Daseienden ein, *als ob es ein Produkt der bloßen Natur sei.*[79] Ich denke an ein in der Bewußtheit seiner Antriebe so paradigmatisches Lebenswerk wie das von *Paul Klee,* an dem sich zeigt, wie im Spielraum des frei Geschaffenen sich unvermutet Strukturen kristallisieren, in denen sich das Uralte, Immer-Gewesene eines Urgrundes der Natur in neuer Überzeugungskraft zu erkennen gibt. So sind *Klees* Namengebungen nicht die üblichen Verlegenheiten der Abstrakten, an Assoziationen im Vertrauten zu appellieren, sondern sie sind Akte eines bestürzten Wiedererkennens, in dem sich schließlich ankündigen mag, daß nur *eine* Welt die Seinsmöglichkeiten gültig realisiert und daß der Weg in die Unendlichkeit des Möglichen nur die Ausflucht aus der Unfreiheit der Mimesis war. Sind die unendlichen Welten, die *Leibniz* der Ästhetik beschert hat, nur unendliche Spiegelungen *einer* Grundfigur des Seins? Wir wissen es nicht, und wir wissen auch nicht, ob wir es je wissen werden; aber es wird unendlich oft wieder die Probe darauf gemacht werden. Wäre das aber nicht ein Zirkel, der uns genau dahin zurückführt, wo wir aufgebrochen waren? Die Anzeichen eines solchen Zirkels schrecken heute viele, die fürchten, alle Kühnheiten könnten vergeblich gewesen sein. Aber eben das ist ein Irrtum. Es ist ein entscheidender Unterschied, ob wir das Gegebene als das Unausweichliche *hinzunehmen* haben oder ob wir es als den Kern von Evidenz im Spielraum der unend-

79 Kant, *Kritik der Urteilskraft* I, 2 § 45.

lichen Möglichkeit wiederfinden und in freier Einwilligung *anerkennen* können. Das wäre, worum es letztlich ging, die *Verwesentlichung des Zufälligen.*[80] *

80 Paul Klee, zit. b. W. Haftmann, a. a. O., S. 71.

* Der Gedankengang ist zuerst im November 1956 auf Einladung der Philosophischen Fakultät der Universität München vorgetragen worden.

12.
Weltbilder und Weltmodelle

Wenn die Universität Gießen, wie wir jetzt zuversichtlich hoffen dürfen, ihre Philosophische Fakultät wiederaufbauen kann, so erscheint uns das als ein Vorgang der Normalisierung, ein Schritt auf die volle Restitution des Universitätsstatus hin.

Aber der Vorgang hat doch darüber hinaus etwas Einzigartiges und Symptomatisches, wenn man ihn vor dem Hintergrund unserer Geistes- und Universitätsgeschichte sieht. Aus dem Schoße der Vorgängerin unserer Philosophischen Fakultät, der alten Artistenfakultät, sind seit dem ausgehenden Mittelalter die Naturwissenschaften hervorgegangen. Der unablässige Fragewille der Philosophie hatte sie genährt und ihre ersten großen Errungenschaften durch das logische und methodische Fundament ermöglicht. Aber am Ende dieses Weges steht die volle Verselbständigung der naturwissenschaftlichen Disziplinen, ja ihre brüske Abwendung von allen philosophischen Voraussetzungen und Folgerungen im Positivismus. Das Einzigartige des Gießener Restitutionsvorganges, dessen Zeugen zu werden wir erhoffen, liegt nun darin, daß dieser genetische Prozeß umgekehrt erscheint: die auf Grund ihrer fast tödlichen capitis damnatio vorwiegend naturwissenschaftlich geprägte Universität integriert sich aus der Autonomie ihres Wollens und trotz drängender Bedürfnisse des Ausbaus innerhalb der bestehenden Fakultäten durch Wiedererrichtung der Philosophischen Fakultät. Und ich glaube, sehr wohl sehen zu können, daß hier eine in der besonderen Gießener Situation angewachsene Notwendigkeit sich zur Geltung gebracht hat. Eine Universität ist kein Konglomerat von Disziplinen und Fakultäten; sie hat ihre lebendige Ökonomie von Spezialisierung und Interdependenz, von Einsamkeit und Austausch ihrer Fachrichtungen.

Ich habe nun versucht, mir Gedanken darüber zu machen, welche Erwartungen die Universität auf ihre werdende Philosophische Fakultät setzen könnte, spezieller: was sie von der Philosophie zu erwarten hat.

Die Aufgabe, die der Philosophie im Verband der Wissenschaften zufällt, läßt sich auf ihre Funktion im geistigen Haushalt des

Menschen überhaupt zurückführen. Die zahllosen Definitionen, die für die Leistung der Philosophie in ihrer Geschichte gegeben worden sind, haben ihren Kern in einer Grundformel: Philosophie ist werdendes Bewußtsein des Menschen von sich selbst. Das mag sich höchst abstrakt und spekulativ anhören, meint aber etwas ganz Elementares. Der Mensch sucht sich in dem zu erfassen, was in seinem Leben an Antrieben, Bedingtheiten und Möglichkeiten »lebendig« und wirksam ist, er wird sich selbst gegenwärtig, indem er seine Sache vor sich selbst zur Sprache bringt. Ob Philosophie wesentlich als Geschichte des Geistes, als Erkenntnistheorie, als Anthropologie oder Ontologie, als Ethik oder als formale Logik betrieben wird – letzten Endes sind dies alles nur Spielarten einer homogenen Teleologie: was menschlich ist, drängt zur Sprache hin, und was noch nicht Sprache geworden ist oder werden kann, ist Dunkles, Ungeklärtes, Triebhaftes oder Automatisches. Sprachwerdung ist Humanisierung, und das gilt auch und gerade für die Wissenschaften und ihr theoretisches Verhalten.

Nur in der Sprache hebt sich die verhängnisvolle Inkongruenz von Handeln und Bewußtsein auf, die für unsere Situation immer bestimmender wird. Automaten können uns helfen, Bewußtseinsstufen zu überspringen, und wir selbst müssen uns oft in der Überbeanspruchung durch sachliche Forderungen helfen, indem wir uns automatisieren – indem wir z. B. Formeln gebrauchen, die wir nicht durchschauen. So »übergeht« das aus der Eigengesetzlichkeit unserer objektivierten, autonom gewordenen Lebensbereiche sich uns ständig aufdrängende Verhalten und Handeln unser Bewußtsein. Aus den Sachgegebenheiten und Sachnotwendigkeiten entstehen unmittelbar Leistungen der Beherrschung der Gegenstandswelt. Das ist an und für sich noch kein moralisches Problem, aber der Vorspann aller moralischen Problematik. Wir müssen wissen, was wir tun, um uns fragen zu können, ob es das ist, was wir tun sollen. Der Zusammenhang zwischen Wissen und Sollen ist komplizierter geworden, als Sokrates ihn zuerst sehen konnte.

Wir übernehmen ständig Formen des Handelns, Selbstverständlichkeiten des Verhaltens, vermeintlich Nächstliegendes, das sich uns immer als die »Forderung des Tages« anbietet. Daß wir »Geschichte« haben, bedeutet ja, daß wir nicht immer wieder und in allem von vorn anzufangen brauchen und gar nicht anfangen können. Aber daß wir unsere Geschichte und uns in dieser Geschichte verstehen wollen, bedeutet auch, daß wir uns dem Vorgegebenen nicht unterwerfen, daß wir unsere Bedingtheiten nicht blind hinnehmen, sondern zur Sprache bringen müssen. »Vorrichtungen« des Verhaltens besitzt auch die Wissenschaft in Gestalt ihrer Methoden. Der einzelne Forscher übernimmt, wenn er beginnt, einen ganzen methodischen Fundus seiner Disziplin, und seine Erkenntnispraxis ist seiner Einsicht in die Begründung ihres Wie immer schon voraus: er kann mehr, als er weiß und zu begründen vermag. Das ist ein Grunderlebnis wohl jedes wissenschaftlichen Werdeganges. Das heißt aber: Wissenschaft ist zu einem guten Teile Technik, noch bevor sie als angewandte Theorie wieder Technik erzeugt.

Es ist eben nicht so, wie es sich Descartes vorgestellt hatte, als er seinen »Discours de la Méthode« schrieb und damit den Ruf des Begründers der Neuzeit und ihres wissenschaftlichen Geistes erwarb. Descartes wollte eine einsichtige und prinzipiell für jeden durchsichtige Methode, die aller Praxis der Erkenntnis vorausgehen und sie normieren sollte. Diese Methode sollte Wissenschaft nicht nur als Sachbeherrschung, sondern als vollendeten Selbstbesitz des Menschen begründen und sichern, Theorie und Moral sollten am Ende eins werden und in dieser Einheit dem Menschen seine Selbsterfüllung und sein Daseinsglück gewährleisten. Obwohl für Descartes und seine Zeit der Mensch schon nicht mehr in der Mitte des Weltalls und im Sinnzentrum der Natur beheimatet war, wurde er doch um so entschiedener als Sinnbezug der Naturerkenntnis, der Gesamtheit der Wissenschaften, postuliert. Hier liegt eine Differenz zwischen der Totalvorstellung von der Natur einerseits und der Zweckbestimmung der Totalität der Naturerkenntnis andererseits vor, die in der Folge höchst bedeutsam werden sollte. Denn in ihr sind zum ersten Male »Weltbild« und »Weltmodell« auseinander getreten, ja ihr fundamentaler Unterschied wird damit überhaupt erst sichtbar aktualisiert.

Diese beiden Begriffe muß ich erläutern. Unter »Weltmodell« verstehe ich die von dem jeweiligen Stand der Naturwissenschaften abhängige und die Gesamtheit ihrer Aussagen berücksichtigende Totalvorstellung der empirischen Wirklichkeit. Als »Weltbild« bezeichne ich denjenigen Inbegriff der Wirklichkeit, in dem und durch den der Mensch sich selbst versteht, seine Wertungen und Handlungsziele orientiert, seine Möglichkeiten und Notwendigkeiten erfaßt und sich in seinen wesentlichen Bedürfnissen entwirft. Das Weltbild hat »praktische Kraft«, wie Kant gesagt hätte.

Innerhalb des Weltmodells, das Descartes entwarf, mußte bestritten werden, daß der Mechanismus der Weltprozesse irgendetwas mit dem Daseinszweck des Menschen zu tun hätte. Der Leib-Automat, der auf rätselhafte und die Neuzeit weiterhin peinigende Weise mit einem *ego cogito* gleichgeschaltet war, hatte mit dem Selbstbewußtsein des Menschen nichts zu tun. Der Mensch fand in diesem Weltmechanismus sich selbst nur als Attrappe vor, aber im »Weltbild« des Descartes blieb der Mensch dennoch das Zentrum. Erst die neuere Forschung hat sehen gelernt, daß der Begründer des neuzeitlichen Weltmodells, das bis zu Kant und Laplace und über sie hinaus im wesentlichen seine Geltung behauptete, hinsichtlich seines Weltbildes mittelalterlich, humanistisch und anthropozentrisch geblieben war. Daraus ergab sich unmittelbar, was ihm Wissenschaft bedeuten konnte und wozu er sie im Entwurf seiner Methode zu bestimmen hatte. Wissenschaft war humane Dienstfunktion. Aber sie lieferte inhumane Modelle, rücksichtslos dem Menschen entfremdete und ihn sich verfremdende Naturvorstellungen. Alle Inkonsequenzen der cartesischen und der neuzeitlichen Philosophie haben in dieser Zwiespältigkeit ihren Ursprung. Noch fand der Mensch, das Zufallsprodukt aus den Materiewirbeln des Weltmodells, im Weltbild den Ausdruck und Anhalt einer alles Physische überragenden Sinnhaftigkeit. Deshalb mußte sich Naturerkenntnis ihm unmittelbar in humane Erfüllungen und Heilsamkeiten umsetzen. Endprodukte aller theoretischen Erkenntnis waren folglich Medizin und Moral. Anders ausgedrückt: das Weltmodell war, wenn man so sagen darf, ein »Organ« des Weltbildes, es brauchte über die Stellung des Menschen in der Natur nichts zu besagen, weil es in seiner humanen Funktion bereits diese Stellung implizierte und in seiner erwarteten Leistung nur bestätigen konnte. Das Weltbild enthielt die Sinngebung und sozusagen die »Gebrauchsanweisung« für alle je denkbaren Weltmodelle. Aber das bedeutete zugleich, daß man innerhalb des Weltmodells keinen zureichenden Aufschluß darüber gewinnen konnte, was es mit der Erkenntnisleistung des Menschen für den Menschen selbst auf sich hatte. Wissenschaft, aus diesem Fundierungszusammenhang entbunden, konnte aus sich heraus nicht wissen, was sie tat. Es war leicht, der Philosophie in diesem Rahmen ihren Platz und ihre

Leistung anzuweisen: sie ernährte und versorgte wissenschaftliches Handeln ständig mit dem Bewußtsein seiner im Weltbild angelegten Zweckidee.

Aber ich spreche bis hierher von einem historischen Sachverhalt. Gilt seine »Lehre« auch für den gegenwärtigen und für jeden Status der Wissenschaft? Wenn es so wäre, brauchte philosophisches Fragen nur an die Ursprünge in der Geschichte zurückzugehen, nur den Initialsinn des geistigen Vorganges zurückzuholen, um ihre Aufgabe der Bewußtmachung des in unserem wissenschaftlichen Verhalten lebendigen – wenn auch verborgenen – Sinnes zu erfüllen.

Aber – so bedauerlich es für die Selbstbewertung der Philosophie in unserer Gegenwart sein mag – die Diagnose läßt diese probate Therapie nicht zu. Die Philosophie kann nicht nur als das »gute Gedächtnis« der Wissenschaften fungieren, als ihre Memoria, in der ihre originäre Sinnstiftung abrufbereit verwahrt läge. Wir müssen uns vielmehr damit abfinden, daß Geschichte ihre Wirklichkeit wesentlich darin hat, daß sie die Funktionen von ihren Ursprüngen und Innervationen trennt. »Geschichte« bedeutet, daß die im Ursprung waltenden Gründe nicht über das Werdende und schließlich Gewordene entscheiden. Sinn ist in der Geschichte keine Konstante. Es gibt eine Verselbständigung der Sphäre unserer Handlungen gegenüber unseren Motiven zu handeln, einen sich autonom steuernden Zweckwandel, der sich durch das bloße Konservieren oder Restaurieren ursprünglicher Zweckideen nicht bemeistern läßt. Geschichte ist ein unumkehrbarer Ereigniszusammenhang. Gerade deshalb kommt alles darauf an, daß wir uns in dem verstehen und zur Sprache bringen, was wir faktisch tun.

Es ist eine nackte Feststellung, daß die Funktion der Wissenschaften in unserer gegenwärtigen Wirklichkeit nichts mehr mit den Motiven ihres frühneuzeitlichen Ursprunges gemein hat. Wissenschaft ist autonom geworden. Sie bringt die Notwendigkeiten und Gesetzmäßigkeiten ihres Fortschreitens aus sich selbst hervor. Und wenn sie so etwas wie ein sinnhaftes Ganzes ist – und die Universität ruht als Institution auf dieser Überzeugung –, dann übernimmt sie nicht diesen Sinn aus einer hinter ihr oder über ihr liegenden Sphäre umfassender Sinngebungen, sondern erzeugt und erweckt und erhält diesen Sinn ständig selbst in der Lebendigkeit ihres Handelns.

Unsere bisherigen Überlegungen erlauben uns, diesen Sachverhalt nun bestimmter zu formulieren: die »Autonomie« der Wissenschaft bedeutet, daß die Zuordnung des Weltmodells zum Weltbild abgerissen ist. Das hört sich nach einem »historischen Unfall« an, nach einer von außen bewirkten Fraktur. In Wirklichkeit war es so, daß das »Weltmodell« die Stelle des »Weltbildes« besetzte und noch immer dabei ist, die Restsubstanz des Weltbildbestandes aufzuzehren. Daß es so etwas wie Wissenschaftsgläubigkeit geben kann, beruht darauf, daß die Wissenschaft ihre Bedingtheit durch einen Weltbildglauben verloren hat.

Dieser Sachverhalt wird zum ersten Mal deutlich an der Art, wie das Kopernikanische System (als Weltmodell doch nur von sehr partieller Reichweite) die Bewußtseinsbedeutung eines Weltbildes übernahm. Als theoretische Aussage, so wie es 1543 von Kopernikus vorgelegt wurde, enthielt es über den Menschen und seine Weltstellung nichts. Daß der Mensch dennoch in diesem Modell nach einer bildhaften Orientierung für sein kosmisches Selbstbewußtsein suchte, verrät den Bedeutungswandel der primär theoretischen Konstruktion.

Newtons Universum mechanischer Gravitation wurde alsbald zum Leitschema für diejenigen, die hier eigentlich gar nichts zu suchen und zu finden hatten, nämlich für die Moralisten und Moralphilosophen. Man braucht nur an Voltaire zu denken. Dies alles fixiert die geschichtlich folgenreiche Erscheinung, daß die Philosophen begannen, den Naturforschern über die Schulter zu spähen, um an ihren Modellen metaphysische Leitbilder zu gewinnen. Es ist eigentümlich, daß die Philosophie die ihr entgleitende Rolle in die Naturwissenschaft projiziert. Man kann daraus schnell die Folgerung ziehen, eben dies sei das Versagen der Philosophie gewesen, daß sie nichts Eigenes und Originäres mehr an Weltbildern geprägt habe, daß sie der Auszehrung des tradierten Weltbildschatzes keinen entschiedenen Widerstand geleistet habe. Vielmehr habe sich die Philosophie, wenn auch in einer anderen Sprachform, unter der Faszination der exakten Wissenschaften aus dem Reich der Anschaulichkeit, der eidetisch-prägnanten Faßbarkeiten zurückgezogen und die »Stelle« leer gelassen, an die die Mächtigkeit der Weltbilder gebunden war. Folgerichtig ist der Ruf, die Philosophie solle uns endlich wieder ein Weltbild von eindringlicher und überzeugender Verbindlichkeit mitteilen, immer wieder laut geworden.

Und ganz sicher ist das, was man die weltanschaulich-dogmatische Anfälligkeit unserer geistigen Situation nennen könnte, eine Folge der Vakanz in der Weltbildfunktion. Ein auf das Ungenügen am Sinnverlust spekulierendes Angebot an Surrogaten findet die fast beliebige Besetzbarkeit dieser Potenz vor und nutzt sie aus.

Hier sage ich nun etwas vielleicht Befremdliches: die Philosophie wird auch in Zukunft kein neues Weltbild entwerfen oder sie wird mit jedem derartigen Versuch versagen. Das mag uns traurig stimmen. Es ist für eine große Tradition ein ungeheurer Bedeutungsverlust. Aber wäre es etwa »philosophisch«, einer Wahrheit aus diesem Grunde auszuweichen?

Die These bedarf der Begründung. Zunächst muß aber der Sachverhalt des Weltbildverlustes noch etwas präziser beschrieben werden. Wenn ich davon sprach, daß in der Neuzeit das Weltmodell an die Stelle des Weltbildes getreten sei, so klingt das nach illegitimer Rechtsanmaßung, nach Usurpation. Und es ist mehr als einmal ausgesprochen worden, daß die Naturwissenschaft der Neuzeit den Rang und die Verbindlichkeit der Weltbilder zerstört habe.

Aber das ist falsch. Die Aussageleistung des Weltmodells trat in den schon ständig sich vollziehenden Machtverlust des Weltbildes ein, sie führte ihn nicht herbei und beförderte nur, wozu sie aus sich selbst ohnmächtig gewesen wäre. Was die Weltbilder entmachtete, war die akute neue Erfahrung ihrer Pluralität, eine Erfahrung, die sich unmittelbar in historische Reflexion und in Kritik umsetzte. Daß »jenseits der Berge«, wie Montaigne zuerst ausgesprochen hatte, das Gegenteil von dem in Geltung ist, was diesseits festzustehen und selbstverständlich zu sein scheint, umschreibt die Grunderfahrung, aus der die Historisierung des Weltbildes hervorgegangen ist und die seine schließlich nur noch ästhetisch genießbare Ohnmacht herbeiführte. Ich erinnere nur daran, was Reisebericht und utopischer Reiseroman für den Geist der Aufklärung bedeutet haben. Kein Element des Selbstverständlichen blieb unberührt und wurde nicht aus einem anderen realen oder fiktiven Weltbild-Aspekt zum bloßen historischen und geographischen Faktum. Das historische Wissen um die Macht der Weltbilder, das sich hier ansammelte, war als solches schon ihre Entmachtung und ist ein nicht aus der Welt zu schaffender Grund der Vergeblichkeit ihrer Erneuerung. Es war also die ganz spezifische Leistung derjenigen Einstellung, die wir heute als »geisteswissenschaftlich« zu bezeichnen pflegen, die dem Weltbild seinen Geltungsboden entzog.

In der kritischen Zersetzung der Funktion des Weltbildes und ihrer Neubesetzung durch das Weltmodell haben wir also eine höchst intime Zusammenarbeit historischer und naturwissenschaftlicher Einstellung vor uns. Aber kann dieses die Form von Gemeinsamkeit sein, die wir auch heute der universitas litterarum empfehlen können? Ich möchte diese Frage mit aller Entschiedenheit verneinen. Und ich möchte noch weiter gehen, indem ich sage: die Erneuerung des Weltbildes ist eine Forderung, die die Philosophie auf gar keinen Fall erfüllen sollte, und die Ersetzung des Weltbildes durch Weltmodelle ist eine Versuchung, der die Naturwissenschaft ebensowenig erliegen sollte.

Sicher ist es richtig, daß Weltbilder in der Geschichte des menschlichen Bewußtseins eine höchst positive Funktion gehabt haben. Es war notwendig, daß der Mensch nicht ständig offen mit seiner exzentrischen und im Sinn bedrohten Lage in der Natur konfrontiert war. Bildhorizonte konnten dabei abschirmend und Inneres beschützend wirken. Man braucht nur daran zu denken, was das magische Weltbild, das Kosmos-Bild der Antike, die Ordo-Vorstellung des Mittelalters in dieser Hinsicht bedeutet haben. Dabei ist es gar nicht erstaunlich, daß inhaltlich sehr verschiedene Weltbilder, wie z. B. das der Magie und das der stoischen Pronoia, äquivalente Bewußtseinsbedeutung haben konnten.

Aber diese Positivität der Weltbilder muß als unter Bedingungen stehend begriffen werden. Die wichtigste läßt sich in die Formel fassen, daß die Weltbildfunktion ihrem Wesen nach monistisch ist. Das »Weltbild« verträgt keine anderen Weltbilder neben sich; schon der Plural »Welten«, »Weltbilder« ist ein Sprachprodukt des Zeitalters der historischen Reflexion, ist ein Stück Philosophie der Philosophie. Nur die in einem homogenen Geistesraum unangefochtene Geltung eines Weltbildes enthält zugleich Idealität und Toleranz, um darin human sein zu können und das innervierende Gleichgewicht von Verständlichkeit und Befremdlichkeit, von Rechtfertigung und Normierung zu wahren.

Dagegen läßt die erlebbar gewordene Gleichzeitigkeit eines Pluralismus der Weltbilder diese Spannung abfallen zur historischen Reflexion und Relativierung. Geisteswissenschaft im weitesten Sinne, ist die Präsentierung und Objektivierung des Weltbild-

Pluralismus. Sie macht uns Welten zugänglich und verstehbar, aber sie nimmt uns zugleich die Fähigkeit, uns eine dieser Welten noch fraglos und selbstverständlich zu eigen werden zu lassen. Im Schwinden der Weltbilder, in der Perfektion ihrer sprachlichen und hermeneutischen Übermittlung bleibt nur noch eine, als formaler Horizont aller Übersetzbarkeiten gesichtslose Welt möglich, die als solche trotz ihrer Einheit nicht mehr zum Monismus eines Weltbildes gesteigert werden kann. Die Geschichte kennt keine Wiederkehr.

Negativ wird die Weltbildfunktion auf der Stufe des Dualismus der Weltbilder. Hier schlägt die Spannung ins andere Extrem um, steigt an bis zum Terror, zur Intoleranz der kodifizierten Dogmatiken. Dabei ist die Ausschließlichkeit und Animosität der konkurrierenden Weltbilder um so affektgeladener, je geringer, je subtiler die Differenzen zwischen ihnen sind. Die Todfeindschaft zwischen dem frühen Christentum und der Gnosis mag dafür als Beispiel stehen. Auch die Verschärfung der Spannungen in unserer Gegenwart zwischen Ost und West hängt mit dem Schwund realer Strukturdifferenzen eng zusammen. Hier spielt aber ein weiteres wichtiges Moment hinein: der Konkurrenz der Weltbilder unterschieben sich unmerklich Interessen aus handfesteren Bereichen. Weltbilder werden zu Interessenvorwänden. Solche Substitution ist gemeint, wenn von Weltbildern als Ideologien gesprochen wird. Die Entdeckung der Mißbrauchbarkeit der Weltbilder zu ideologischen Instrumenten – auch wenn es sich nicht um das geschichtlich Primäre, sondern um eine sekundäre Indienstnahme handelt – hat die Verbildlichung der Welt endgültig diskreditiert und als philosophische Aufgabe unmöglich gemacht.

Damit ist aber auch den zu Weltbildern aufgerückten und deren Funktion in Pseudomorphose erfüllenden Weltmodellen das Urteil gesprochen. Ihre Fragwürdigkeit liegt darin, daß die Umsetzung theoretischer Totalkonzeptionen in pragmatische Leitbilder indifferent bleibt gegen Idealisierung oder Ideologisierung, gegen Führungsqualität oder Verführungspotenz. In einer Welt wie der unsrigen müssen geistige Gehalte davor bewahrt bleiben, manipulierbar zu werden.

Darwins theoretisches Modell des Organismenreiches und der Zugehörigkeit des Menschen zu seiner Entwicklungsmechanik war nur eine partielle Weiterführung und Ausgestaltung des mechanistischen Weltmodells überhaupt. Als theoretische Aussage enthielt es nichts darüber, wie der Mensch sich selbst zu verstehen hat, was er tun durfte und tun sollte. Aber in ein »Weltbild« übersetzt, an dem eben dies vermeintlich ablesbar werden konnte, wurde daraus der krasseste Biologismus mit seinen wahrhaft verhängnisvollen Konsequenzen.

Ähnliches gilt für die Geschichte des Materialismus. Seiner Herkunft und inneren Logik nach ist er eine Aussage erkenntnistheoretischer Ökonomie. Er sagt etwas über die Bedingung der Möglichkeit wissenschaftlicher Gegenstände: daß nämlich exakte Forschung nur so weit reichen kann, wie ihr quantifizierbare Substrate vorgewiesen werden können. Wir haben hier ein Weltmodell vor uns, das als solches genau zu definieren hat, was es leisten soll, und das über den so definierten Erklärungswert hinaus nichts zu leisten vermag. Der Materialismus dogmatisiert dieses Weltmodell: er ist hypostasierte Wissenschaftstheorie einer bestimmten historischen Stufe. Aber aus dieser Verfestigung heraus will er eine Theorie des Menschen und seines Handelns darstellen, will – mit einem kurzen Wort – Naturgesetz und Geschichtsgesetz auf eine Wurzel reduzieren, will »Weltbild« mit aller Verbindlichkeit für menschliches Gesamtverhalten sein. Kein Zweifel, daß der »Geist« unter solchen Gestalten Herrschaft ausüben kann und über seine Ohnmacht nicht zu klagen hat.

Vielleicht ist aber jetzt deutlicher geworden, was ich meinte, wenn ich vor der Wiederkehr der Weltbilder als einer gefährlichen Illusion warnen zu müssen glaubte. Für das anfangs gestellte Problem der Gemeinsamkeit der Wissenschaften in der universitas litterarum ergeben sich damit klare Folgerungen. Diese Gemeinsamkeit kann nicht in der Verwischung der Grenzen, in Übergriffen und Anleihen realisiert werden. Die Universität präsentiert sich nicht im Potpourri ihrer Disziplinen, sondern in der aus der Lebendigkeit und Bewußtheit der Erkenntnispraxis einer jeden heraustretenden vollen Gegenwärtigkeit der Zweckidee von Wissenschaft. Dabei wird die Philosophie weder die Lehrmeisterin der anderen Disziplinen noch ihre in Synthesen schwelgende Nachhut sein können und dürfen. Denn Philosophie transzendiert Wissenschaft nicht nach außen, sondern nach innen. Sie erfindet nicht die Idee wissenschaftlicher Strenge, sondern bringt sie auf den Stufen ihrer Selbstentfaltung zur Sprache. Es ist die in den geschlossenen Fachsprachen der Wissenschaften angelegte Gefahr, daß sie ihre Exaktheit schon in ihrer formalen Struktur erfüllt zu haben scheinen und darin die Aufgabe ihrer »Wissenschaftlichkeit« als gelöst vorgeben. Aber die wahre Strenge einer Wissenschaft liegt in der Kongruenz ihrer Leistungsdefinition mit ihren Ergebnissen. Nicht mehr auszusagen, als wir wissen können – das ist unendlich viel schwerer kritisch zu realisieren, als der wissenschaftsfreudige Betrachter auf den ersten Blick zu erahnen vermag. Wissenschaftliche Erkenntnisse sind Aussagen auf Probe und unter dem ständig wirksamen Vorbehalt ihrer Bewährung; wenn sie sich zu Bildern stabilisieren, ist dieser Vorbehalt gefährdet, geschwächt, latent geworden und alsbald vergessen.

Nicht über Weltdinge und Weltkräfte zu verfügen und sich ihrer zu bemächtigen, ist der wesentliche und primäre Sinn von Wissenschaft (vielmehr derjenige der Technik, die sowohl angewandte Wissenschaft als auch Problemquelle der Wissenschaften ist), sondern unsere Weltvorstellung in der Verfügung und unter der Kontrolle theoretischer Verantwortung zu halten. Wenn in der lehrenden Vermittlung der Philosophie an der Universität der historische Stoff im Vordergrund steht, wenn der Student in längst verfallene Systemgebäude mühsam eingeführt wird, so hat das nicht den Sinn, ihm ein Stück Wissen mehr zu vermitteln, sondern den kritischen Umgang mit Systemen überhaupt durchsichtig zu machen. Wer gelernt hat, sich in das Labyrinth eines Systems hineinzufinden, wer dies wirklich gelernt hat, der kann aus jedem System, wie immer er hineingekommen sein mag, auch wieder herausfinden. Anders gesagt: der ist unverführbar geworden.

Es mag uns heute an positiven Formulierungen unserer Bildungsidee fehlen; aber dieses läßt sich doch sagen: Bildung ist ganz wesentlich Unverführbarkeit. Nach unserer eigenen geschichtlichen Erfahrung will es mir scheinen, daß das sehr viel und sehr positiv ist und daß wir sehr viel tun sollten, um es zu verwirklichen.

Freilich, der Weltbildverlust ist eine schmerzvolle Amputation, denn der Mensch hat das unausrottbare Bedürfnis, auf seine letzten und umfassendsten Fragen Antwort zu beanspruchen. Aber gerade hier wird Philosophie in einem radikalen Sinne dem Menschen die Hörigkeit gegenüber seinen Bedürfnissen verwehren müssen, und zwar aus dem Zur-Sprache-kommen des wissenschaftlichen Bewußtseins heraus. Hier scheint mir ein Punkt erreicht, an dem es die vielbeklagte Spaltung zwischen Geisteswissenschaft und Naturwissenschaft nicht mehr gibt. Ich möchte an diesem Tage der Jahresfeier der Justus Liebig-Universität herzlich wünschen, daß für ihre weitere Entfaltung dies der archimedische Punkt der tief verwurzelten Gemeinsamkeit ihrer Fakultäten und Disziplinen, ihrer Arbeit in Forschung und Lehre sein und bleiben möge.

13.
Ordnungsschwund und Selbstbehauptung
Über Weltverstehen und Weltverhalten im Werden der technischen Epoche

Die große Zahl der Versuche, für das Problem der Technik philosophische Aspekte zu gewinnen, läßt sich im wesentlichen auf zwei Ansätze zurückführen. Der erste Ansatz ist mit der Aussage gegeben, daß Technik ein spezifisch menschliches Phänomen sei. Schon die Tatsache, daß Werkzeugfunde und die Anzeichen für die Beherrschung des Feuers dem Paläontologen und Anthropologen als eindeutige Bezeugungen des menschlichen Charakters fossiler Bestände gelten, enthält die Voraussetzung, daß der *homo sapiens* sich als *homo faber* dokumentiert. Die Technizität wurzelt in der Natur des Menschen und ist damit so alt wie der Mensch selbst. Eine philosophische Anthropologie kann hier sehr wohl ansetzen und weiterfragen, wie sich dieser Zusammenhang begründen läßt, wie etwa die Eigenart der biologischen Ausstattung des Menschen den Komplex seiner Leistungen als Bedingung der Möglichkeit seines Daseins begreiflich macht. Der zweite Ansatz nimmt Technik als ein geschichtliches Phänomen. Das schließt den zuerst genannten Aspekt durchaus ein, überschreitet ihn aber insofern, als Technik unter diesem Gesichtspunkt nicht darin aufgeht, Instrumentarium der Daseinssicherung und elementaren Bedürfnisbefriedigung zu sein. Es ist etwas anderes, ob der Mensch unter dem Druck der Notwendigkeiten seiner Existenz technisches Verhalten entwickelt oder ob er seine Technizität wahrnimmt und ergreift als Thema und Signatur seiner Selbstdeutung und Selbstverwirklichung. Hier kann sich ein Pathos der technischen Leistung entfalten, das mit Notwendigkeiten und Bedürfnissen nichts mehr zu tun hat, sondern die Bedürfnisse aus dem Grad der Technisierung sekundär mitproduziert. Dabei kann zunächst offenbleiben, ob die in der Technisierung vollstreckte Selbstauffassung des Menschen etwas Ursprüngliches und radikal Fundierendes war, also ein geschichtlich spontanes Konzept, oder ob auch hier eine der biologischen Ausgangssituation vergleichbare, diesmal geistige Nötigung vorausging, auf die eine Antwort zu geben war, deren prägnantester

Ausdruck sich im Phänomen der Technik realisierte. Wie dem auch sei, in diesem Sinne ist »die Technik« ein konstitutives Element der Neuzeit. Das, was ich mitteilen möchte, geht von diesem zweiten Aspekt aus.

Der Gebrauch der in der Themastellung verbundenen Begriffe wird durch den gewählten Ansatz bestimmt. »Selbstbehauptung« meint daher die nackte biologische und ökonomische Erhaltung des Lebewesens Mensch mit den seiner Natur verfügbaren Mitteln. Überhaupt ist nicht die Rede von einer Reaktion auf bestimmte umweltliche Gegebenheiten und Bedingungen der Natur, sondern von einem Daseinsprogramn, unter das der Mensch seine geschichtliche Existenz stellt und in dem er sich vorzeichnet, wie er es mit der ihm begegnenden Wirklichkeit aufnehmen und wie er seine Möglichkeiten ergreifen will. Der »Ordnungsschwund« kann demnach nicht gemeint sein als ein mehr oder weniger umfassender Naturvorgang, etwa nach der Art der Aussage des zweiten Hauptsatzes der Thermodynamik. Gemeint ist vielmehr eine fundamentale Wandlung im Verstehen der Welt und in den darin implizierten Erwartungen, Einschätzungen und Sinngebungen. Solches Weltverstehen summiert sich nicht aus Tatsachen der Erfahrung und ist auch nicht ein ahnungshaftes und vorbewußtes Tiefenwissen, sondern ein Inbegriff von Präsumtionen, die ihrerseits den Horizont möglicher Erfahrungen bestimmen und die Vorgegebenheit dessen enthalten, was es für den Menschen mit der Wirklichkeit auf sich hat. Ein solcher Sinnwandel des Weltverstehens ist aber nicht ein fataler Prozeß, der den Menschen aus einem unverfügbaren Urgrund überkommt, sondern eine jeweils fällige Konsequenz von geistigen Setzungen und Formulierungen, deren Integration das Verhältnis des Menschen zur Welt fundiert.

Wenn von Ordnungsschwund die Rede ist, muß natürlich gesagt werden, welcher Art die »Ordnung« gewesen ist, deren Zerfall besprochen werden soll. Es läßt sich eine Fülle von Prinzipien aufweisen, nach denen die Welt als eine Ordnung aufgefaßt werden kann und historisch aufgefaßt worden ist. Jedes derartige Ordnungsprinzip, und sei es noch so theoretisch, affiziert das Verhalten des Menschen; aber in ihrem Grunde wird die Stellung des Menschen zur Welt doch nur von einem solchen Ordnungsprinzip betroffen, das über die Bedeutung der Wirklichkeit für den Menschen eine Bestimmung enthält. Die Frage, auf die diese Bestimmung eine Antwort geben muß, läßt sich sehr allgemein so formulieren: Kann der Mensch darauf rechnen, daß in der Struktur der Welt auf ihn in irgendeiner Weise Rücksicht genommen ist? Es läßt sich leicht sehen, daß jede Antwort auf diese Frage pragmatische Relevanz annehmen muß.

Was damit gesagt sein soll, kann ich vielleicht etwas konkreter werden lassen, indem ich Nietzsche zu Wort kommen lasse, der dem Zusammenhang immer wieder nachgegangen ist. Für Nietzsche konzentriert sich das Problem unter dem Begriff der Teleologie, also dem Gedanken einer Zweckmäßigkeit der Natur aus einem rationalen oder personalen Weltprinzip, dessen Voraussetzung die Naturprozesse als »Handlungen« verstehen läßt, die entweder in den Hervorbringungen dieser Prozesse ihr Endziel haben oder darüber hinaus und günstigenfalls im Menschen als dem letzten Sinnbezug alles Naturhaften. Eine solche anthropozentrische Teleologie hat, wie unmittelbar einleuchtet, ihr pragmatisches Korrelat in der Sicherung der Weltvertrautheit und Sinngewißheit des Menschen. Aber für Nietzsche ist jede Form der Teleologie nur ein Derivat der Theologie; vorgegebene Zentrierung des Weltsinnes auf den Menschen ist für ihn gleichbedeutend mit jener »Vorsehung«, von der ein Weltvertrauen induziert wird, das die göttliche Gutheißung der Dinge bei der Schöpfung mitzumachen verleitet. Die Beruhigung am Vorgegebenen gilt Nietzsche als verhängnisvolle Lähmung der schöpferischen Aktivität des Menschen. Es ist der »für Hand und Vernunft lähmendste Glaube, den es je gegeben hat«; er führt zu einem »absurden Vertrauen zum Gang der Dinge«. Demgegenüber alarmiert die mechanistische Weltdeutung den konstruktiven Willen des Menschen: gibt es keine verbindliche Ordnung der Dinge, so ist es dem Menschen überlassen und aufgegeben, sie allererst zu schaffen. Die äußerste Zufälligkeit ist die »Konzeption zur Gewinnung der höchsten Kraft«. Der für Nietzsche signifikante Weltbegriff heißt »Weltkonstruktion« (»Der letzte Philosoph« 1872/75 Werke, Musarion-Ausgabe VI, 18, 16, 35). Das Gegebene wird darauf nivelliert, Material für den Ordnungsentwurf des Menschen zu sein. Nicht die Welt weist dem Menschen seinen Rang zu, sondern der Mensch projiziert seine Selbstqualifikation auf die Welt: die »höchste Evolution des Menschen (ist) als die höchste Evolution der Welt zu betrachten« (WW VI, 50). Diese funktionale Abhängigkeit des Weltstatus vom Grad der Selbstkonstitution des Menschen ist die extreme Gegenvorstellung zum teleologischen Kosmos. Für den Menschen hat es keinen Sinn mehr zu fragen, was die Welt für ihn schon sei. Damit ist auch die Gleichgültigkeit des traditionellen Wahrheitsbegriffes gegeben: »Der Philosoph sucht nicht die Wahrheit, sondern die Metamorphose der Welt in den Menschen.« (WW VI, 58) Nietzsche hat allerdings in der Technik nicht die Form der menschlichen »Weltkonstruktion« gesehen, die seiner Vorstellung adäquat gewesen wäre; Technik war für ihn angewandte Naturwissenschaft und damit ein Derivat der klassischen Wahrheitsbindung, unvergleichbar mit der Kunst, die die »Wahrhaftigkeit« des Menschen »in einer lügenhaften Natur« darzustellen hätte (WW VI, 31). Theoretische und demiurgische Haltung werden zueinander in Gegensatz gebracht: »Nicht im Erkennen, im Schaffen liegt unser Heil! ... Geht uns das Weltall nichts an, so wollen wir das Recht haben, es zu verachten.« (WW VI, 35)

Nietzsches Position illustriert nicht nur den thematischen Zusammenhang von Ordnungsschwund und Selbstbehauptung, sondern verdeutlicht zugleich die historische »Stelle« und die funktionale Vorläufigkeit dieses Komplexes. Selbstbehauptung als historische Kategorie weicht eben darin von der entsprechenden biologischen Grundvorstellung ab, daß sie kein abschließendes, in sich konsolidiertes menschliches Verhalten bezeichnen kann, sondern nur einen Übergang, das Herausfinden aus der Notwendigkeit zur Freiheit neuer Selbstdefinition. Der Mensch überwindet in seiner Geschichte nicht nur die Krisen, die er sich selbst bereitet hat, sondern er überwindet das kritisch gewordene System seiner Selbst- und Weltdeutung durch eine neue Konzeption, gleichsam durch eine generelle Hypothese, die der geschichtlichen Verifikation bedarf. Nietzsche macht sichtbar, wohin der Übergang der frühneuzeitlichen Problematik von Ordnungsschwund und Selbstbehauptung führen konnte. Mein Thema ist hier aber nur dieser Übergang selbst als Eröffnung des Grundes eines neuen geschichtlichen Entwurfes; »Selbstbestätigung« als Grundzug neuzeitlichen Weltverhaltens, das diesem Entwurf als Verifikation zuzuordnen ist, wäre ein anderes, an das heutige anschließendes Thema. Diese Begrenzung der Fragestellung bitte ich, im Auge zu behalten.

Unter dem Namen des »Ordnungsschwundes« suche ich die epochale Krise zu erfassen, die das geistige Gepräge der Neuzeit bestimmt hat. Nun läßt sich aber sofort entgegenhalten, daß nicht nur der Ausgang des Mittelalters sich unter dem Titel des Ordnungsschwundes beschreiben lasse, sondern auch die Destruktion der Antike; daraus erhebt sich die Frage, warum das spezifische Phänomen der Selbstbehauptung mit seinen Implikationen nicht auch als Korrelat des spätantiken Ordnungsschwundes aufgetreten ist. Die Frage anders gestellt: Hatte nicht auch der Hellenismus alle Anlagen dazu, so etwas wie eine »Neuzeit« zu werden, wobei er nur in ärgerlicher Unterbrechung durch das Christentum gestört worden wäre? Die Neuzeit wäre dann die Normalisierung jener Störung, die Wiederaufnahme der unterbrochenen Kontinuität der Geschichte in ihrer immanenten Konsequenz. Wenn ich der Widerlegung dieser These einen Teil meiner Anstrengungen zuwende, so geschieht das nicht um dieser Behauptung selbst willen, sondern um die Spezifität der endmittelalterlichen Ordnungskrise in der Abhebung gegen die Spätantike herauszuarbeiten und das Moment der Selbstbehauptung in seiner Zuordnung zu dieser singulären Herausforderung zu fundieren.

Wieder bediene ich mich einer historischen Hilfestellung, indem ich eine Äußerung von Leibniz in seinem Briefwechsel mit Clarke heranziehe und aus ihr einen kritischen Leitfaden entwickle. Bekanntlich hatte Clarke die Anwendung des *principium rationis sufficientis* auf die Schöpfung – und damit auf die Erklärung der Natur – abgelehnt, die Leibniz zum Ausgangspunkt seiner Deduktionen gemacht hatte. Nur auf diese Weise konnte Clarke die Realität des absoluten Raumes Newtons gegen Leibniz verteidigen. Der Schöpfungsakt ist das Urfaktum, das nicht weiter befragt und rational begründet werden kann, *un décret absolument absolu*, wie Leibniz es Clarke vorformuliert. Der Gottesbegriff, den Clarke für Newtons Naturerklärung in Anspruch nimmt, ist der voluntaristischen Theologie des Nominalismus, wenn nicht genetisch, so doch der Sache nach zugehörig. Leibniz erhebt nun in seinem vierten Brief den Vorwurf, der von Clarke vertretene Begriff der Weltschöpfung sei im Grunde der atomistischen Weltentstehung bei Epikur logisch äquivalent: *La volonté sans raison seroit le hazard des Epicuriens.* (Werke ed. Gerhardt VII, 374) Leibniz behauptet also, systematisch ausgedrückt, die Äquivalenz von Voluntarismus und Mechanismus oder, historisch formuliert, die von Nominalismus und Epikureismus. Wir brauchen uns hier nicht um den polemischen Nebeneffekt zu kümmern, daß seit der Zeit der Stoa »Epikureismus« ein klassischer Tiefschlagsausdruck geworden war; hier ist er sachlich sehr genau eingesetzt. Die Bemerkung von Leibniz hat unser Interesse dadurch, daß zu den wesentlichen, allerdings gern unterschätzten Phänomenen der beginnenden Neuzeit die Neubelebung der Naturphilosophie Demokrits in der ihr von Epikur und Lukrez gegebenen Gestalt gehört. Der Wandel der Vorstellungen von Materie und Bewegung ist durch diese Renaissance der antiken Atomistik vorbereitet worden; aber trotz dieser bedeutenden Nachwirkung ist der Vorgang immer nur als ein durch den literarischen Bestand nun einmal gegebenes Stück der Gesamtrenaissance verstanden und damit zu einem nicht weiter der Erklärung bedürftigen Faktum geworden. Der bloße Nachweis des Vorhandenseins oder Wiederauftretens der Quellen erklärt nichts. Renaissancen haben ihre genetische Logik, und nur deren Aufweisung erfüllt den Anspruch historischen Verstehens. Die Bemerkung von Leibniz gegen Clarke erschließt den strukturellen Zusammenhang, der zwischen dem Nominalismus als einer spätmittelalterlichen und dem Atomismus als einer frühneuzeitlichen Erscheinung besteht. Beide Positionen betrachten den Weltursprung als ein irrationales Ereignis, auf das sich der Mensch in seinem Bedürfnis, die Welt zu begreifen, nicht beziehen kann. Epikur hatte die »grundlose Abweichung der Atome« von ihren im unendlichen Raum geradlinig und parallel verlaufenden Bahnen als Ursprung der Wirbelbildungen angenommen, aus denen er den Kosmos entstehen ließ, und für dieses Urereignis keine weitere Erklärung geben können; der Nominalismus hat für alles Fragen nach Grund und Absicht der Schöpfung nur das augustinische *Quia voluit* bereit.[1] Leibniz er-

1 Die tiefere Richtigkeit der Bemerkung von Leibniz wird vielleicht deutlicher, wenn man einen äußerlich ganz ähnlichen Versuch heranzieht, diskriminierende Äquivalenz mit dem Epikureismus zu behaupten: Tertullian gibt dem »stupens deus« des Gnostikers Markion Epikur zum Ahnen (patriarcha). Aber der transzendente Heilsgott Markions, der Gegenspieler des Weltdemiurgen, wird deshalb zum »immobilis et stupens deus« (adv. Marc. I 25, 3), ja zum »stupidissimus« (I 26, 3), weil er in seiner Güte des Zornes und der Rache unfähig ist und damit dem theologischen Postulat Tertullians nicht genügt: derideri potest deus Marcionis, qui nec irasci novit nec ulcisci (ebd., V 4, 14). Die Äquivalenz bezieht sich also auf den stupor der durch Weltliches in ihrer Muße nicht erregbaren Götter Epikurs, und der von der Schöpfung wie von Zorn und Rache entlastete Gott Markions wird ganz epikureisch zum »deus ille otiosus« (ebd., V 4, 3) in einem verächtlichen Sinne. Aber diese Genealogie ist historisch ebenso wie logisch falsch und sicher

scheinen diese beiden Positionen logisch als äquivalent und austauschbar. Aber was systematisch richtig ist, muß historisch noch nicht zutreffend sein. Der epikureische Atomismus konnte nicht von vergleichbarer historischer Virulenz sein wie der spätmittelalterliche Nominalismus; es kommt darauf an zu sehen, wie die Herausforderung der Vernunft zu ihrer Selbstbehauptung gerade in der Heterogeneität des Nominalismus begründet liegt, und zwar so, daß der Atomismus noch zu ihrem Instrument werden konnte. Dadurch wird die These an Profil gewinnen, daß nicht auf den Hellenismus, wohl aber auf den Nominalismus die geschichtliche »Antwort« der Neuzeit gegeben werden konnte.

Eine vergleichende Analyse von Epikureismus und Nominalismus ist damit zu einer zentralen Aufgabe unseres Themas geworden. Vor allem sind die dogmatischen Gemeinsamkeiten in ihrer systematischen Funktion genauer zu betrachten.

Für die Götter Epikurs und für den Gott des Nominalismus gibt es keine *ratio creandi*, kein Motiv für die Erschaffung der Welt. Aus dieser gemeinsamen Prämisse werden nun radikal verschiedene Folgerungen gezogen. Für Epikur ist die Konsequenz negativ: weil der Grund für einen Schöpfungsakt nicht gegeben war, kann eine Schöpfung überhaupt nicht angenommen werden. Die Erklärung des Weltursprungs muß anderweitig gesucht werden. Die Nominalisten gewinnen aus derselben Voraussetzung eine für ihr theologisches System höchst positive Feststellung: weil die Schöpfung grundlos ist, demonstriert sie die unfaßbare Souveränität und Freiheit Gottes, ist sie der erste jener Reihe reiner Gnadenakte, die das eigentliche Thema der Theologie darstellen. Die Grundlosigkeit der Schöpfung ist ursprünglich als Provokation auf den Menschen gerichtet, als Appell zu einem Akt der Unterwerfung und der religiös gewendeten Selbstbeschränkung. Gerade deshalb darf die Frage gar nicht destruiert werden, wie es bei Epikur durch die Unbefragbarkeit des mechanischen Urvorganges geschieht, sondern die Schärfe der Frage muß hier geradezu forciert werden, um dem im Frageverzicht zu erbringenden Vertrauen seine Bewußtheit zu geben. Bei Epikur ist alles auf Entschärfung und Diffusion der

bewußt böswillig aufgestellt, denn der Gott Markions ist nur deshalb kein Gott der Furcht, weil er um so eindeutiger ein Gott der Hoffnung sein soll; es ist ein gesteigerter, nicht ein depotenzierter Gottesbegriff.

Frage angelegt, im späten Mittelalter alles auf ihre Verschärfung und Verdichtung.

Epikureer u n d Nominalisten leugnen die Teleologie der Welt, besonders ausgeprägt gegen die stoische These, daß die Welt um des Menschen willen entstanden sei. Dies ist bei Epikur nur eine Konsequenz der Bestreitung des rationalen Weltgrundes, und es genügt ihm, die von der stoischen Philosophie formulierten Sätze zu bekämpfen. Aber Epikur ist, im Gegensatz zu den Nominalisten, ganz unkritisch gegenüber seinen eigenen teleologischen Implikationen. Man braucht nur die Schilderung des Urzustandes der Menschheit bei Lukrez zu lesen, um zu sehen, wie stark hier noch das anthropozentrische Moment dieser Naturphilosophie ist, und zwar nicht nur zufällig, sondern in deutlichem Zusammenhang mit der kulturkritischen Komponente: die Natur bleibt dem Menschen zwar vieles schuldig (Lukrez II, 181: *tanta stat praedita culpa*), aber sie hält das Notwendige für ihn bereit (VI, 10: *omnia iam ferme mortalibus esse parata*), und zwar in einem fast stoischen Sinne der verbindlichen Normierung der menschlichen Bedürfnisse durch die Natur. Der Mensch kommt hier nicht zufällig auf seine Kosten, sondern er erfährt, was für ihn gut ist, und läßt dies nicht ungestraft außer acht. Man darf nicht vergessen, daß bei Epikur aus der Naturphilosophie auf keinen Fall der Affekt der Sorge erzeugt oder gerechtfertigt werden darf; die Herrschaft des Zufalls darf nicht zur Unruhe im Menschen führen. Die Natur muß also für den Menschen mehr leisten, als sie nach den Voraussetzungen eigentlich leisten darf.[2] Die teleologischen Minimalbestände erlauben es Epikur erst, dem Eindringen theologischer Fragen vorzubeugen, während umgekehrt im Nominalismus die strikte Durchführung des theologischen Zentralgedankens es erfordert, die teleologischen Einschlüsse und Restbestände konsequent aufzuspüren und auszuschalten.

Der dritte Punkt, in dem Epikur und die Nominalisten übereinzustimmen scheinen, ist die Vorstellung von der Pluralität der Welten. Dieser Gedanke sollte in der Neuzeit einer der wesentlichen spekulativen Faktoren der Zersetzung der metaphysischen

2 Man vergleiche hierzu etwa noch die Einstellung der genera cupiditatum nach dem Kriterium ihrer Notwendigkeit bei Cicero, de finibus I 13, 45 und das Fragment Usener nr. 469 (= Diano fr. 56): χάρις τῇ μακαρίᾳ φύσει, ὅτι τὰ ἀναγκαῖα ἐποίησεν εὐπόριστα, τὰ δὲ δυσπόριστα οὐκ ἀναγκαῖα.

Kosmosidee werden; aber bei Epikur leistet er noch nicht, was er nach Ockham leisten sollte, nämlich die Weltgestalt, den Kosmos als Eidos, faktisch und im Gedankenexperiment beliebig variierbar zu machen. Wenn Epikur, wie vor ihm andere Griechen, von »Kosmos« im Plural spricht, so bedeutet dies, daß ein Welt-Eidos als in beliebig vielen Exemplaren realisiert gedacht wird. Plato hatte die Lehre von der Einheit des Kosmos als Konsequenz einer teleologischen Weltbetrachtung gegen die Pluralität der Atomisten gesetzt (Tim. 31 AB); die Stoa war ihm hierin gefolgt (Diog. Laert. VII, 143). Damit war die Gegenthese von der Vielheit der Welten Epikur als prägnanter Ausdruck und als Konsequenz seiner Bestreitung der kosmischen Teleologie nahegelegt. Das antike Modell des Kosmos als einer endlichen und abgeschlossenen Binnenstruktur ermöglichte die Vorstellung der gleichzeitigen Existenz einer Vielheit von Weltgehäusen, die durch den leeren und ontologisch als nichtig verstandenen Raum gegeneinander absolut isoliert gedacht waren. Dieser zwischenweltliche Raum war als physische Realität so bezugslos zu den Kosmoi, daß Epikur ihn als den Ort seiner um die Welten unbekümmerten Götter ansetzen konnte.[3] Die Unwahrscheinlichkeit, daß es unter den Prämissen des Atomismus überhaupt eine Welt gibt, geschweige denn deren viele, hat Epikur keine Schwierigkeiten gemacht, weil er hier bedenkenlos wieder mit einem teleologischen Rückhalt arbeiten konnte: man kann es nicht für wahrscheinlich halten, daß die Unzahl der Atome außerhalb unserer eigenen Welt unnütz und untätig nichts zustande gebracht haben sollte (Lukrez II, 1052/57: *nullo iam pacto veri simile esse putandum est … nil agere illa foris tot corpora materiai*). Das

3 Erst Newtons Begriff des krafterfüllten Raumes (Gravitation) sollte der Unweltlichkeit und physischen Irrealität des Raumes ein Ende setzen. Mit dem Rückblick auf den antiken Atomismus wird erst verständlich, was der Übergang vom »leeren« zum »absoluten« Raum ontologisch bedeutet. Damit erst wird die Vorstellung von der Gleichzeitigkeit vieler Welten problematisch und der Raum zum »Medium« der Einheit des Universums. Zugleich wird das theologische Rudiment des Raumes als des göttlichen Sinnesorgans der Allgegenwart sinnvoll. Der Plural »Welten« ist seither frei zur metaphysischen Verwendung für die Heterogeneität menschlicher Inbegriffe der Realität und des Verbindlichen. Kant hatte, gleichsam Epikur und Newton harmonisierend, das All »eine Welt von Welten« genannt (*Werke*, ed. Cassirer I, 257), später nüchterner »das Ganze so vieler Systeme … die wir unrichtigerweise Welten nennen …« (WW V, 523). Die Geschichte dieses Plurals verdiente, geschrieben zu werden.

ist der alte metaphysische Satz, daß die Natur keinen vergeblichen Aufwand treibt. Aber so wenig es bei Epikur im Grunde zufällig ist, d a ß es überhaupt Welten gibt, so wenig ist das noch Unwahrscheinlichere zufällig, w a s dabei herauskommt, wenn aus dem Atomwirbel eine Welt entsteht. Wie selbstverständlich gleichen diese Welten einander, eingeschlossen die fraglose Selbstverständlichkeit, daß es in jeder Menschen gibt. Im Grunde – und auf diesen emotionalen Effekt dürfte es Epikur vor allem angekommen sein – ist das Chaos der Atomwirbel von einer beruhigenden und die traditionellen Gewährleistungen der Götter überbietenden Zuverlässigkeit. Der stoischen Kosmosbewunderung und ihrer theologischen Konsequenz wird entgegengestellt das entschiedene *non est mirabile* (Lukrez II, 308). Daß es Kosmos gibt, ist das Nächstliegende, eben das »Natürliche« und als solches für den Menschen ganz Unbeachtliche.[4] Es ist leicht, die Wirksamkeit der Götter aus der Natur auszuschalten, wenn man dafür genügend »Konstanten« in den Weltprozeß einbauen kann; für unser Thema kommt alles darauf an zu sehen, daß solche »Absicherungen« dem spätmittelalterlichen Nominalismus verwehrt waren – wodurch Epikur (ohne daß ihm diese extreme Konsequenz gegenwärtig sein konnte) recht bekommt, wenn er das theologische Moment nur als Unsicherheitsfaktor ansieht. Sein Chaos freilich mußte, um den Kosmos hervorbringen zu können, eine »ideale Unordnung« sein. Für die strenge Parallelität der Atombahnen im unendlichen Raum gibt es bei ihm keine physische Begründung. Die unendliche Menge der Atome ist von endlicher eidetischer Spezifikation, für die es keine andere Begründung gibt als das *quantum cuique datum est per foedera naturai* (Lukrez II, 302). Auf dieser juristischen Metapher, die mit dem Naturgesetz der Neuzeit nichts zu tun hat, sondern so etwas wie ein Ersatz für die causa formalis der klassischen Me-

4 Cicero hat diesen Kernpunkt der epikureischen »Metaphysik« so formuliert: Docuit enim nos idem qui cetera, natura effectum esse mundum: nihil opus fuisse fabrica, tamque eam rem esse facilem, quam vos effici negatis sine divina posse sollertia, ut innumerabilis natura mundos effectura sit, efficiat, effecerit. (De nat. deor. I 20, 53 = Usener fr. 352) Die Pluralität der Welten manifestiert also ebendiese »Leichtigkeit« der Weltentstehung, die sich gegen die Annahme eines ›deus laboriosissimus‹ (ebd., I 20, 52) abhebt. Das antitheologische Axiom »neque facta manu sunt« (Lukrez II, 378) ist funktional ganz auf die Sicherung der Kosmizität des Kosmos abgestellt.

taphysik ist, beruhen die immer wiederkehrenden Zusicherungen des *omnia constant.*[5]

Das Interesse der mittelalterlichen Scholastik am Gedanken der Pluralität der Welten liegt im Zuge der Systematisierung des Allmachtsprinzips. Der *potentia absoluta* korrespondiert eine Unendlichkeit möglicher Welten; gleichgültig geworden ist dabei, ob von diesen Möglichkeiten nur eine oder eine Vielheit verwirklicht worden ist. Entscheidend ist, daß die mögliche Vielheit nicht aus Exemplaren eines eidetisch konstanten Typus besteht, sondern daß das Widerspruchsprinzip die einzige Abgrenzung des Spielraumes der Variabilität der möglichen Welten ist. »Welt« ist zu einem Gattungsbegriff geworden, dem ein unübersehbares Reich von Spezifikationen und Individuationen logisch subsumiert werden kann. Die Idee der Pluralität der Welten steht in systematischem Zusammenhang mit der Erledigung des Universalienproblems durch den Nominalismus. Die Bestreitung der Realität der Universalien ist ja nicht primär eine logische Doktrin, sondern beruht auf der Unvereinbarkeit des Universalienrealismus mit der strengen Auslegung des Begriffes der Schöpfung aus dem Nichts. Das *universale* als ein in konkreten Exemplaren beliebig Wiederholtes und Wiederholbares verliert seinen Sinn, wenn das Universum des Möglichen unendlich wird und die Bedeutung aller Realität in der Manifestation einer unendlichen Macht gesehen wird. Schöpfung aus dem Nichts heißt, daß nichts vorgegeben ist, also auch, daß kein Seiendes ein anderes in der Gemeinsamkeit des Wesentlichen (essentiale) vorwegnimmt.[6] Die Einzigkeit der Welt folgt nicht mehr aus der Ein-

5 Lukrez I, 204: constat quid possit oriri; I, 586-588; II, 709: eadem ratio res terminat omnis; III, 787: certum ac dispositum est ubi quicquid crescat et insit (= V, 131); V, 56-58; VI, 906f. Ein sinnfälliges Beispiel für die »Leistungsfähigkeit« dieses Konstantensystems ist die Erwägung der extremen Hypothese (nach der aus dem Pythokles-Brief geläufigen Methode), ob die Mondphasen als Prozeß ständigen Vergehens und Neuentstehens des Mondes erklärt werden könnten (V, 731-736): dazu bedürfte es der Annahme einer sehr exakten Wiederholung eines bestimmten Formationsprozesses, aber ebendas sei doch nichts Besonderes – ordine cum (videas) tam certo multa creari.

6 Wilhelm von Ockham, I. Sent. dist. 2 q. 4 D: creatio est simpliciter de nihilo, ita quod nihil essentiale vel intrinsecum rei simpliciter praecedat in esse reali. Ein Realismus der Universalien hätte dagegen zur Folge, daß per consequens omnia producta post primum productum (sc. unius speciei) non crearentur, quia non essent de nihilo.

zigkeit Gottes, weil Gott nicht mehr nur das Bewegungsprinzip dieser Welt, sondern das Prinzip ihres kontingenten Seinsbestandes ist.[7] Der theologische Voluntarismus wird dadurch möglich, daß Gott eine Entscheidung für eine Auswahl aus dem für ihn Möglichen zugeschrieben wird: *multa potest deus facere quae non vult facere* (Ockham, Quodl. VI q. 1). Entscheidend ist nun, daß dem Menschen verborgen ist, welche der möglichen Welten die ihm faktisch gegebene ist. Daß Gott nach nominalistischer Lehre seine *potentia absoluta* auf die Gesetzlichkeit der *potentia ordinata* eingeschränkt habe, hat für den Menschen zwar Heilsbedeutung, aber keinen Erkenntniswert. Der Wahrheitsanspruch des Menschen ist in eine hoffnungslose Position geraten: das Faktizitätsprinzip der Omnipotenz und das Ökonomieprinzip der Vernunft stehen einander unversöhnbar gegenüber. Die Ungewißheit der Konstanz und Verläßlichkeit der Natur kommen in der ängstlichen Neugierde zum Ausdruck, mit der an der Grenze von Mittelalter und Neuzeit nach den Belegen der eidetischen Unordnung in der Natur gesucht wird; die Kuriositätenkabinette der Zeit bestätigen anschaulich die angstbereite Ahnung der Nichtexistenz von *causae formales*.[8] Die Unbefragbarkeit des absoluten Willens konzentriert die Möglichkeit von Gewißheit auf den einzigen Fall der Offenbarung und der den Erwählten hinzugegebenen Glaubensgewißheit; für jeden anderen Gewißheitsanspruch ist Augustins Wort zu seiner letzten Konsequenz gebracht worden: *quare autem voluerit, o homo, tu quis es, qui respondeas deo?* (ep. 186, 23).

Ein letzter Gesichtspunkt, unter dem eine Konfrontierung Epikurs und des Nominalismus die Differenz zwischen der spätantiken und der spätmittelalterlichen geistigen Situation faßbar machen kann, ist die Auffassung von Stellung und Rang des Menschen. Man hat über die Ernsthaftigkeit der Götterlehre Epikurs viel hin

7 Johannes Buridan, Quaest. de caelo I q. 19: deus est simplicissimus, et Aristoteles credidit quod ab uno tali simplicissimo non posset provenire plura … Sed vos scitis quod ista ratio non valet, quia ex fide credimus deum posse facere mundum, imo plures mundos, et posse etiam iterum eos destruere. Marsilius von Inghen (I. Sent. q. 43 a. 2) vertritt die These: deus potest producere universum specie specialissima distinctum ab isto universo.

8 Epikur hatte die Möglichkeit eidetischer Monstren (portenta) geleugnet; jedes Wesen halte sich an sein Formgesetz des Werdens: res quaeque suo ritu procedit et omnes foedere naturai certo discrimina servant (Lukrez V, 923 f.).

und her argumentiert. Die Götter sind hier nicht nur deshalb kein konformistisches Rudiment, weil ein begründeter Deismus gegenüber einem unbeweisbaren Atheismus für Epikur argumentativ ein eindeutiger Vorteil ist, sondern noch mehr deshalb, weil die Existenz der Götter ein Modell seiner philosophischen Idee der Eudaimonie bietet, das durch einen zu wenig beachteten Kunstgriff für den Menschen affektiv relevant gemacht wird: daß die Götter menschengestaltig sein müssen, ist ein systematisches Element, das in der ursprünglichen Philosophie Epikurs eine wesentliche Stelle gehabt haben muß, was gerade daraus erhellt, daß die Begründung für diese These innerhalb der physikalischen Dogmatik Epikurs einen Fremdkörper darstellt. Cicero hat uns die kürzeste Formel dieser Begründung überliefert, die sich auf den Vorrang der menschlichen Gestalt und des menschlichen Wesens vor allen anderen stützt: *omnium animantium formam vincit hominis figura* (De nat. deor. I 18, 47 f.). Die Isomorphie von Menschen und Göttern hat bei Epikur die systematische Funktion einer metaphysischen Garantie. Der in seinen Möglichkeiten sich wahrnehmende und verwirklichende Mensch lebt, wie es im Menoikeus-Brief heißt, »unter den Menschen wie ein Gott«. Und das heißt vor allem, daß er die Sorglosigkeit des Daseins der Götter teilt. Die Sorge ist nicht konstitutiv für den Menschen, sondern sie unterliegt der philosophischen Therapie. Für unser Thema läßt sich das so formulieren, daß der Mensch, der in diesem Kosmos sich zu dem frei macht, was er sein kann, die Last der Selbsterhaltung und Selbstbehauptung als eine ihm nicht wesensnotwendige Zumutung abwerfen kann.[9] Radikal anders wird die Stellung des Menschen im Nominalismus gesehen. Der kosmische Vorrang des Menschen muß bestritten

9 Die eigentümliche Sonderstellung des Menschen kommt noch an einem anderen subtilen Zug des epikureischen Systems zum Ausdruck: zwischen dem schöpferischen »Unfall« der den kosmosbildenden Wirbel initiierenden Bahnabweichung eines Atoms und der menschlichen Selbstgewißheit der Freiheit gibt es einen Zusammenhang. Jenes principium quoddam, quod fati foedera rumpat (Lukrez II, 254), das Urereignis eines Kosmos, findet der Mensch in sich wieder als seine libera voluntas (256 f.), als initium motus a corde (269). Was im Menschen wirklich ist (in pectore nostro quiddam 279 f.), kann nicht aus dem Nichts entstanden sein, sondern gehört zum seminalen Bestand des Alls: id facit exiguum clinamen principiorum (292). Hier liegt eine Vermittlung zwischen Mensch und Welt: was die Welt möglich machte, ist kein fremdes und unzugängliches Prinzip, sondern es ist das, was der Mensch als sein innerstes Wesen wiederfindet.

werden, weil von einer Rangordnung der Wesen überhaupt nicht mehr einsichtig gesprochen werden kann: *non potest evidenter ostendi nobilitas unius rei super aliam* (Nicolaus von Autrecourt). Die christliche Theologie hatte den engen Zusammenhang zweier dogmatischer Grundaussagen systematisiert: die Gottebenbildlichkeit des Menschen und die Inkarnation Gottes als Mensch. Der Nominalismus hat zwar diese Aussagen je für sich stehen lassen, aber er hat immer wieder ihren inneren Zusammenhang in Frage gestellt. Anselm von Canterbury hatte die Scholastik damit eröffnet, daß er glaubte, die zentrale Aussage des Christentums rational befragen zu können: *Cur deus homo?* Die Scholastik löst sich selbst auf, indem sie diesen ihren Ausgangspunkt in Frage stellt. Die Umformung des Gottesbegriffes nach dem aristotelischen Modell in der Hochscholastik machte es schwer, den Menschen als den letzten Bezugspunkt der göttlichen Zuwendung zu behaupten. Nicht nur die Welt konnte nicht mehr um des Menschen willen geschaffen sein, sondern auch die Menschwerdung Gottes durfte nicht mehr im Menschen ihr Telos haben, trotz der so eindeutigen nicaenischen Formel *propter nos homines ... homo factus est*. Die eigentümliche Lehre von der absoluten Prädestination Christi bei Duns Scotus verwandelt das *propter nos homines* in ein *propter se ipsum*. Wenn der Gottessohn von Ewigkeit her zur Inkarnation vorbestimmt war, dann geschah dies nicht mehr um des von den Menschen verwirkten Heiles willen, sondern Welt und Mensch konnten in totaler Umkehrung überhaupt nur um der Inkarnation des Gottessohnes willen geschaffen worden sein; dafür konnte man sich sogar auf Paulus berufen (Kol. I 15-16). Die Metaphysik schreibt der Theologie vor, daß es Gott bei Welt und Mensch im Grunde nur um sich selbst gehen kann. Der Leitfaden des Schöpfungsgedankens für das menschliche Selbstverständnis reißt ab, weil der alte, von Markion zuerst erkannte Widerspruch zwischen Schöpfungslehre und Christologie nun zu einer perfekten Theozentrik treibt. Man kann den Nominalismus als die Explikation des *propter se ipsum* darstellen. Die letzte Konsequenz ist, daß er leugnen konnte, es ließe sich ein Grund angeben, aus dem Gott für seine Inkarnation die *menschliche* Wesenheit gewählt habe; auch hier gilt die nominalistische Standardformel: *potius factus est homo, quia voluit, sicut potius assumpsit naturam nostram quam aliem, quia voluit* (Ms. Mon. Cod. lat. 8943 fol. 108 r. nach Hochstetter). Hier entspringt eine Radikalität der Infragestellung des Menschen, durch die jeder Anhalt für seine Stellung in einer Ordnung des Wirklichen entzogen wird. Es gibt im Hellenismus keine vergleichbare Position, die dem Menschen das, was er ist und sein kann, derart akut zur Sorge werden ließ.

Nach dieser vergleichenden Analyse der Voraussetzungen läßt sich leicht verständlich machen, daß in der Spätantike und im Spätmittelalter ganz heterogene Welthaltungen induziert wurden. Es gibt in der hellenistischen Philosophie verschiedene Formen der Abwendung des Menschen vom Kosmos und vom Ideal der Theorie, aber es gibt hier nicht das Problem der Selbstbehauptung. Was Epikur dem hellenistischen Menschen empfiehlt, kann man als die *Neutralisierung* seines Bezuges zum Kosmos bezeichnen. Aber diese Empfehlung ist nur möglich, weil der Kosmos als letzte Implikation des Weltverstehens fortdauert. Die Physik Epikurs, die mit ihren 37 Büchern in seinem Werk einen breiten Raum einnahm und historisch das wirksamste Element seiner Philosophie bleiben sollte, ist in ihrer Methodik ganz dem Ziel der Neutralisierung des Wahrheitsinteresses untergeordnet. Nicht ein theoretischer Anspruch auf Wahrheit soll befriedigt werden, sondern die »Gleichgültigkeit« der physikalischen Probleme für die Gestaltung des Lebens in der Welt ist ihre Zwecksetzung. Hier liegt, trotz ganz verschiedener erkenntnistheoretischer Ansätze, eine wesentliche Gemeinsamkeit mit dem Skeptizismus und seinem Ideal der ἐποχή. Hätte der Mensch nicht den ständigen Verdacht, die Natur »ginge ihn etwas an«, was sich sowohl in leichtfertigem Vertrauen als auch in Furcht bezeugen kann, dann wäre Naturerkenntnis für ihn überflüssig.[10] Die physikalische Hypothese soll das Naturphänomen von seinem Affektgehalt befreien; in dieser Hinsicht ist es gleichwertig, ob wir eine eindeutige Erklärung des Phänomens besitzen oder ob wir für alle zur Erklärung in Betracht zu ziehenden Hypothesen feststellen können, daß sie den Menschen in seiner Lebensstimmung nicht zu affizieren brauchen. Epikurs hypothetische Methode ist auf die zweite Möglichkeit konzentriert. Es kommt auf die vollständige Übersicht der Erklärungsmöglichkeiten an, nicht auf die begründete Entscheidung für eine dieser Möglichkeiten. Wie der Pythokles-

10 Ratae sententia XI (Diano p. 14): εἰ μηθὲν ἡμὰς αἶ τῶν μετεώρων ὑποψίαι ἠνώχλουν καὶ αἶ περὶ θανάτου, μή ποτε πρὸς ἡμᾶς ῃ τι ... οὐκ ἂν προσεδεόμεθα φυσιολογίας.

Brief zeigt, dürfte sich Epikur für die Sicherung der Vollständigkeit seiner Hypothesen-Kataloge auf die doxographische Sammlung verlassen haben. Das Ergebnis zu jedem einzelnen Problem ist immer nur die »Gleichgültigkeit« aller möglichen Lösungen für uns. Mag die hypothetische Methode Epikurs auch der Denkweise der frühneuzeitlichen Naturwissenschaft formal noch so ähnlich sein, ihre Funktion ist eine radikal andere: sie will die Phänomene nicht objektivieren, sondern neutralisieren.

Dieser Unterschied läßt sich vielleicht so näher bestimmen, daß man sagt, die Objektivierung habe die immanente Intention auf die Verifikation einer Hypothese, während die Neutralisierung zwar Ungewißheiten ausschließen, nicht aber Gewißheiten schaffen will. Die entscheidende Folgerung aus dieser Differenz ist aber, daß Erkenntnis bei Epikur nicht auf Herrschaft über ihren Gegenstandsbereich gerichtet ist; was Descartes vorschwebte, die Menschen zu *maîtres et possesseurs de la nature* zu machen, wäre Epikur nicht als Bedingung für die Möglichkeit menschlicher Daseinserfüllung erschienen. Mit anderen Worten: dem Erkenntniswillen Epikurs fehlte das, was man die »technische Implikation« nennen könnte; er will das Phänomen distanzieren, nicht produzieren können. Herrschaft über die Natur ist keine Voraussetzung dafür, sich selbst genug sein zu können: *si cui sua non videntur amplissima, licet totius mundi dominus sit, tamen miser est.* (Diano fr. 64)

Aber ebendieser Weg, der Ordnungskrise des Weltbildes in die Genügsamkeit und Unangefochtenheit des Selbstbesitzes sich zu entziehen, war am Ausgang des Mittelalters versperrt; der Zugriff der Infragestellung war zu tief in den Wesensbestand des Selbstbewußtseins und Weltverhältnisses eingedrungen. Die spezifische Differenz der Voraussetzungen zu erfassen, hat mir eine Bemerkung geholfen, die in Heisenbergs Buch »Physik und Philosophie« zur Gegenüberstellung von antiker Atomistik und moderner Quantentheorie gemacht wird; Heisenberg sagt, die Sätze der modernen Physik seien »sehr viel ernster gemeint als die der griechischen Philosophen«. Das ist für den philosophischen Leser auf den ersten Blick eine recht ärgerliche Behauptung; aber je mehr man ihrer möglichen Berechtigung nachgeht, um so zutreffender und aufschlußreicher erscheint sie. Es ist wirklich eine neue Art von »Ernst«, die den Erkenntniswillen der anbrechenden Neuzeit prägt und durchstimmt, und ich glaube, daß das mit unserem Thema wesentlich zu tun hat und von unserer These her seinen tieferen Sinn erhält. Die eigentümliche hypothetische Liberalität und Unverbindlichkeit der atomistischen Physik Epikurs, die der Insistenz auf Verifikation entbehren konnte, beruht, wie ich zu zeigen versuchte, auf der Unversehrtheit eines »Ordnungsrestes«, durch den die Daseinsproblematik des Menschen wohltätig verschleiert erscheint. Der neue Ernst, der aus der spätmittelalterlichen Situation dem Menschen auferlegt ist, besteht in dem ständigen und unablösbaren Zwang der »Bestätigung«, und zwar nicht nur der theoretischen Aussagen, sondern der an ihnen hängenden Möglichkeit der Selbstbehauptung durch Beherrschung der Wirklichkeit, letztlich der in solcher Herrschaft zu bewährenden neuen Selbstdefinition des Menschen. Descartes hat diese neue Anspannung mit Recht eine *laboriosa vigilia* genannt (Medit. I, 12). Die Ausgrenzung und Absicherung eines Bereiches unanfechtbarer Gewißheit läßt sich als der Antrieb erkennen, der in der nominalistischen Schule selbst eine neue Logik und Erkenntnistheorie hervorbringt. Das menschliche Interesse an dem, was auch der *potentia absoluta* entzogen bleibt, substituiert sich unvermerkt dem theologischen Interesse, das im Durchdenken der Möglichkeiten der Allmacht sich erfüllt. Die *Deus non potest*-Sätze, in denen die nominalistische Logik sich formuliert, sind der eigentliche und nachhaltige Ertrag der *Deus potest*-Spekulation. Das ist genau der Punkt, an dem die theologische Formel nur noch wie eine solche aussieht, in Wirklichkeit aber die logische Autonomie des Menschen umschreibt. Indem die Theologie das absolute Interesse Gottes zu vertreten meinte, ließ sie das Interesse des Menschen an sich selbst und seine Sorge um sich selbst absolut werden, das aber heißt: die Stelle seiner theologischen Ansprechbarkeit besetzen. In der Erkenntnistheorie wird die Kritik an der aristotelischen Rezeptivität des Erkenntnisaktes durch dasselbe Interesse ausgelöst.[11]

11 Johannes von Mirecourt, Apologia I prop., 45 (ed. Stegmüller) macht diesen Sachverhalt überaus deutlich: wenn sensatio und intellectio nur qualitates (= passiones) des Erkenntnisorgans wären, würde alle Erkenntnis unmittelbar unter der Bedingung des Willens Gottes stehen, denn die Bewirkung einer qualitas ist das, quod Deus se solo posset … Ist die Erkenntnis aber eine actio des erkennenden Subjekts, dann kann ein Eingriff in den Erkenntnisakt nur über dieses als causa secunda erfolgen: nullam actionem causae secundae posset Deus agere se solo … (Sentenzenkommentar des Joh. v. Mirecourt nach Stegmül-

Das Ergebnis der spätmittelalterlichen Ordnungskrise läßt sich beschreiben als Autonomisierung der menschlichen Leistungssphäre, als Ablösung der rezeptiven Bindungen an eine vorgegebene und den Bereich der Möglichkeiten ausschöpfende Welt. Die Kritik der Teleologie ist deshalb das Kernstück dieses geistigen Prozesses, weil sie die Klammer der Verbindlichkeit zwischen Welt und Mensch löst. Die Naturwelt Gottes und die Werkwelt des Menschen treten als in sich geschlossene Funktionskreise auseinander. Das ließ sich durchaus noch in der Sprache der teleologischen Begrifflichkeit ausdrücken. Ich konkretisiere das an einem Text aus dem Physikkommentar des Johannes Buridan (II q. 7: *utrum finis sit causa*), in dem er die Unmöglichkeit eines innerweltlichen Zweckes für das göttliche Handeln feststellt und das Ergebnis so formuliert: »So ist denn Gott die Zielursache aller Naturdinge, der wirkenden sowohl als die Einwirkung empfangenden, bzw. der Wirkungen und der Veränderungen. Wenn sich dies so verhält, dann ist, abgesehen von Gott, der Mensch, der ein Haus baut, die Zielursache, derentwegen er das Haus baut, und also die Zielursache seines Hauses, denn er baut das Haus für sich selbst und zu seiner Selbsterhaltung, und wenn er es des Gelderwerbs wegen baut, tut er es auch dann um seiner selbst willen, und wenn er es für seine Kinder und Freunde baut, geschieht es letztlich immer noch um seiner selbst willen, indem er diese sich selbst gleichachtet und ihr Wohl als sein eigenes Wohl betrachtet ...«[12] Was an diesem Text aufregend und instruk-

ler). Der Autor wagt nicht, sich unter den von ihm vorgetragenen Grundauffassungen des Erkenntnisaktes für die These der vera actio animae klar auszusprechen; aber wo sein »Interesse« liegt, wird deutlich genug: Secundam tamen (sc. opinionem) libentius dicerem si auderem. Eligat studens quam voluerit. Die ganze nominalistische Theorie der Begriffsbildung muß von diesem Ansatz her verstanden werden; der Begriff ist nicht mehr das rezeptiv eingebrachte »Naturprodukt« der species abstracta, sondern ein arte factum, ein Werkzeug für eine Leistung, der Entstehung nach ein figmentum. In der Logik findet die Autarkie des Subjekts ihr Modell in der necessitas ex hypothesi, also solchen Sätzen, deren Evidenz fortbesteht – ipsa re simpliciter destructa (Ockham, Sent. Prol. I 1 GG). Hier ist wieder mit einem Gott gerechnet, dem annihilatio genauso zuzutrauen ist wie creatio.

12 Sic enim Deus est finis omnium naturalium, sive activorum sive passivorum vel etiam actionum et transmutationum. Sic enim stando, citra Deum homo faciens domum est finis gratia cuius facit domum, et est sic finis domus eius, quoniam ipse facit domum propter seipsum et salutem suam, et si facit eam propter pecuniam habendam, adhuc illa erit propter seipsum, et si facit eam propter filios et

tiv ist, ist der unmittelbare Sprung von der göttlichen Schöpfung und ihrer Rückbezogenheit auf den Schöpfer auf das menschliche Werk und seine reflexive Sinnstruktur und die völlige Identität der für beide Bereiche angewendeten Terminologie. Man darf das *Sic enim stando* durchaus kausal verstehen und die immanente Rückbezogenheit der Natur auf ihren Urheber als den Grund dafür annehmen, daß der Mensch darauf angewiesen ist, für sich selbst und seine Selbsterhaltung in seiner Werkwelt zu sorgen. Die theozentrische Struktur bedingt und erzwingt die anthroprozentrische. Nach dem Warum kann der Mensch nur seine eigenen Werke befragen; er kann nicht wissen, welchen Ordnungswert und Zuverlässigkeitsgrad es ihm verbürgt, daß Gott der *finis omnium naturalium* ist. Die Vermutung, daß diese Formel für den Menschen nichts bedeutet, worauf er sich in seiner Existenz verlassen könnte, ist die Basispräsumtion der Neuzeit und ihrer wesentlichen Technizität.

Vielleicht ist es gut, wenn ich nicht mehr über diesen Text sage, sondern den Versuch mache, ihn durch einen Kontrast noch deutlicher zum Sprechen zu bringen; ich wähle dazu einen Text aus dem 12. Jahrhundert,[13] der mit der Metapher des Hausbaus eine sinnfällige Beziehung zu der zitierten Stelle aus Buridans Physikkommentar bietet. Auf die Frage nach dem Motiv der Weltschöpfung wird geantwortet: »Als Gott den Menschen schaffen wollte, der ihn loben und verherrlichen sollte – ein Wesen, das einer Un-

amicos, adhuc est finaliter propter seipsum, quia reputat illos tamquam ipsum et bonum ipsorum tamquam bonum suum ...

13 Sententiae Divinitatis (aus der Schule des Gilbertus Porretanus) ed. B. Geyer, tr. 1 q. 1: Respondemus et dicimus, quod facturus erat Deus hominem ad se laudandum et glorificandum, qui loco indiget; ideoque mundum creavit quasi domum, in qua hominem poneret, cuius consideratione in eius cognitione et dilectione homo proficeret. Wichtig ist, daß die Quaestio anstelle des obligaten Videtur quod non in freier Zitation die augustinische Antwort (vielmehr: Frageabweisung) auf diese Frage angibt: Deus creavit, quod voluit, sed cur voluerit, non est quaerendum ... und, mit einer respektvollen Distinktion die Autorität umgeht. – Zwischen den beiden vorgelegten Texten steht, mit sehr charakteristischen Übergangs- und Umformungsmerkmalen, der Physikkommentar des Thomas von Aquino [zu Physik II 2; 194 a 28 ff. (II lect. 4 n. 8)]; ich habe die Ambivalenz in der Tradition der Kommentierung dieser Aristoteles-Stelle in *Studium Generale*, Bd. X (1957) 2, S. 71 behandelt. Vgl. ferner meinen Artikel »Teleologie« in: *Die Religion in Geschichte und Gegenwart*, 3. Auflage, Tübingen 1959, Bd. V.

terkunft bedarf –, schuf er die Welt gleichsam als ein Haus, in das er den Menschen setzen könnte und durch dessen Betrachtung der Mensch zur Erkenntnis und Liebe Gottes gelangen sollte.« Die Differenz der beiden Texte ist in ihrer Deutlichkeit unübersehbar: in dem älteren Text ist der Mensch das zuerst konzipierte Geschöpf und das Motiv für die Errichtung des Weltbaus als einer allen seinen Bedürfnissen vorsorgenden Unterkunft, in dem jüngeren Text sieht man den Menschen in der ihm verfremdeten Naturwelt sich seinen angemessenen und schützenden Ort selbst einrichten. In dem älteren Text steht zwar das Motiv der *glorificatio*, aber es ist hier eine auf den Menschen gerichtete Erwartung Gottes, zu deren Erfüllung die kosmische Vorsorge Gottes dem Menschen erst Antrieb und Grund bieten sollte; die Freisetzung von der Selbstbehauptung gewährleistet der Betrachtung der Natur ihren theoretisch reinen und gottzugewandten Sinn.

Die Rede vom Ordnungsschwund als geschichtlichem Prozeß verdeutlicht sich, wie ich hoffe. Die zur frühen Neuzeit hinführenden Erscheinungen des späten Mittelalters hat man gern als Vorwegnahmen des epochalen Umbruches gesehen, als eine Art von vorneuzeitlicher Aufklärung, die nur aus Vorsicht ihre emanzipatorische Absicht und Potenz zurückgehalten hätte. Die Neuzeit hat sich von ihren Anfängen an als den resoluten Widerspruch zum Mittelalter interpretiert und ihre geschichtliche Legitimität aus dem Anschluß an die vermeintlich abgebrochene Antike hergeleitet. Demgegenüber versuche ich zu zeigen, daß die Neuzeit sich nicht als Widerspruch, sondern als Erwiderung auf die immanente Infragestellung des Mittelalters formiert hat. Die frühen Formen der Teleologiekritik sind noch ganz mittelalterlich, ganz von dem Pathos getragen, die Größe Gottes vergrößern zu können, indem die Sinnhaftigkeit der Welt gegenüber dem Menschen bestritten wird. Man darf sich aber auch nicht dadurch täuschen lassen, daß die Sprache von hoher Trägheit ist: die späte Scholastik kann vielfach von Gott so sprechen, daß es sachlich bedeutet, von ihm abzusehen. Der hypothetische Atheismus, nach seiner vorzüglichen Anwendung auf das Problem des Naturrechtes durch Grotius als das »Grotianische Argument« bezeichnet, steckt als Implikation schon tief in den scholastischen Quästionen vom Typus des *utrum deus posset* ... Auch in dem harmlos aussehenden *citra deum* des vorhin zitierten Buridan-Textes ist das Postulat einer »methodischen« Sistierung verborgen: der sein Haus bauende Mensch sieht davon ab, daß Gott existiert, weil er die Härte der Notwendigkeit, der er zu entsprechen hat, akzeptieren will. Damit ist auch schon der Fundierungszusammenhang zwischen Selbstbehauptung und neuer Wissenschaftsidee am Anfang der Neuzeit berührt. Auch hier soll die Herausforderung angenommen und nicht verschleiert werden; Descartes hat sie im Argument des *genius malignus* sich vorgehalten, aber er hat – mittelalterlicher, als es dem später ernannten »Begründer der Neuzeit« anstand – die Härte der Prämisse nur in einem Punkte durchgehalten und im übrigen den Ausweg des Gottesbeweises eingeschlagen. Aber es läßt sich jetzt zeigen, was die eingangs angeführte Beobachtung von Leibniz historisch bedeutet, daß theologischer Voluntarismus und physikalischer Mechanismus logisch gleichwertig seien. Der atomare Mechanismus, der bei Epikur in beziehungslosem Nebeneinander mit dem unweltlichen Leben der Götter stand, tritt jetzt in die Funktion ein, den hypothetischen Atheismus durchführbar zu machen. Descartes schickt seiner mechanistischen Kosmogonie im dritten Buch der Principia eine Erörterung der Wahrheitsproblematik seines Entwurfes voraus; er will die Frage nach der *genuina veritas* auf sich beruhen lassen (*malim hoc in medio relinquere*), weil es für seine Absicht auf den Wahrheitswert der Hypothese gar nicht ankommt, da wir aus der bloßen Möglichkeit des Zutreffens genausoviel an *utilitas ad vitam* entnehmen könnten wie aus der Sicherung ihrer Wahrheit selbst. Hier schließt der lateinische Text (III, 44); die französische Fassung (Adam-Tannery IX, 123) fügt die bezeichnende Begründung hinzu, daß die Hypothese der genuinen Wahrheit in der Hinsicht völlig gleichwertig sei, daß wir uns ihrer bedienen können, um über die natürlichen Ursachen so zu verfügen, daß wir die gewünschten Wirkungen hervorbringen können (*elle ne sera pas moins utile à la vie que si elle estoit vraye, pource qu'on s'en pourra servir en mesme façon pour disposer les causes naturelles à produire les effets qu'on desirera*). Die technische Verifikation fügt die Hypothese in den Funktionskreis der immanenten Teleologie der menschlichen Selbstbehauptung ein. Die Selbstbehauptung verwandelt den theoretischen Wahrheitsanspruch; sie verlangt keinen eindeutigen Zusammenhang zwischen Prinzip und Phänomen und besteht nicht auf der Frage, wie die Natur diesen Zusammenhang realisiert habe, wenn nur der Nexus für die Produktion des identischen Effektes hergestellt werden kann. Die Macht, Ereignisse vorauszusehen oder zu verändern, die Auguste Comte als Ziel der positiven Wissenschaft formulieren sollte, war von Anfang an der Selbstbehauptungssinn der neuzeitlichen Wissenschaft. Das Können »ergab« sich nicht erst aus dem Erkennen, sondern bestimmte ihm von vornherein seine Ökonomie und die Strenge seiner Verifikationsauflage. Der Mensch wetteifert nicht mit der *potentia infinita*, die in der Natur eine ihrer unendlich vielen Möglichkeiten verwirklicht hat – und zwar eine für uns nicht identifizierbare –, sondern er akzeptiert seine Endlichkeit, indem er sich jeweils auf die für ihn konstruierbare Möglichkeit beschränkt. Der positivistische Grundzug, der in der neuzeitlichen Wissenschaftsgeschichte immer ausgeprägter hervortritt, gehört schon in das ursprüngliche Selbstbehauptungssyndrom. Die definierte Ausschaltung »überflüssiger« Fragestellungen, das Haltmachen vor einem ontologischen Wahrheitsanspruch kommen nicht aus einem Mangel an theoretischer Ernsthaftigkeit, sondern aus der Konkurrenz der Selbstbehauptungsnötigung mit dem theoretischen Ideal. Für den Menschen wird, nach der berühmten Formel Bacons, das *utilissimum* zum Kriterium des *verissimum*.

Gassendi, der die Philosophie Epikurs mit einem gegenüber der Wirkung des Descartes weithin unterschätzten Einfluß erneuerte, zeigt vielleicht am deutlichsten, daß die Situation der beginnenden Neuzeit ganz anders ist als die Epikurs. Robert Boyle schreibt mit Anspielung auf Gassendi: »Mit Recht sind gewisse moderne Philosophen dem Beispiele Epikurs gefolgt, indem sie sich damit begnügten, nicht jedesmal die vermeintlich wahre, sondern überhaupt nur eine mögliche Ursache der Erscheinungen anzugeben.« Diese Äußerung ist aufschlußreich, denn Boyle übersieht einen ganz entscheidenden Unterschied, der Gassendis Rezeption den Charakter einer dogmatischen Reproduktion Epikurs nimmt: Epikur wollte nicht nur e i n e mögliche Ursache der Naturphänomene angeben, sondern jeweils den ihm vollständig erscheinenden Katalog der möglichen Ursachen, um so die Irrelevanz der Entscheidung zwischen diesen Möglichkeiten für das menschliche »Gemüt« zu erweisen; Gassendi und seine Nachfolger dagegen suchen e i n e erweisbar mögliche Ursache für das Phänomen, da ihnen die Realisierung e i n e r Möglichkeit genügt, um die Äquipotenz des Menschen mit der Natur zu gewährleisten. Dieser Unterschied mag allzu formal erscheinen; ich glaube aber, daß er die ganze Situationsdifferenz der Epochen einschließt.

Dieser Sachverhalt hat ein ganz bestimmtes pragmatisches Interesse an der Wiederbelebung der antiken Atomistik im Gefolge, das Epikur fremd gewesen war: in der Atomistik ebenso wie in Descartes' Lehre vom Urstoff wird die Natur auf ihre pure Materialität reduziert, und nur diese äußerste Diffusion aller Vorgegebenheitscharaktere der Welt konnte dem eben umrissenen neuen Wahrheitsbegriff mit seinem Verzicht auf die klassische *adaequatio* seine technische Effektivität sichern. Wenn Technik das innerste Ziel des Erkenntniswillens war, dann entsprach dem in letzter Konsequenz nur eine Sicht der Welt als Reservoir an Material. Die Selbstbehauptung ist also nicht nur Erwiderung auf den Ordnungsschwund; von einem bestimmten Punkt an treibt sie die Nivellierung der vorgegebenen Weltstruktur voran, um gleichsam das »Ausgangsniveau« für eine konstruktive Neukonzeption zu gewinnen.

Ein eindrucksvolles Beispiel, wie dieses Schema auch in übertragener Anwendung auf Probleme der Menschenwelt wirksam wird, bietet die Staatsphilosophie von Hobbes. Der klassische Satz: *natura dedit omnia omnibus* wird zum Ansatz der staatsphilosophischen Ordnungskonstruktion. Seiner Herkunft nach ist dieser Satz ein naturrechtliches Axiom der Stoa mit einem eindeutig teleologischen Hintergrund; weil die Natur alles für die Bedürfnisse des Menschen zureichend disponiert hat, bedarf es nur noch der rechten Verteilung der Güter, um den Naturzweck zu erreichen, nicht aber des privaten Eigentums, das bei den Stoikern als eine Form mißtrauischer Ängstlichkeit gegenüber der Natur erscheint. Der Satz kritisiert die positive Rechtsordnung von dem natürlichen Ordnungsprinzip her, ohne damit schon die Aufhebung der positiven Rechtsverhältnisse zu fordern, wie man bei Cicero sehen kann. Hobbes hat aus diesem Satz etwas radikal anderes gemacht: der Satz gibt jedem Individuum im natürlichen Zustand das Recht nicht nur auf die Erfüllung seiner Bedürfnisse, sondern auf alles ihm überhaupt Erreichbare, so daß jemand, der mächtig genug wäre, alles ihm Beliebende in seine Verfügung zu bringen, dazu von Natur aus ermächtigt wäre. Religionsphilosophisch impliziert dieses Prinzip, daß die Allmacht das Recht zu jedem ihr beliebenden Akt hat: *ius dominandi ab ipsa potentia derivatur* (De cive XV, 5). In der Menschenwelt ist dieser Urzustand des *ius omnium in omnia* das vollendete Chaos; das Naturrecht erzeugt völlige Rechtlosigkeit (De cive I, 11). Die Auflösung dieses Selbstwiderspruches im Naturzustand führt zur Konstruktion des politischen Rechtszustandes, also zur Ableitung des Politischen aus der immanenten Konsequenz des Natürlichen. Der Nullpunkt des Ordnungsschwundes und der Ansatzpunkt der Ordnungsbildung sind identisch. Das Minimum an ontologischer Disposition ist zugleich das Maximum an konstruktiver Potentialität. Von hier aus ist es ein naheliegender Schritt, das staatsphilosophische Modell, das die absolute Gewalt im Staate begründen soll, umzusetzen in eine politische Maxime, die in der Herbeiführung der Anarchie die aussichtsreichste Möglichkeit für die Formierung einer gerechten Ordnung sieht.

Hobbes selbst hat eine Grenze der immanenten Ordnungskonstitution angegeben; in der Widmungsvorrede zu De cive vergleicht er die Moralphilosophie mit der Geometrie – sehr zum Vorteil der letzteren –: wenn die Moralphilosophen die *ratio actionum humanarum* einigermaßen geklärt hätten, gäbe es schon keine Kriege mehr – mit e i n e r Ausnahme, *nisi de loco, crescente scilicet hominum multitudine*. Das Anwachsen der Menge der Menschen macht den Krieg um Lebensraum unvermeidlich. Die Drohung der Übervölkerung, dieses charakteristische Motiv der neuzeitlichen Bestreitung einer natürlichen Teleologie, ist hier zum ersten Male angedeutet. Der Gedanke führt geradenwegs zu Malthus und seinem *Essay on the Principle of Population* von 1798. Wieder setzt sich hier die Präsumtion des Ordnungsschwundes in die Prävention der technischen Verfügbarmachung des Prozesses um. Als Charles Darwin im Jahre 1838 das Buch von Malthus kennenlernte, schrieb er: »Hier hatte ich endlich eine Theorie, mit welcher ich arbeiten konnte.« Erst Darwin hat durch seine biologische Generalisierung das Unordnungsaxiom der Übervölkerung und des aus ihr entstehenden Kampfes ums Dasein als das Ordnungsprinzip der Selektion und der durch sie angetriebenen Evolution der Organismen erkannt. Dabei ist nicht primär der theoretische Erklärungswert wesentlich, sondern die Anwendung des immer sich wiederholenden Schemas der mechanistischen Welterklärung, die Unordnung zum immanenten Potential der Ordnungsbildung zu transformieren. Der schreckliche Gedanke, die Selektion wiederum technisch verfügbar zu machen und durch »Maßnahmen« Evolution zu erzeugen, war nicht eine zufällige Aneignung eines bereitliegenden Gedankens, sondern hat nur die innere Tendenz der neuzeitlichen Wissenschaftsidee ins Maßlose übersteigert. Hier ist nicht von unausweichlichen geschichtlichen Gesetzmäßigkeiten die Rede: Konsequenzen bieten sich an, sie werden ergriffen, aber sie vollstrecken sich nicht »von selbst«. Die Nationalökonomie als Wissenschaft ist nicht weniger vom Axiom des Mangels an Naturgütern ausgegangen und löst sich erst heute mühsam von diesem Ausgangspunkt. Nicht Erfahrungen und Schlüsse aus Erfahrungen haben diese Basis bestimmt, sondern die aus dem dargestellten Zusammenhang von Ordnungsschwund und Selbstbehauptung genährte Vorwegnahme dessen, was Erfahrungen »bedeuten« und erschließbar machen. Immer weniger sind Weltenge und Gütermangel elementare Drohungen, immer mehr werden sie die Anlässe, in der Selbstbehauptung jene Selbstbeständigkeit des Menschen zu vollziehen, von der eingangs gesprochen wurde. Was damit gesagt sein soll, kann ich nochmals mit einem Satz, der freilich erst und nur im 19. Jahrhundert gesagt werden konnte, illustrieren: »... je kleiner die Welt, um so größer der Mensch.«[14]

14 Max Maria von Weber zit. bei Ernst Schnabel, *Deutsche Geschichte im 19. Jahrhundert*, Bd. III, 2. Auflage [Freiburg] 1950, S. 240. Enge, sei sie natürlich, sei sie durch die Technik (des Verkehrswesens z. B.) hergestellt, bedrängt nicht nur, sondern steigert zugleich das in der Kommunikation liegende Potential. Auch hier das Schema der »Umkehrung« des Ordnungsschwundes.

14.
Lebenswelt und Technisierung unter Aspekten der Phänomenologie

In dem zweiten seiner drei Essays über Leonardo da Vinci von 1919 macht Paul Valéry einen seiner zahlreichen offenen oder, noch häufiger, versteckten Ausfälle gegen Pascal; er setzt seinen Helden Leonardo ab gegen die dunkle Folie eines Denkers, der ohne Gefühl für die Kunst und nur besessen vom Risiko der Wette auf das Absolute gewesen sei und dem die Natur nichts anderes als der gähnende Abgrund des Unendlichen am Wege zu seinem Heil war. Von dem Denker und Techniker Leonardo kann er dagegen sagen: *Pas d'abîme ouvert à sa droite. Un abîme le ferait songer à un pont.*

Das ist eine der prägnantesten Formulierungen für den ganz elementaren Sachverhalt, daß es für das Verständnis des neuzeitlichen Phänomens der Technisierung nicht mit der gängigen Antithese von Natur und Technik getan ist, sondern daß im Verhältnis des neuzeitlichen Menschen zur Welt bereits auf der Basis der Anschauung des Gegebenen eine Differenzierung auftritt, in der die Entschiedenheit des Zeitalters vorgegeben ist. Das Bild des Abgrundes gibt dafür die Metapher: Das Auge vom Typus dessen Pascals wird durch die Vertikale im Bild fixiert, die dunkle Unergründlichkeit des Abgrundes bannt den Blick nur deshalb, um das Denken ganz für die Chance der entgegengesetzten Richtung, der Transzendenz, entschlossen zu machen; ein Auge, wie das Leonardos, nimmt spontan die Horizontale im Bilde wahr, die Chance, die beiden Ränder des Abgrundes zu verbinden und das Hindernis zu überbrücken oder in der Leere des Abgrundes den Spielraum für die Erprobung eines mechanischen Vogels zu erblicken. Es gibt nicht nur die Natur, die sich der Technik widersetzt, von ihr zerstört und mißbraucht wird, die die ungeheure Vergeblichkeit der Anstrengungen des Menschen an sich abgleiten und im ständigen Zerschellen seiner Werkzeuge fühlbar werden läßt; sondern es gibt auch die Natur, die wie ein Schrei nach dem Zügel und Zaum des Menschen ist, nach seinen Wegen und Brücken, nach seinen Greifern und Räumgeräten, nach seinen Spielzeugen und nach seiner Konsumlust.

Die Herausforderung, die der neuzeitliche Blick auf die Natur wahrnimmt, hat nichts mehr zu tun mit dem Gedanken, die Natur sei gleichsam für den Menschen vorbereitet, auf seine Bedürfnisse hin disponiert oder sie enthalte doch zumindest das ökonomische Minimum für seine Existenz. Für das Staunen vor der jedes Wesen berücksichtigenden Ordnung, das die Griechen unter dem Titel ihres Kosmos so ausdrücklich als das Motiv für die Erweckung der philosophischen Grundfragen benannt haben, ist weder bei Leonardo noch bei Pascal Raum. Weder der Enthusiasmus vor dem Unendlichen im Stile des Giordano Bruno noch Pascals Erschrekken vor diesem Abgrund enthalten etwas von der Beruhigung zur reinen theoretischen Anschauung, die der Kosmos der Griechen gewährte. Wenn Leonardo nach dem zitierten Ausspruch Valérys angesichts eines Abgrundes an eine Brücke gedacht hätte, so hätte auch er die Stufe des Zurückschreckens nur übersprungen und hinter sich gelassen, aber nicht ausgelassen. Der Akt der Selbstbehauptung, der sich dem Sog des Abgrundes nicht erst aussetzt, bringt ihn doch auch nicht zum Verschwinden. Das Denken von festem Punkt zu festem Punkt, das nicht weniger den Sprung einschließt als das sich der Transzendenz überliefernde, zieht seine Notwendigkeit, seine Energie gerade aus dem Unbehagen an seinen nicht zu schließenden Diskontinuitäten. Soweit die Neuzeit philosophische Probleme eigener Prägung überhaupt sich gestellt sieht, erwachsen sie aus dem Unbehagen, aus Lockes ›*uneasiness*‹, nicht mehr aus dem Erstaunen. Deshalb ist das Problem der Technik ein so charakteristisches Element neuzeitlichen, gegenwärtigen Denkens, obwohl das Problem der Technik noch kaum von den Problemen der Technik (einmal im *genitivus obiectivus,* einmal im *genitivus subiectivus* gesprochen) sauber isoliert worden ist. Wir sind zwar mit Ontologien, Theologien und vor allem Dämonologien der Technik reich bedacht; aber gerade das hat schnell den Überdruß erweckt, nach dem man das Wort ›Technik‹ nur noch aus dem Munde des Technikers hören möchte. Die Produktivität des philosophischen Betriebes wirkt so ihrerseits mit, jenes Unbehagen ständig zu erzeugen, aus dem Philosophie sich neuerdings nährt.

Unter der Masse des Geredeten und Gedruckten, in der nichts ungesagt geblieben zu sein scheint, mag sich das Problem der Technik verborgen haben, denn im zu viel Befragten entzieht sich das Fragwürdige viel gründlicher als im noch Unbefragten, als das die

Griechen die Welt vorgefunden hatten. Immer wenn die Philosophie zu bereitwillig glaubte, an der Lösung ihrer Probleme zu sein, mußte sie die furchtbare Enttäuschung hinnehmen zu erfahren, daß sie diese Probleme selbst noch nicht entdeckt bzw. für zu selbstverständlich gestellt gehalten hatte. Ordnungsrufe haben in dieser Situation immer trivial, lästig, einfältig, störend für das vermeintlich im Zuge Befindliche geklungen. So etwa am Anfang unseres Jahrhunderts der Ordnungsruf Edmund Husserls ›Zu den Sachen selbst!‹. Die Philosophie, im vollen Zuge der Kritik an allem anderen, wurde wieder einmal zur Kritik ihres eigenen Gegenstandsbezuges zurückgerufen. Das knappe Jahrhundert einer sich so benennenden Philosophie der Technik, das seit dem Erscheinen von Ernst Kapps »Grundlinien einer Philosophie der Technik. Zur Entstehungsgeschichte der Cultur aus neuen Gesichtspunkten« (1877) vergangen ist, hat eine genügend verdächtige Selbstverständlichkeit dessen geschaffen, daß wir wüßten, was im Falle der Technik ›die Sache selbst‹ sei; diese Bestimmung der Sache selbst liegt in der konsequenten Entfaltung des Mottos, das Kapp seinem Buche vorangestellt hatte: *Die ganze Menschengeschichte, genau geprüft, löst sich zuletzt um die Geschichte der Erfindung besserer Werkzeuge auf.*

Dementsprechend ruft uns der Begriff ›Technik‹ eine bunte Vorstellungsreihe ins Bewußtsein: Apparate, Vehikel, Antriebs- und Speicherungsaggregate, Instrumente manueller und automatischer Funktion, Leitungen, Schalter, Signale usw. – ein Universum von Dingen also, die um uns herum funktionieren, deren vollständige Klassifizierung oft und wenig befriedigend versucht worden ist, deren im Begriff ›Technik‹ gemeintes Einheitsmoment nicht erfaßbar zu sein scheint und darum nominalistisch unfragwürdig gemacht ist. Mit entsprechender begrifflicher Genügsamkeit läßt sich dann ›Technisierung‹ als die ständige Vermehrung und Verdichtung dieser Dingwelt verstehen.

I.

Aber wo liegt das ›Problem‹ der Technik? Wo kann es liegen, da doch jedes dieser technischen Dinge, deren Existenz auf Konstruktion beruht, kein anderes Problem als das wiederum technische seiner Verbesserung oder Überflüssigmachung stellt und im übrigen als Gegebenheit im Hinblick auf die prinzipielle Einsehbarkeit seines Konstruktionsplanes problemfrei ist. Der Betrachter eines Baumes steht vor einer unabsehbaren und, wie wir heute glauben müssen, unerschöpflichen theoretischen Dimension; der Betrachter einer Lokomotive hat ein Ding vor sich, dessen sämtliche Daten in den Konstruktionsbüros einer Fabrik aufbewahrt werden.

Das Problem der Technik scheint aus der Summierung jener Probleme zu resultieren, die mit den *Nebenwirkungen* technischer Leistungen zusammenhängen: der Verkehrsunfall, der Lärm der Maschinen, die Abgase, Abfälle, Abwässer der industriellen Anlagen, das von den Maschinen unserer Arbeit aufgenötigte Tempo und die Abweichung von den natürlichen Lebensrhythmen einschließlich der Monotonisierung der industriellen Arbeit usw. Bei dieser Bestimmung des Problems haben die Optimisten der Technik leichtes Spiel, denn das alles sind schließlich immanent-technische Probleme, die oft von der Technik schon gelöst sind, deren Lösungen jedoch ökonomisch noch nicht rentabel oder im Hinblick auf soziales Prestige reizlos sind und daher nicht realisiert wurden. Diese Art von Problematik kann das Problem der Technik nicht hergeben, weil sie schließlich darin aufgeht, sehen zu lassen, daß die Sphäre der technischen Dinge und Leistungen noch zu wenig technisch ist, noch hinter ihrem eigenen Prinzip zurücksteht. Als 1936 Chaplins grausame Filmsatire »Modern Times« dem Unbehagen an der Technik die drastischsten Bilder von der Dienstbarkeit des Menschen an den Mechanismen lieferte, wußte jeder technisch Verständige seit langem, daß der mit seinem Schraubenschlüssel dem Fließband verzweifelt nacheilende Roboter technisch gesehen bereits eine fossile Erscheinung war, deren Existenz bzw. Fortexistenz in anderen als technischen Zusammenhängen begründet war. Ein Denken, das in dieser Richtung auf die Technik oder gegen die Technik reagieren zu können glaubt, wird sich sehr schnell vor der Konsequenz finden, die *Vollstreckung* des Prinzips der Technizität, statt seiner Einschränkung und Überwindung, fordern zu müssen. Es war zuerst und an einer sehr bedeutsamen Stelle Rousseau, der aus der Einsicht in die Nichtumkehrbarkeit der Geschichte seine Kritik am Gesellschaftszustand seiner Zeit mit dem Postulat der totalen Vollstrekkung des in diesem Zustand wirksamen Prinzips verbunden hatte;[1]

1 *De la société générale du genre humain*, 1. Fass., Kap. 2 des *Contrat social*, das in die definitive Fassung nicht aufgenommen wurde. Kant hat den Ausdruck *art pérféc-*

gegen seinen Kritiker Diderot gewandt, fordert er nicht die Rückkehr zur Natur, sondern den konsequenten Durchvollzug der Künstlichkeit im Gefüge der menschlichen Vergesellschaftung: *Montrons-lui, dans l'art perfectionné, la réparation des maux que l'art commencé fit à la nature …*

Hier zeigt sich, wie der Historismus durch seine Einsicht in die Irreversibilität der Geschichte mit der Kultur- und Gesellschaftskritik zusammen die Dynamik der inneren Tendenzen der Neuzeit gesteigert hat und noch heute steigert, auch in bezug auf das die Technisierung tragende Bewußtsein.

Aber mit dieser Kritik an einem verfehlten Ansatz des Problems wissen wir noch nicht mehr von unserer ›Sache selbst‹. Der Blick auf die Sache selbst ist uns weithin verstellt durch die Herrschaft der schon erwähnten Antithese von Technik und Natur oder, noch etwas vorläufiger gesagt, durch die Assoziierung dieser beiden Begriffe in unserer Tradition seit den Griechen.[2] In dieser Koppelung hat der Begriff ›Technik‹ den begriffsgeschichtlichen Wandel mitgemacht, den der Begriff ›Natur‹ von einem Begriff des erzeugenden Prinzips von Gegenständen zu einem Inbegriff der erzeugten Gegenstände selbst, also von der Akzentuierung der *natura naturans* zur Betonung der *natura naturata*, erfahren hat: Was die Griechen

tionné in diesem Zusammenhang von Rousseau übernommen und zu der Form gebracht, daß *vollkommene Kunst wieder zur Natur wird* (Akademie-Ausgabe, Bd. XV/2, S. 887, 896). ›Kunst‹ ist hier das Ganze der durch Freiheit möglichen Lebensform: *Moralität ist eine Sache der Kunst, nicht der Natur* (Reflexion 1454, ebd., S. 636). Der Hindurchgang durch die Künstlichkeit führt freilich nur in einem *formalen* Sinne ›wieder zur Natur‹, nämlich zu dem *material* ganz heterogenen Korrelat einer wiederum *zweckmäßigen Einrichtung* als einem *System der Glückseligkeit* (ebd., S. 896). Solche formale Übereinstimmung als Zielvorstellung zu konstituieren, ist der regulative Sinn des Hinblicks auf den Naturzustand, der Rousseaus ›Lebenswelt‹ ist: *Rousseau will nicht, daß man in den Naturzustand zurückgehen, sondern dahin zurücksehen soll* (ebd., S. 890). An dieser Differenz eines einzigen Buchstabens entzünden sich vielleicht die meisten Mißverständnisse und heftigsten Zerwürfnisse des von Rousseau herrührenden geistigen und politischen Zustandes der folgenden zwei Jahrhunderte.

2 Meine erste Arbeit zum Problem der Technik nahm die traditionelle Antithese noch ganz selbstverständlich als Thema auf: »Das Verhältnis von Natur und Technik als philosophisches Problem«, in: *Studium Generale*, Bd. IV (1951), S. 461-467 [in diesem Band S. 17-19]. Anders dann in dem Brüsseler Kongreßvortrag: »Technik und Wahrheit«, in: *Actes du XIème Congrès International de Philosophie*, Bd. 2, Brüssel 1953, S. 113-120 [in diesem Band S. 42-50].

unter ihrer *techne* verstanden hatten, waren primär diejenigen Fertigkeiten und Geschicklichkeiten, die bestimmte Leistungen und Produkte hervorzubringen vermochten und die man im Absehen und Nachmachen erlernen konnte, so wie man heute noch eine ›Technik‹ – im Sport etwa – erlernen kann. Daß man eine Technik in diesem Sinne erlernen konnte, daß man sich auf die Sache verstehen konnte, ohne die Sache selbst zu verstehen und die Notwendigkeit der Verrichtung auf das Wesen dieser Sache zurückführen zu können, unterschied das technische Sich-Verstehen-auf von dem theoretisch-wissenschaftlichen Verhältnis zum Gegenstand; aber letztlich mußte die Tradition des Erlernens und Nachmachens doch zurückgehen auf einen, der die Fertigkeit aus der Einsicht ein für allemal gewonnen hatte, der das der Sache Angemessene aus der Erkenntnis dieser Sache zu entwickeln gewußt hatte, so daß doch Technik und Wissen, Fertigkeit und Einsicht in der Wurzel zusammenliefen und im Grunde ein und dasselbe waren.

Die Trennung von Sachverstand und Sachbeherrschung wurde den Griechen als eine große Möglichkeit, als Angebot und Versuch zugleich, vorgeführt durch die von der *Sophistik* repräsentierte Einstellung. In der zweiten Hälfte des 5. Jahrhunderts wurde der Typus der freigesetzten und isolierten ›Technik‹ zum ersten Male dargestellt, und zwar auf dem Felde der Politik und des Rechtswesens. Das sophistische Angebot versprach eine Ausbildung, nach der man nur noch zu wissen brauchte, *wie* man es macht, die die Handgriffe und Kunstregeln beherrschen lehrte, die zu einem beliebigen Ziele zu führen vermochten unter Absehung von jeder Einsicht in Recht, Grund und sachliche Notwendigkeit der übermittelten Formulare. Unsere ganze Tradition ist durch den wirksamen Widerstand bestimmt worden, der mit Sokrates aus dem Schoße der Sophistik selbst sich gegen diese stellte und die Forderung formulierte, alles Können stets im Horizont des Erkennens zu halten, alle Geschicklichkeit nicht aus der sie begründenden Einsicht zu entlassen, alle Richtigkeit durch die Frage nach der Rechtlichkeit normieren zu lassen. Die Philosophie hat ihre klassische Höhe in der Antike nicht nur durch ihre Absetzung von der Rhetorik erreicht, sondern damit auch in ihre Fundamente diejenigen begrifflichen Festlegungen aufgenommen, mit denen die Rhetorik als eine auf das Seiende, als das Wahre und Gute, unbezogene bloße Technik fernerhin ins Unrecht gesetzt werden konnte. Es war nicht nur der Vorrang der theoretischen Anschauung als der menschlichen Vernunft angemessenen Haltung, sondern noch mehr der Vorrang eines vom Menschen unberührten und unberührbaren Gegenstandsbereiches, der alles Technische und Künstliche dem Natürlichen entgegensetzte und jenem nur in der Herkunft von diesem, also in der *Mimesis*, Sinnhaftigkeit zubilligte. Die Trennung von Philosophie und Rhetorik, von Theorie und Technik, von *scientia* und *ars* hat sich freilich gerade dann nicht bewährt, wenn die Philosophie mit ihrem an sich selbst gestellten absoluten Anspruch am Ende ihrer Möglichkeiten zu sein schien, wie in der Spätantike und im ausgehenden Mittelalter; immer dann verselbständigten sich die *artes*, zogen den Namen der Philosophie auf sich und demonstrierten, was alles der Mensch kann, ohne jeweils bis ins Letzte zu wissen, warum er es kann. Die am Ende beider Zeitalter mit ihren Mitteln in der Skepsis einerseits, in der Mystik andererseits ans Ende gekommene Philosophie gibt dem um seine Rechtfertigung unbesorgten Können den Weg frei, und in beiden Fällen finden wir belegt, daß der Ingenieur ebenso wie der Geometer mit dem Namen *philosophus* belegt erscheint.[3] Es war zum Schicksal der Philosophie geworden, die Selbstbehauptung ihrer Substanz nur gegen die ›Technik‹ im weitesten Sinne leisten zu können.

Auf diesen geschichtlichen Voraussetzungen beruht die gegenseitige Bedingtheit der traditionellen Fragestellungen sowohl nach der Natur als auch nach Kunst und Technik (die beide aus der gemeinsamen Begriffswurzel des ›Künstlichen‹ herkommen). So kann es zur Frage nach der ›natürlichen Natur‹ kommen, und zwar auf der Suche nach einer normativen Orientierung für die ursprüngliche Bestimmung und Einordnung des menschlichen Daseins in der Welt. Das Künstliche erscheint dabei als eine Überlagerung der Grundschicht des Natürlichen und kann durch ein Verfahren der ›Subtraktion‹ wieder freigelegt werden. Lukrez hat im 5. Buch seines Lehrgedichtes »De rerum natura« die nachhaltig auf alle neuzeitlichen Formen der Kulturkritik wirksame Vorstellung von einem vortechnischen Daseinsstatus des Menschen entwickelt, der durch die spontanen Erfindungen des Menschen zum Kulturzustand verfälscht und entstellt worden ist. Die authentische Reihe der *inventiones* von der menschlichen Urleistung der Erzeugung und

3 Ernst R. Curtius, *Europäische Literatur und lateinisches Mittelalter*, Bern 1948, S. 213-218.

Hegung des Feuers über die Erfindung des Pfluges, des Ackerbaues, der Bekleidung und der Wohnung, der Vergesellschaftungsformen, Sitten und Gesetze, der Ehe, der Sprache, des Eigentums und der Religion ist in der weiteren Tradition und Variation dieses Schemas immer wieder in charakteristischer Weise umgebildet worden. Trägt man diese Kulturschicht ab, so tritt der Urmensch des Lukrez zutage, der noch nicht als aus dem Tierreich hervorgehend gedacht, sondern von Anfang an spezifisch menschlich ist, aber ein Mensch, der dennoch die Lebensform der Tiere hat: *vitam tractabant more ferarum.*[4] Und das sollte sagen, der Mensch sei seiner ursprünglichen und verbindlichen Natur nach ein atechnisches Wesen, aufgehend in der dumpfen Nutznießung des von der natürlichen Umwelt Gebotenen und damit ohne ungestillte Bedürfnisse, ohne Staunen und Furcht, ohne Fragen. Irgendwann muß es nach diesem Schema zu einer Deviation gekommen sein, zu jener Ursünde, in der der Mensch die Selbstgestaltung seines Daseins unabhängig von der Vorgegebenheit der Natur machen und sich selbst zum anspruchsvollen und befragenden Gegenspieler des Gegebenen erheben wollte. Lukrez sieht das sogleich als einen Akt der Selbstermächtigung des Menschen gegenüber der Natur: *homines voluerunt se … potentes.*[5] Als der Mensch begann, seine Welt mit den *novae res*, den Neuerungen seiner Erfindungskraft, anzufüllen, begann er nicht, seine natürliche Anlage zu vollstrecken und zu aktualisieren, sondern er hörte damit auf, das wesenhaft ausgereifte und weltfähige Naturgeschöpf in seiner ursprünglichen Ausgewogenheit zu sein. Was in diesem Schema an kulturkritischer Potenz steckt, ist auf den ersten Blick erkennbar; diese Potenz voll auszuschöpfen, blieb Rousseau vorbehalten, insbesondere wohl deshalb, weil er die bei Lukrez noch unverstehbare Tatsächlichkeit des menschlichen Willens zum Überflüssigen assoziierte mit der durch das Christentum bewußtseinseigen gewordenen Vorstellung vom Sündenfall und vom Verlust des Paradieses. Dieses höchst virulente Amalgam hat das zwiespältige Verhältnis des modernen Menschen zu seiner technischen Kulturwelt nachhaltig bestimmt. Aber es diente mehr zur Orientierung der Wertung als des Verstehens. Denn trotz der durchscheinenden Vertrautheit des Sündenfallmotivs blieb gerade der Übergang aus der Selbstgenügsamkeit des Naturzustandes in

4 [*De rerum natura,*] V 932.
5 Ebd., V 1120.

das Luxurieren des Erfinderischen unverstehbar oder nur vermeintlich verstanden, also im Grunde jene *fortuna*, die bei Lukrez aus dem Atomwirbel eine Welt entstehen ließ.[6] Daß es um das Problem dieses *Überganges* aber gerade geht, meinen wir damit anzuzeigen, daß wir von ›Technisierung‹ als einem Prozeß, nicht von Technik als einem Gegenstandsbereich, zu sprechen beabsichtigen.

Dieses Problem bleibt natürlich verdeckt, wenn man es als ein fragloses Ergebnis der philosophischen oder biologischen Anthropologie übernimmt, daß der Mensch als in der Natur vorkommendes und durch seine Produkte bezeugtes Wesen überhaupt nur dadurch in seiner Erkennbarkeit definiert werden könne, daß er Feuer und Werkzeuge gebraucht und deren Spuren hinterläßt, also von vornherein und kraft seiner Definition ein *homo faber* sei. Weder die Antithese von Natur und Technik, wobei ›Natur‹ als Differenz aus der Subtraktion der Kulturschicht resultiert, noch die Voraussetzung von der ›natürlichen‹ Technizität des Menschen führt an das Problem heran, das in der Technisierung als einem spontan in der Geschichte einsetzenden Prozeß besteht, der in keiner verstehbaren Beziehung zur Natur des Menschen mehr zu stehen scheint, sondern im Gegenteil rücksichtslos die Anpassung dieser seinen Anforderungen gegenüber mangelhaften Natur erzwingt.

2.

Es liegt methodisch nahe, die Wege der alten, von Vorgegebenheiten der metaphysischen Anthropologie bestimmten Fragestellungen dadurch zu verlassen, daß man die Forderung einer phänomenologischen Betrachtungsweise zur Geltung kommen läßt, die auch bei diesem Problem eine Philosophie des unbefangenen Anfangens einleiten will. Mögen wir uns seit Descartes auch noch so sehr dessen bewußt geworden sein, daß der reine und geschichtslose Anfang nie gegeben war und nicht vollziehbar ist, so bleibt doch die Verbindlichkeit dieses Anspruches der Unbefangenheit als uns ständig beanspruchende Idee bestehen.

Es wäre also zu fragen, ob die uns vorliegende Phänomenologie, in der methodischen Gestalt, die Edmund Husserl ihr gegeben hat,

6 Ebd., V 960.

einen Ansatz für das Problem der Technisierung bietet, und zwar – der Radikalität dieses Problems entsprechend – im Bereich der ganz elementaren phänomenologischen Analyse. Husserl selbst hat uns in seinem zwischen 1934 und 1937 entstandenen Spätwerk »Die Krisis der europäischen Wissenschaften und die transzendentale Phänomenologie« unübersehbare Hinweise darauf gegeben, daß zumindest er selbst die Errungenschaften seiner Methode für dieses Problem als fruchtbar erachtete, indem er die Einsichten des eidetischen und transzendentalen Verfahrens der Phänomenologie zum erstenmal auf die Ebene der historischen Genesis unserer geistigen Welt projizierte. Dabei diente Husserl die Sphäre der historischen Fakten nur als Symptomschicht für die Erschließung verborgener Sinnzusammenhänge, die sich für ihn schließlich zu einer Vorstellung von der Zielstrebigkeit der europäischen Geschichte formieren sollten. Ich stelle nicht für einen Augenblick in Abrede, daß eine solche *Teleologie* die Zuständigkeit der strengen phänomenologischen Deskription und Analyse überschreitet und das Recht der Vermutung für sich in Anspruch nimmt, die freilich allen Zweifeln gegenüber offensteht. Aber Spekulation ist nicht Willkür der Fiktionen; sie hat ihre eigene Art der Rechtfertigung und ihre spezifische Vorsicht der Anwendung. Ich möchte zunächst verständlich machen, in welchem Konsequenzverhältnis diese Altersspekulation Husserls zum frühen Einsatz der Phänomenologie steht.[7]

Die Phänomenologie möchte *beschreiben*, was uns gegeben ist und wie es uns gegeben ist; und sie stößt dabei, als auf das Nächstgegebene, auf den schlichten Sachverhalt, daß unser Bewußtsein überhaupt nur darin besteht, daß ihm etwas gegeben ist, daß es eben etwas bewußt hat. Für diesen trivial erscheinenden Sachverhalt hat Husserl von Brentano den Begriff der *Intentionalitat* übernommen. Mit diesem Ausdruck habe sich die Phänomenologie gegen eine atomistische Auffassung des Bewußtseins abgesetzt, die die Gegenstände als Assoziationen von Daten im Strom des Bewußtseins interpretiert hatte. Als wesentlich wurde jetzt herausgehoben, daß alles Bewußtsein seine Gegenstände nicht nur ›hat‹, sondern daß es

7 Husserls Werke werden, wo nicht anders angemerkt, zitiert nach: Edmund Husserl, *Gesammelte Werke. Husserliana*, Den Haag 1950ff., unter Angabe von Band- und Seitenzahl. Die hier thematisch zentrale »Krisis«-Abhandlung steht in Bd. VI, erschienen 1954.

immer in der Intention auf die je mögliche volle Gegebenheit seiner Gegenstände steht. Das Bewußtsein ist eine sinnvoll gerichtete Leistungsstruktur, durchwirkt von einer unablässigen Zielstrebigkeit, die von der leeren Vermeinung in der bloßen Appellation eines Namens sich hinspannt auf die erfüllte und keine Möglichkeit der Bestimmung noch offenlassende *Anschauung*. Das alltäglich-praktische Leben unterbricht zwar ständig den Vollzug solcher Erfüllung des Gegenständlichen und begnügt sich notgedrungen mit Anschauungsfragmenten, mit dem Hindeuten und Nennen, mit der Formel und dem Zeichen; aber der theoretische Anspruch, nur einmal sich selbst überlassen und unbeirrt in Kraft gesetzt, durchläuft die Fülle der dem Gegenstand gegenüber einnehmbaren Perspektiven. Das Bewußtsein genügt sich nie in einem statischen Vorsichhaben, sondern es hat immer seine Richtung, die in inneren erschließbaren Zusammenhängen des Gegenstandes vorgezeichnet ist. Gegenstände sind nicht Konglomerate von Bewußtseinsinhalten, sondern deren *ursprüngliche Identifizierbarkeit*, ihre Zuordnung zu je einem *Identitätspol*.[8]

Es läßt sich leicht sehen, daß Husserl der mechanistischen Auffassung des Bewußtseins in der Psychologie des ausgehenden 19. Jahrhunderts eine Deutung der Bewußtseinsphänomene entgegengestellt hat, die schon im Ansatz auf eine Teleologie des Bewußtseins hinausläuft. Diese Konsequenz hat sich Husserl selbst erst sehr spät gezeigt, sie wird aber dem durch das Alterswerk geschärften Blick spätestens in der Ausweitung der Problematik des Gegenstandes zur Problematik des Gegenstandshorizontes faßbar. Im Gegenstands*horizont* wiederholt sich jene Struktur ursprünglicher Zuordnungen und unter sich verweisender Zusammenhänge, die Husserl zunächst in der Struktur der sich erfüllenden Anschauung des Gegenstandes aufgedeckt hatte. Der ›Innenverweisung‹, der die Bewegung der Gegenstandserfahrung folgt, entspricht die im Horizont der Gegenstände orientierende ›Außenverweisung‹, die auf einer im aktualen Gegebensein immer mitenthaltenen Typik des Fortganges der Erfahrung beruht. Diese Verweisungsstruktur setzt zwar die bruchlose und widerspruchsfreie Einstimmigkeit des Gegebenen voraus, die Husserl auch die *universale Normal-*

8 Husserl, *Formale und transzendentale Logik*, Halle 1929, S. 139, 146 (jetzt auch in: *Husserliana* XVII, 1974, wo die Paginierung der ersten Ausgabe angegeben wird).

stimmigkeit der Erfahrung nennt und in der es fundiert ist, daß wir das uns Gegebene als Wirklichkeit bewerten und uns gelten lassen: aber die Horizontstruktur ist mehr als die Einheit dieser negativen Bestimmung, sie ist so etwas wie eine morphologische Bestimmtheit.[9] Die Intentionalität des Bewußtseins erfüllt sich in letzter Instanz in dem umfassendsten Horizont aller Horizonte, in der ›Welt‹ als der regulierenden Polidee aller möglichen Erfahrung, dem System, das alle Möglichkeiten der Erfahrung in letzter Einstimmigkeit hält und innerhalb dessen sich die Erfahrungsgegebenheiten erst als reale bestätigen können.[10] So wie Husserl in seinen frühesten Analysen die Sinnesdaten des Sensualismus als von dem gegenständlichen Untergrunde nicht abtrennbare Merkmale beschrieben hatte, die nur durch einen als *Pointierung*[11] bezeichneten Akt vergegenständlicht worden seien, so wird in der ›Welt‹ als dem Horizont aller Horizonte das Gegenständliche seinerseits in einem der Pointierung analogen Akt isoliert und herausgehoben. Auch ›Natur‹ – und darauf kommt es im Zusammenhang unseres Themas nun an – ist das Ergebnis solcher Pointierung, ist also ein abgeleiteter und mit Welt nicht gleichursprünglicher, schon verengter Gegenstandshorizont. Natur, das deutet sich hier schon an, kann nicht der Gegenbegriff der Technik sein, weil im Naturbegriff selbst schon eine Verformung und eben Pointierung der ursprünglichen Weltstruktur vorliegt.

Entscheidend ist aber nun, daß Husserl in seinem Spätwerk den in der Intentionalität des Bewußtseins gefundenen Ansatz auf die

9 *Husserliana* VI, S. 464.

10 Ebd., S. 283.

11 Ders., *Logische Untersuchungen*, Bd. II/1, 4. Auflage Halle 1918, S. 130 (= *Husserliana* XVIII). Rückblickend hat Husserl den Ansatz der weiteren Entwicklung der Horizont- und Weltproblematik in den »Logischen Untersuchungen« darin erkannt, daß er *dort mit den okkasionellen Urteilen und ihrer* Bedeutung *nicht fertig werden* konnte (*Formale und transzendentale Logik*, S. 177A). Tatsächlich drängt alles auf die ›Übertragung‹ der Intentionalitätsstruktur von der Objektimmanenz auf die Objekttranszendenz hin, also auf die Intentionalität der *Situationshorizonte* usw. Die vom eidetischen Anspruch her so lästige Okkasionalität der Bedeutungen enthüllte sich als bedingt durch den unaufhebbaren Sachverhalt, daß jedes Erlebnis seinen *Horizont nichterblickter Erlebnisse* hat (*Husserliana* III, S. 201). Die Mitgegebenheit des Ungegenwärtigen hat die Funktion einer *Idee im Kantischen Sinne* (ebd., S. 202). Husserl formuliert es als einen *eidetisch gültigen und evidenten Satz*, daß *kein konkretes Erlebnis als ein im vollen Sinne selbständiges gelten kann* (ebd.; von mir korrigiert: *Selbständiges*).

Geschichte ausdehnt. Hier erst bekommt die Horizontstruktur ihren vollen Sinn: Das in aller Erfahrung Mitgegenwärtige kann nun die Erinnerung einer ganzen Kulturgemeinschaft sein, ihr Traditionsbesitz, aber auch ihre in die Zukunft gerichteten Erwartungen, die von einem ganz bestimmt geprägten Möglichkeitsbewußtsein abhängig sind. Wenn schon der frühe Husserl der »Logischen Untersuchungen« an der Dingwahrnehmung gezeigt hatte, wie sich aus den *Partialintentionen* eine diese durchziehende *Gesamtintention* integriert, so gewinnt dieses Schema für ihn erst am Gegenstand der Geschichte seine ganze erhellende Mächtigkeit. Vor dem Auge des Phänomenologen verliert die Geschichte den Schein der Faktizität: Daß der Mensch Geschichte hat, kann ihm nur bedeuten, daß er auch im Zuge der Generationen und Epochen bei dem bleibt, was in der Grundstruktur des Bewußtseins unausschlagbar angelegt ist, also bei der Vollstreckung der Intentionalität. In einer schon 1939 von Eugen Fink veröffentlichten Niederschrift aus dem Jahre 1936[12] hat Husserl an dem freilich seiner Absicht sehr gemäßen Beispiel der Geschichte der Geometrie die Differenz zwischen einer bloßen Tatsachenhistorie und seiner Form der Betrachtung der Geschichte als einer *inneren Sinnesstruktur* herausgestellt: *Alle Tatsachenhistorie verbleibt in Unverständlichkeit, weil sie, immer nur naiv geradehin von Tatsachen schließend, den allgemeinen Sinnesboden, auf dem solche Schlüsse insgesamt beruhen, nie thematisch macht, nie das gewaltige strukturelle Apriori, das ihm zu eigen ist, erforscht hat.*[13]

Die hier geforderte *innere Historie* darf nicht nur, sondern sie muß tendieren nach der *höchsten Frage einer universalen Teleologie der Vernunft.*[14] Der Gegenstand ›Geschichte‹ erfährt damit in der letzten Konsequenz der Phänomenologie folgende Bestimmung: *Geschichte ist von vornherein nichts anderes als die lebendige Bewegung des Miteinander und Ineinander von ursprünglicher Sinnbildung und Sinnsedimentierung.*[15]

Aber diese Bestimmung der Geschichte ist nicht nur eine Frage ihrer wissenschaftlich-theoretischen Bewältigung, sondern es ist zugleich die Bestimmung der allen in der Geschichte lebenden und

12 *Husserliana* VI, S. 365 ff.
13 Ebd., S. 380.
14 Ebd., S. 386.
15 Ebd., S. 380.

sie mitvollziehenden Subjekten aufgegebenen Selbstbestimmung und Selbstverantwortung, der Selbstbestimmung zu ihrer Funktion in der Geschichte. Es wird sich nun zeigen, daß das Problem der Technik wesentlich mit der *Verantwortung* der Geschichte durch den Menschen zu tun hat, und zwar noch bevor fühlbar und eindrucksvoll werden konnte, daß die Technik real das Dasein des Menschen bestimmt, ja über seine Möglichkeit entscheidet.

3.

In Husserls Auffassung von der Geschichte gibt es ein eigentümliches Stück cartesischen Erbes: Geschichte, als der von ihm gesehene Prozeß der Sinnbegründung und Sinnentfaltung, hat einen *Anfang*. Das ist keineswegs selbstverständlich, wenn wir bedenken, daß der Einzelne sich immer schon ›umschlossen‹ von Geschichte vorfindet und daß wir daher von einem solchen Anfang keine Erfahrung haben können. Für den mit Descartes Vertrauten ist freilich ein Modell gegeben in dem Entschluß des so lange als Begründer der Neuzeit gehenden Denkers, ein einziges Mal in seinem Leben und damit ein für allemal mit dem Geschäft der Erkenntnis ganz von vorn und von Grund auf zu beginnen. Wir brauchen hier nicht in eine Diskussion der Frage nach dem Cartesianismus Husserls einzutreten,[16] um doch unzweifelhaft wahrzunehmen, welchen nachhaltigen Eindruck jener Entschluß des Descartes auf Husserls eigenes Unternehmen gemacht hat. Daher kann es für ihn so etwas wie den cartesischen Entschluß zum radikalen Anfang auch als *Urstiftung* der ganzen europäischen Geistesgeschichte geben: im ersten Ergreifen der theoretischen Einstellung durch die Griechen. Daß hier von einer ›Umstellung‹ gesprochen werden kann, setzt einen Primärzustand voraus, der noch nicht theoretisch geprägt war, sondern von einer *natürlichen, urwüchsigen Einstellung, von der des ursprünglich natürlichen Lebens*; und dieser Zustand entspricht der *ersten ursprünglich natürlichen Form von Kulturen.*[17] Die europäische Geschichte entfaltet sich aus einem Entschluß zu einem

16 Hierzu: Ludwig Landgrebe, »Husserls Abschied vom Cartesianismus«, in: *Philosophische Rundschau*, Bd. 9 (1962), S. 133-177.

17 *Husserliana* VI, S. 327.

festen Stil des Willenslebens des europäischen Menschentums.[18] Dieses Bild des geschichtlichen Anfanges entspricht sicher dem Ethos des Philosophierens und des Menschenbildes, wie es für Husserl verbindlich war; aber in der Entfaltung des Ansatzes der Phänomenologie und ihres Begriffes von der Intentionalität des Bewußtseins ist es eine Inkonsequenz, einen solchen *Anfang* der theoretischen Einstellung anzunehmen und ihm eine heterogene Phase der ursprünglichen Natürlichkeit der menschlichen Welteinstellung vorausgehen zu lassen. Wenn seinem intentionalen Wesen nach das Bewußtsein auf erfüllte Anschauung angelegt ist, dann kann zwar das *Telos der Intentionalität* in seinem letzten Anspruch unerfüllt, ja unerkannt bleiben, verdrängt durch andere Lebensansprüche und Notwendigkeiten, aber es kann nicht als etwas Neues gleichsam erfunden werden, sondern nur aus seiner intentionalen Implikation heraustreten, durchbrechen zur Formulierung und Anerkenntnis als einer *Aufgabenidee.* Wenn das Bewußtsein Intentionalität ist, wenn die Möglichkeit der erfüllten Anschauung, der Evidenz, die Einheit seiner Gegebenheiten bestimmt, dann ist die Vorstellung einer natürlichen, vortheoretischen Urwüchsigkeit eine mythische Fiktion.[19]

Die doppelte Bedeutung der *Lebenswelt* Husserls als geschichtliche Ausgangsposition der theoretischen Umstellung einerseits und als immer mitgegenwärtige Grundschicht des in aufgestuften Interessen differenzierten Lebens belastet diesen Begriff mit der Gefahr, in eine Reihe gerückt zu werden mit den immer wieder vergeblichen Versuchen, so etwas wie die ›natürliche Natur‹ zu finden und als Norm des ursprünglich und eigentlich geschuldeten Lebens vorzuweisen. Dagegen steht die Definition von Lebenswelt, die Husserl

18 Ebd., S. 326.

19 In der ganzen Phänomenologie ist die ›Kontinuität‹ zwischen dem natürlichen Bewußtseinsleben und seiner Erfüllung in der Evidenz so selbstverständlich, daß z. B. von *Wissenschaft im historisch ältesten Sinne* als einer *naiv geradehin sich vollziehenden Auswirkung der theoretischen Vernunft* gesprochen werden konnte (Husserl, *Formale und transzendentale Logik*, S. 1). Und Evidenz ließ sich bestimmen *als* eine *universale, auf das ganze Bewußtseinsleben bezogene Weise der Intentionalität, durch sie hat es eine universale teleologische Struktur, ein Angelegtsein auf ›Vernunft‹ und sogar eine durchgehende Tendenz dahin* (ebd., S. 143). Aber der große ethische Appell des »Krisis«-Unternehmens erforderte so etwas wie einen verantwortlich-verbindlichen Willensakt am Anfang unserer ›eigentlichen‹ Geschichte.

gegeben hat, als eines *Universum[s] vorgegebener Selbstverständlichkeiten.*[20] ›Selbstverständlichkeit‹ ist aber bei Husserl keineswegs ein positiver Wert, kein Ausdruck von Geborgenheit des Daseins im Festen und Unfragwürdigen. Im Gegenteil: das Selbstverständliche ist der Gegenbegriff zu jener ›Selbstverständigung‹, die für Husserl die eigentliche Aufgabe einer phänomenologischen Philosophie zu sein hat. Es ist ja nicht nur das Wesen des Selbstverständlichen, daß ihm irgendein Unverstandensein gar nicht zugetraut wird, sondern darüber hinaus, daß es eine schützende Sanktion darstellt, die alle in diesen Bezirk eindringenden Fragen als Vorwitz und Neugierde desavouiert. Von dieser Art ist die Lebenswelt – unabhängig davon, ob sie jetzt als Vorwelt oder als Mitwelt betrachtet wird – als der zu jeder Zeit unerschöpfliche Vorrat des fraglos Vorhandenen, Vertrauten und gerade in diesem Vertrautsein Unbekannten. Alles, was in der Lebenswelt wirklich ist, spielt in das Leben hinein, wird genutzt und verbraucht, gesucht und geflohen, aber es bleibt in seiner Kontingenz verdeckt, d.h. nicht als auch-anders-sein-könnend empfunden. Wenn Husserl den Sinn der europäischen Geistesgeschichte darin sieht, *die universale Selbstverständlichkeit des Seins der Welt … in eine Verständlichkeit zu verwandeln*[21] und seine Phänomenologie von ihm als Erfüllung dieses Geschichtssinnes ausgegeben wird, und zwar gerade als *Auflösung der Selbstverständlichkeiten … in ihre transzendentalen Fraglichkeiten,*[22] dann kann eben für ihn die Lebenswelt als das Universum sich behauptender Selbstverständlichkeit keinen Heilssinn haben. Nicht der Abbau der Lebenswelt als solcher kann die europäische Geschichte in ihre neuzeitliche Krise geführt haben; eher wird man Husserl damit gerecht werden, daß man sagt, die Form dieses Abbaues, ihre Illegitimität als eines Raubbaues, habe in die Krise hineingeführt. Nicht die theoretische Umstellung, die das Heraustreten aus der Lebenswelt entschied, sondern die *Inkonsequenz* ihrer Durchführung ließ den Gesamtprozeß kritisch werden. Und ebenso ist Technisierung nicht die Alternative zur Lebenswelt, sondern eben das Sich-Realisieren der Inkonsequenz der theoretischen Umstellung. Wenn wir diese Analyse nun näher ins Auge fassen, so fällt auch Licht auf die ganz selbstverständlich erscheinende Bestimmung der

20 *Husserliana* VI, S. 183.
21 Ebd., S. 184.
22 Ebd., S. 187.

Technik als ›angewandter‹ Wissenschaft; für Husserl ist, wie sich zeigen wird, Technisierung die Erscheinungsform einer sich selbst noch nicht oder nicht mehr durchsichtigen und in ihrem Sinnvollzug verständlichen Wissenschaft. Der Rückgriff auf die Lebenswelt bekommt seine Funktion dann gerade dadurch, daß in der Verdeckung der Selbstverständlichkeit die Vorzeichnung für die angemessenen Zugriffsweisen der Entdeckung gesucht wird. Es gibt bei Husserl keine Unschuld dessen, was er die *natürliche Erfahrung* nennt; vielmehr gilt es, ihre Schuld zu kennen und zu übernehmen, um jenen Schuldigkeiten nachkommen zu können, die uns auferlegt sind; so vollzieht schon die gesamte natürliche Erfahrung *eine Art Abstraktion*, die dann das philosophische *Denken dazu verführt, bloße Abstrakta zu verabsolutieren.*[23]

Wenn Husserl das Wesen der neuzeitlichen Naturwissenschaft in einer bestimmten, ihr zugrundeliegenden *Abstraktion* sieht, so ist das also nicht eine späte Verfehlung in der europäischen Geistesgeschichte, sondern nur die späte Konsequenz einer schon in der natürlichen Erfahrung angelegten Verengung der Anschauung. Die Lebenswelt hat also keineswegs die Fülle und Üppigkeit eines mythischen Paradieses und nicht die dazugehörige Unschuld. Wenn Husserl *die große Aufgabe einer reinen Wesenslehre von der Lebenswelt* sich gestellt sah,[24] so ging es dabei nicht um einen durch Idealität ausgezeichneten Gegenstand, sondern um die Gewinnung einer Grenzvorstellung, die der Konstruktion eines geschichtslosen Anfanges der Geschichte, einer atheoretischen ›Vorgeschichte‹, gerecht werden sollte und damit die Möglichkeit der ›Wiederholung‹ eines radikalen Anfanges im Denken zu legitimieren hatte – im Resultat aber das Gegenteil leistete und nur leisten konnte. Für Descartes und Bacon war das Problem des ›Anfanges‹ simpler gewesen, eben nach-scholastisch: Für sie hatte die ganze Geschichte, die ihnen vorausgegangen war, nur zu einem ungeheuren Ballast von Vorurteilen geführt, der sich mühelos abwerfen ließ und die Aufgabe des voraussetzungslosen Neuaufbaus übrigließ. Dieses Pathos des radikalen Anfanges hatte auch Husserl sich zu eigen gemacht und hatte es verbunden mit der methodischen Forderung der *freien Variation*, für die der Vorstellungskomplex einer Welt ein beliebig hantierbarer und verfügbarer Bestand war. Mit dem Grenzbegriff

23 Ebd., S. 184.
24 Ebd., S. 144.

der Lebenswelt wird die Ungebundenheit der eidetischen *Variation* zurückgeführt auf die Methodik der *Beschreibung*, das *Umphantasieren* auf die *systematische Umschau*.[25] Die Lebenswelt war eine Entdeckung auf dem Wege der ständigen Verfeinerung des methodischen Hauptinstrumentes der Phänomenologie, der sogenannten *phänomenologischen Reduktion*. Mit dieser Reduktion sollten alle Setzungen ausgeschaltet werden, die sich nicht auf unmittelbare Gegebenheiten des Bewußtseins zurückführen ließen, also vor allem die *Generalthesis* der transzendenten Existenz einer bewußtseinsunabhängigen Welt. Während der Arbeit an der ständigen Schärfung dieses Instrumentes der Reduktion zeigte sich, daß es nicht damit getan war, solche Setzungen *auszuschalten*, sondern daß man sie in ihrer Verwurzelung in den Strukturen des Bewußtseins zu *verstehen* habe. Im Begriff der *Generalthesis* steckt noch die frühe phänomenologische Vorstellung von der möglichen Anfangsposition des Bewußtseins, das so, wie wir es vorfinden, eben voreilig und unbegründet, ohne Notwendigkeit die *Doxa* der realen Außenwelt gewählt hat, aber genausogut auch auf diese Setzung hätte verzichten oder eine andere hätte wählen können. Das, was zunächst in der Klammer der phänomenologischen Reduktion beiseite gesetzt werden sollte, um das Feld der eidetischen Untersuchungen unabhängig von den faktischen Setzungen des alltäglich-lebendigen Vollzuges freizugeben, füllt sich mehr und mehr mit Bedeutung auf, attrahiert die Aufmerksamkeit der Phänomenologie zunehmend und, vor allem, macht dem Vorrang der Möglichkeit vor der Wirklichkeit, wie er ursprünglich in der Phänomenologie bestand, ein Ende, indem das Faktum eines bestimmten Bewußtseinszustandes, nämlich dessen der Lebenswelt, ein einzigartiges Interesse zu beanspruchen beginnt. Die Phänomenologie muß zu ihrer ursprünglichen Aufgabe der Beschreibung zurückkehren, sobald sie auf das Faktum gestoßen ist, obwohl auch dieses ganz der transzendentalen Fragestellung zugeordnet wird. Die Fiktion ist nicht mehr *das Lebenselement der Phänomenologie*, und es gilt nicht mehr, daß *die Freiheit der Wesensforschung notwendig das Operieren in der Phantasie* fordert.[26] Die Rede von der Intentionalität des Bewußtseins selbst hat es notwendig gemacht, eine Erklärung dafür zu gewinnen, weshalb das Bewußtsein seiner Wesensrichtung nicht bis

25 Ebd., S. 150.
26 Ebd., S. 162 f.

zur Erfüllung gleichsam automatisch folgt, sondern immer wieder ›zur Vernunft gebracht‹ werden muß. Das *Universum der Selbstverständlichkeit*, von dem Husserl jetzt spricht, ist nicht mehr nur der bloße Kontrastbegriff zu jenem ursprünglich als Inbegriff phänomenologischer Ziele angestrebten *Universum der Erdenklichkeit.*[27] Die Lebenswelt ist eben dasjenige Universum, das nicht aus freier Einstellung gewählt worden ist und gewählt werden kann, sondern aus dem man nur durch eine Umstellung heraustreten kann, so wie es am Anfang der europäischen Geistesgeschichte durch die *theoretische Umstellung* für Husserl geschehen ist. Diese Welt ist das einzige Faktum der Welten, von ihr kann nicht mitgesagt sein: *Ich stehe über der Welt ...*[28] Ihre Geltung kann – eben weil die Sanktion der Selbstverständlichkeit zu ihrer Definition gehört – nicht beliebig sistiert werden. Darin unterscheidet sie sich bei Husserl radikal von der faktischen historischen Welt, die nicht nur durch das freie Umphantasieren als *eine der Denkmöglichkeiten* betrachtet werden kann,[29] sondern hinsichtlich deren faktischen Verlaufs und Zustands die Phänomenologie Hoffnung der Revision ihrer Sinnrichtung erweckt.

4.

An dieser Stelle scheint es, daß wir unser Thema hoffnungslos aus dem Auge verloren haben. Denn es ist doch immer noch und nur von der Lebenswelt als dem für einen theoretischen Abbau vorausgesetzten Bestand gesprochen. Was hat das mit Technisierung zu tun? Aber gerade hier treffen wir auf die eigene Möglichkeit der Analyse des Problems unter den Aspekten der Phänomenologie Husserls. Die Lebenswelt ist zwar dasjenige Faktum, das seine eigene Faktizität wesentlich selbst verhüllt und verbirgt, insofern es sich als das Universum der Selbstverständlichkeit ausgibt; das aber bedeutet zugleich, daß jede aus dieser Lebenswelt heraustretende Umstellung, vor allem und in einzigartiger Weise aber die theoretische Umstellung, diese Faktizität der unmittelbar vorgegebenen Wirklichkeit unübersehbar auffällig machen muß. Die Theoreti-

27 Ders., *Formale und transzendentale Logik*, S. 220.

28 *Husserliana* VI, S. 155.

29 Ebd., S. 383.

sierung treibt die Kontingenz der Lebenswelt heraus und macht sie zum akuten Anstoß der unserem Denken über die Welt spätestens am Ende der Antike aufbrechenden Frage, warum das Gegebene gerade so beschaffen ist, wie wir es vorfinden. Unter diesem, durch seine Untersuchungen so nahegelegten, Gesichtspunkt hat Husserl das Problem der Technisierung nicht bzw. nicht mehr gesehen. Er bleibt in dieser Frage gebunden an die natürlich ganz zutreffende historische Feststellung, daß die neuzeitliche Technik nicht denkbar wäre ohne den Aufschwung der neuzeitlichen *Naturwissenschaft.* Dieses Bedingungsverhältnis ist lange so gedeutet worden, daß die Technik in der Weise des Rückgriffs auf den rein theoretisch intendierten Ergebnisbestand der Naturwissenschaft ihre konstruktiven Möglichkeiten autonom entwickelt, so daß Technik als Inbegriff der Anwendungen theoretischer Resultate bestimmt werden kann. Historisch ist es heute unzweifelhaft geworden, daß in dem spezifischen Ansatz naturwissenschaftlicher Fragestellungen am Beginn der Neuzeit bereits ein technisches Element enthalten ist. Naturwissenschaftliche Hypothesen waren und sind ihrem Anspruch nach Anweisungen zur Herstellung der Phänomene, die sie erklären wollen, und die im Experiment realisierte Identität des Phänomens ist die ideale Verifikation der Hypothese. Unter diesem Gesichtspunkt konnte bewußt ausgeklammert werden, ob die Natur selbst zur Realisierung des Phänomens den identischen oder einen anderen Weg eingeschlagen hat.

Über diese historisch gut gesicherte Auffassung des genetischen Zusammenhanges von neuzeitlicher Naturwissenschaft und Technik ist Husserl einen wesentlichen Schritt hinausgegangen. Seine These wird man etwa so formulieren dürfen: Technisierung ist primär ein immanent theoretischer Vorgang, der aus dem Abbau der Lebenswelt eine Konsequenz, aber nicht die einzige und legitime, darstellt. Um das zu bestätigen, will Husserl so etwas wie die ›innere Historie‹ der neuzeitlichen *Wissenschaftsidee* aufweisen. Es ist nämlich für ihn keineswegs selbstverständlich, daß diese Idee sich exemplarisch als Naturwissenschaft realisieren mußte. Dieser Vorgang beruht vielmehr auf einer faktischen Vorentscheidung, die Husserl so umschreibt: *Die Naturwissenschaft der Neuzeit hat, als Physik sich etablierend, ihre Wurzel in der konsequenten Abstraktion, in der sie an der Lebenswelt nur Körperlichkeit sehen will ... Die Welt reduziert sich in solcher mit universaler Konsequenz durchgeführten*

Abstraktion auf die abstrakt-universale Natur, das Thema der puren Naturwissenschaft. Hier allein hat zunächst die geometrische Idealisierung, dann alle weitere mathematisierende Theoretisierung ihren möglichen Sinn geschöpft.[30]

Da haben wir wieder das eigentümlich voluntaristische Element inmitten des Rationalismus Husserls: Die Selektion, die am Bedeutungsreichtum der Lebenswelt vollzogen ist, die Zurückführung der ›Dinge‹ auf physische Gegenstände, lassen kein treibendes Motiv erkennen. Husserl spricht zwar von der *zweckmäßigen Umgestaltung* des auf dem Boden der Lebenswelt statthabenden vorwissenschaftlichen Erkennens,[31] aber er sagt nicht, welches denn der Zweck solcher Zweckmäßigkeit sein konnte. Ein derartiger Voluntarismus erweckt leicht den Eindruck der Widerrufbarkeit des von ihm ›begründeten‹ Faktums, und dieses Moment mag hier eine Rolle spielen. Aber der Satz: *Die schlichte Erfahrung, in welcher die Lebenswelt gegeben ist, ist letzte Grundlage aller objektiven Erkenntnis*,[32] stellt die prinzipielle Forderung, die Umgestaltung der Lebenswelt in eine Objektwelt aus Antrieben der Lebenswelt selbst zu verstehen und nicht eine Art von ›Ursünde‹ in Gestalt eines nicht weiter befragbaren Willensaktes einzuführen. Jedenfalls spricht in Husserls Analyse nichts dafür, daß dieser primäre Willensakt bereits auf Technisierung als den letzten einer Reihe von Schritten abzielte, sondern es sieht hier ganz so aus, als sei die konstruktive Verfügbarkeit erst das, was am Ende einer sich aufstufenden Folge von Modifikationen und Leistungen gleichsam unvermutet ›herausgesprungen‹ sei. Die Blindheit, die hier waltet, muß in ihrer kontrastierenden Funktion gegen die Idee einer Teleologie der europäischen Geistesgeschichte erkannt werden; der Mensch der Neuzeit ist nicht sehenden Auges in sein technisches Schicksal hineingerannt – diese Prämisse läßt Husserl die Chance wahrnehmen, diesen Menschen durch Phänomenologie wieder sehend zu machen. Zu solcher Blindheit des faktischen Abweges der neuzeitlichen Naturwissenschaft gehört, daß sie ihren eigenen Ursprung aus der beschriebenen Umgestaltung der Lebenswelt ›vergessen‹ hat und im Vergessen halten mußte, um sich in ihrem Anspruch, die letztgültige Gestalt des menschlichen Erkenntnisstrebens zu realisieren, nicht selbst zu verunsichern. Die Abdeckung dieser geschichtlichen Be-

30 Ebd., S. 230.
31 Ebd., S. 229.
32 Ebd.

dingtheit ermöglicht es dem modernen Bewußtsein zu glauben, die exakte Wissenschaft könne mit Hilfe der Mathematik die hinter den Erscheinungen gleichsam versteckte ›an sich wahre Welt‹ entdecken und darstellen. Die *Abdeckung* der Genesis dieser exakten Objektwelt durch Abstraktion aus der Lebenswelt begründet die *fraglose* Natürlichkeit dieser Natur. Damit wird der *kritische* Sinn der von Husserl gesuchten Lebenswelt erkennbar: Indem sie als das Universum der Selbstverständlichkeit erschlossen würde, wäre zugleich die Selbstverständlichkeit des Derivats ›Natur‹ als vermeintlich und fragwürdig entdeckt. Man sieht, wie die ganze Wirksamkeit dieses Komplexes davon abhängt, daß die Lebenswelt für die an ihr vollzogene Abstraktion unverantwortlich bleibt.

Für Husserl bezeugt sich das Vergessen der Herkunft der abstrakten Gegenstandswelt exakt zugänglicher Körperlichkeit in der immanenten Konsequenz der Weiterbildung ihrer mathematischen Darstellungsmittel. Diese Weiterbildung hat die generelle Tendenz der *Formalisierung*, also der Abstoßung der anschaulichen Elemente. Vielleicht können wir unter den zahlreichen Ausdrücken, die Husserl für diesen Vorgang gebraucht, am ehesten den der *Methodisierung*[33] verwenden: denn *Methode* ist ihm der Inbegriff für die Tradition und Tradierbarkeit ursprungsverdeckter Leistungen.[34] Sobald das Wissen die Kapazität eines Menschenlebens, es genuin zu erwerben, übersteigt, werden Voraussetzungen des Erkenntniserwerbs als fertiges Instrumentarium überliefert, und alsbald wird es fraglich, ob die ursprünglichen begründenden Leistungen von jedem, der sie verwertet und mit ihnen umgeht, reaktiviert werden können. Die antike Geometrie, so glaubt Husserl, war sich ihres Ursprunges aus der Idealisierung der Körperwelt bewußt; aber bei der Rezeption dieser Geometrie in der beginnenden Neuzeit blieb die zugrundeliegende Idealisierung vergessen, und dieser Umstand gab die rein technische Handhabung des ererbten Werkzeuges frei. Das führt in der ersten Stufe der Sinnentleerung zur *Arithmetisierung der Geometrie*,[35] im zweiten Schritt zu ihrer Algebraisierung, schließlich zu einer rein formalen *Mannigfaltigkeitslehre*, zur Konstruktion einer *Welt überhaupt*.[36]

33 Ebd., S. 68.
34 Ebd., S. 377.
35 Ebd., S. 44.
36 Ebd., S. 45.

Das Ergebnis dieser Darstellung ist, daß die Technisierung ein Vorgang ist, der sich an dem *theoretischen* Substrat selbst abspielt. Die Geometrie ist schließlich *zu einer bloßen Kunst, durch eine rechnerische Technik nach technischen Regeln Ergebnisse zu gewinnen*, geworden.[37] So hatte schon Novalis geklagt, die echte Mathematik sei *in Europa zur bloßen Technik ausgeartet.*[38] Man könnte die hier erhobene These, unter Gebrauch einer fachsprachlichen Metapher, etwa so formulieren: die ›phänotypisch‹ so verschiedenen Welten der von der exakten Wissenschaft dargestellten Natur und der Technik sind ›genotypisch‹ strukturgleich, es sind Formelwelten. Das aber heißt, daß ihnen ein fundamentaler *Sinnverlust* gemeinsam ist, eine Entleerung der theoretischen wie der konstruktiven Leistungen von den sie tragenden und ermöglichenden Akten der Anschauung. Technisierung ist *Verwandlung ursprünglich lebendiger Sinnbildung* zur Methode, die sich weitergeben läßt, ohne ihren *Urstiftungssinn* mitzuführen, die ihre *Sinnesentwicklung* abgestreift hat und im Genügen an der bloßen Funktion nicht mehr erkennen lassen will.[39] Die Technik ist primär nicht ein Reich bestimmter, aus menschlicher Aktivität hervorgegangener Gegenstände; sie ist in ihrer Ursprünglichkeit ein Zustand des menschlichen Weltverhältnisses selbst. Die Herrschaft des *Methoden-Sinns* bedeutet aber nicht nur eine Funktionswandlung des theoretischen Prozesses, der von seinem anschaulichen Substrat ablösbar geworden ist und als abgelöstes Schema auf beliebige Substrate Anwendung finden kann, sondern eine Verstellung, eine Nivellierung im Gegebenheitszustand der Welt für den Menschen. Husserl bedient sich hier der Metapher des *Ideenkleides,* welches macht, *daß wir für wahres Sein nehmen, was eine Methode ist.*[40] Daß Technisierung zu ganz bestimmten dinglichen Realitäten führt – ›Maschinen‹ im weitesten Sinne –, das ist als eine sekundäre Erscheinung schon darin entschieden und vorweggenommen, daß die Wissenschaft und ihre Methode selbst *einer offenbar sehr Nützliches leistenden und darin verläßlichen Maschine* gleich geworden

37 Ebd., S. 46.

38 Novalis, *Schriften*, ed. Paul Kluckhohn, Richard Samuel, Bd. III, Darmstadt 1969, S. 295 f.

39 *Husserliana* VI, S. 57-59.

40 Ebd., S. 52. Zur *Ideenkleid-Metapher* Husserls vgl. v. Vf., *Paradigmen zu einer Metaphorologie*, Bonn 1960, S. 82 f.

sind.[41] Das Phänomen der Technik wird zwar nicht zufällig, aber doch auch nicht unmittelbar durch den realen Mechanismus repräsentiert. Nicht zufällig gehört die Rechenmaschine zu den frühesten Träumen und Realisationsversuchen der neuzeitlichen Maschinenwelt, und ebensowenig zufällig ist es, daß die Entwicklung der Rechenautomaten zu einer Perfektionsstufe geführt hat, auf der ihre Leistungsfähigkeit praktisch vom Menschenhirn nicht mehr einholbar ist. Die Welt, die sich einmal damit abgefunden hat, mit dem immer schon Fertigen umzugehen und sich im Umgang mit den fertigen Begriffen und Sätzen nach der Strenge einer zumeist undurchschauten Methodik nur durch den Erfolg kontrollieren zu lassen, sieht sich schließlich hilflos vor so viel Fertigung und müht sich nur noch, ihren Produkten auch den Raum zu schaffen, den sie benötigen.

Nun sieht es so aus, als gehe Husserl, der Mathematiker von Herkunft und Geblüt, daran, die Leistungen und Errungenschaften der Mathematik und der durch sie ermöglichten Naturwissenschaft zu diffamieren und als sei es nur noch ein konsequenter Schritt für ihn zu wünschen, diese Leistungen möchten rückgängig zu machen sein. Aber Husserl geht es nur darum, das Verhängnis menschlichen Handelns im weitesten Sinne dort, wo es nicht mehr weiß, was es tut, exemplarisch sichtbar zu machen und die sozusagen aktive Unwissenheit als die Wurzel all derjenigen desorientierten Aktionen bloßzulegen, die die menschliche Ratlosigkeit in der technischen Welt hervorgerufen haben. Mit einer Dämonisierung der Technik oder mit ihrer Fatalisierung hat das nichts zu tun; aber die Unverantwortlichkeit der rein theoretischen Disziplinen, die ihre zufällige Anwendbarkeit als mehr oder weniger willkommene Zugabe hinnehmen, ist ernsthaft in Frage gestellt durch einen Standpunkt, für den Praxis nicht eine Form des Rückgriffs in das Reservoir der Theorie darstellt, sondern auf dem gesprochen *wird* von *der Praxis, die Theorie* heißt.[42] Aber es ist natürlich zweierlei zu sagen, daß die zur Technisierung führende Geschichtslinie am Anfang der Neuzeit nicht schicksalhaft unausweichlich angeboten war, und andererseits zu sagen, daß in der gegenwärtigen Situation noch immer Technisierung in der von Husserl präzisierten Bedeutung eine korrigierbare Deviation der Geschichte darstelle.

41 *Husserliana* VI, S. 52.
42 Ebd., S. 449.

Für Husserl hängen beide Aussagen eng zusammen: Der Konstitutionsprozeß der Neuzeit ist nicht eindeutig determiniert, er enthält eine Ambivalenz.

Husserl sieht die entscheidende Gestalt der frühen Neuzeit in Galilei, bei dem *die Unterschiebung der idealisierten Natur für die vorwissenschaftlich anschauliche Natur* beginnt.[43] Galilei wird charakterisiert als ein *zugleich entdeckender und verdeckender Genius*[44] – in dieser Formulierung scheint mir eine sehr tiefe Einsicht zu stecken. Entdeckung und Verdeckung sind in der Geschichte der Errungenschaften der Neuzeit untrennbar verschwistert. Ist es aber so etwas wie ein Gesetz der neuzeitlichen Geistesgeschichte, daß jede ihrer Entdeckungen um den Preis einer Verdeckung errungen wurde? Husserl hätte diese Frage verneint; er sieht hier nur eine faktische Koppelung vor sich, nur das faktische Erliegen unter einer Versuchung, der Versuchung des kürzesten Weges, der perfekten Funktion. Aber die Appellation an den Ursprung bleibt möglich, die Forderung der Reaktivierung des Sinnkontinuums erfüllbar. Schon die Sprache macht das sinnfällig: Es ist von Verdeckung, nicht von Zerstörung die Rede, und es ist ein sanftes Bild für den verlorenen Sinnzusammenhang, wenn Husserl sagt, die Wissenschaft *schwebt so wie in einem leeren Raum über der Lebenswelt.*[45] Die Position der phänomenologischen Analyse läßt sich nicht bis zur Antithese vorantreiben.

5.

Damit kommen wir auf unseren Ausgangspunkt zurück: Die Technik wird hier nicht mehr aus der Antithese zur Natur verstanden. Wir können jetzt sagen: sie wird verstanden aus einem Verhältnis zur Geschichte. In der Technisierung, wie Husserl sie versteht, entzieht sich der Mensch der Redlichkeit des einsichtigen, auf originärer Anschauung bestehenden Vollzuges seiner Praxis in jenem weitesten Sinne, der auch die Theorie einschließt. Er will sozusagen ›im Sprunge‹ vorankommen. Er läßt Geschichte aus. Man kann das auch strenger im Rahmen der phänomenologischen

43 Ebd., S. 50.
44 Ebd., S. 53.
45 Ebd., S. 448.

Terminologie formulieren: In der Technisierung beschränkt sich der Mensch auf die Möglichkeiten des *Verstandes* und entzieht sich dem Anspruch der *Vernunft.* Diese kantische Begriffsdifferenz hat Husserl auf die Intentionalität des Bewußtseins bezogen: Vernunft ist erfüllte Intention, vollendeter Besitz des Gegenstandes in der Fülle seiner Aspekte oder doch zumindest das Sich-Offenhalten für diese Fülle. Verstand ist der Umgang mit leeren Intentionen, mit Vermeinungen, die für die Sachen selbst genommen werden, oder – ausgedrückt mit einer bei Husserl beliebten banktechnischen Metapher – *eine Methode des Umwechselns und Umrechnens, die sich auf die bloßen Schatzanweisungen gründet.*[46] Die wesentliche innere Disposition des Bewußtseins kraft seiner Intentionalität ist nun, ständig den *Verstand eben zur Vernunft zu bringen*, die Schatzanweisungen gegen die sie deckenden Sachwerte einzuwechseln. Geschichte vollstreckt, aktualisiert diese Disposition, Technisierung aber durchbricht diesen Prozeß, sie vermehrt ständig die *Zeichenwerte,* die nominalen Repräsentationen, die ungedeckten Anweisungen; sie ist – um im Bereich der Metaphern zu bleiben – Herbeiführung von Besitz, anstatt Begründung von Eigentum, oder Ausübung von Herrschaft ohne Rücksicht auf deren Legitimität.

Ich möchte durch ein Beispiel belegen, was hier tatsächlich an der Sache selbst gesehen und aufgedeckt ist. Ich wähle das primitive Beispiel einer Türklingel. Da gibt es die alten mechanischen Modelle von Zugklingeln oder Drehklingeln: betätigt man sie, so hat man noch das unmittelbare Gefühl, den beabsichtigten Effekt in seiner Spezifität zu erzeugen, denn zwischen der tätigen Hand und dem erklingenden Ton besteht ein adäquater Nexus, d.h. wenn ich vor einer solchen Einrichtung stehe, weiß ich nicht nur, was ich tun muß, sondern auch, weshalb ich es tun muß. Anders bei der elektrischen Klingel, die durch einen Druckknopf betätigt wird: die Verrichtung der Hand ist dem Effekt ganz unspezifisch und heteromorph zugeordnet – wir erzeugen den Effekt nicht mehr, sondern lösen ihn nur noch aus. Der gewünschte Effekt liegt apparativ sozusagen fertig für uns bereit, ja er verbirgt sich in seiner Bedingtheit und in der Kompliziertheit seines Zustandekommens sorgfältig vor uns, um sich uns als das mühelos Verfügbare zu suggerieren. Um dieser Suggestion des Immer-Fertigseins

46 *Husserliana* II, S. 62.

willen ist die technische Welt, unabhängig von allen funktionalen Erfordernissen, eine Sphäre von Gehäusen, von Verkleidungen, unspezifischen Fassaden und Blenden. Der menschliche Funktionsanteil wird homogenisiert und reduziert auf das ideale Minimum des Druckes auf einen Knopf. Die Technisierung macht die menschlichen Handlungen zunehmend unspezifisch. Ich sage hier nichts über den simplen physikalischen Sachverhalt, daß der Unterschied zwischen einer mechanischen und einer elektrischen Klingel objektiv darin besteht, daß wir das eine Mal die Energie für den Vorgang selbst liefern müssen, während das andere Mal bereitstehende Fremdenergie von uns angezapft wird. In unserem Zusammenhang ist der phänomenologische Gesichtspunkt entscheidend, wie die Gegebenheiten der unmittelbaren Erfahrung sich darbieten. Im Ideal des ›Druckes auf den Knopf‹ feiert der Entzug der Einsicht (im wörtlichsten Sinne des Hineinsehens!) sich selbst: Befehl und Effekt, Order und Produkt, Wille und Werk sind auf die kürzeste Distanz aneinandergerückt, so mühelos gekoppelt wie im heimlichen Ideal aller nachchristlichen Produktivität, dem göttlichen ›Es werde!‹ des Anfanges der Bibel. In einer Welt, die immer mehr durch Auslösefunktionen gekennzeichnet ist, nimmt nicht nur die Auswechselbarkeit der für unspezifische Handlungen benötigten Personen zu, sondern auch die Verwechselbarkeit der Auslöser. Um bei unserem Klingelknopf zu bleiben: wie oft drückt man in einem Treppenhaus auf einen Klingelknopf, wenn man das Flurlicht ›gemeint‹ hatte. Hinter jedem solchen Auslöser steckt eine lange Vorgeschichte menschlicher Entdeckungen, ein ganzer Komplex erfinderischer Leistungen; aber der Auslöser ist so ›aufgemacht‹, daß er uns dies alles in seiner abstrakten Uniformität verdeckt und entzieht – ein schlechtes ›Produkt‹, das sich in seine Eingeweide sehen läßt. Die Selbstdarbietung des technischen Gegenstandes weist nicht nur alle neugierigen Fragen von sich ab als mögliche Inspektion dessen, der den Preis für das Funktionsgeheimnis nicht bezahlen oder selbst verdienen möchte, sondern es scheint alles zu tun, um Fragen gar nicht erst aufkommen zu lassen, und zwar nicht nur solche nach dem Konstruktionsgeheimnis und Funktionsprinzip, sondern vor allem solche nach der Existenzberechtigung. Das Immer-Fertige, das auf den Fingerdruck Auslösbare und Abrufbare rechtfertigt seine Existenz nicht, weder aus seiner theoretischen Herkunft noch aus den Bedürfnissen und

Antrieben des Lebens, dem zu dienen es vorgibt. Es ist legitimiert, indem es bestellt, abgenommen, übernommen und in Betrieb gesetzt wird; Vorhandensein hat nicht sinngebende Bedürfnisse zur Voraussetzung, sondern es fordert und erzwingt seinerseits Bedürfnisse und Sinngebungen. Dazu muß unter Umständen eine ganze Schicht von Motiven und Geltungsfiktionen erst künstlich erzeugt, ihrerseits mit technischem Aufwand hergestellt werden. Das Ideal solcher Manipulation ist die Umkleidung des künstlichen Produkts mit Selbstverständlichkeit; sie läßt alle Fragen verstummen, ob das notwendig, sinnvoll, menschenwürdig, irgendwie zu rechtfertigen sei. Die künstliche Realität, der Fremdling unter den vorgefundenen Dingen der Natur, sinkt an einem bestimmten Punkte zurück in das ›Universum der Selbstverständlichkeiten‹, in die Lebenswelt.

Der Zusammenhang von Lebenswelt und Technisierung ist komplizierter, als Husserl ihn gesehen hat. Der von Husserl analysierte Prozeß der Verdeckung des Entdeckten erreicht erst darin sein Telos, daß das im theoretischen Fragen unselbstverständlich Gewordene zurückkehrt in die Fraglosigkeit. Ungleich vollkommener als durch die Mimikry der Gehäuse wird das Technische als solches unsichtbar, wenn es der Lebenswelt implantiert ist. Die Technisierung reißt nicht nur den Fundierungszusammenhang des aus der Lebenswelt heraustretenden theoretischen Verhaltens ab, sondern sie beginnt ihrerseits, die Lebenswelt zu regulieren, indem jene Sphäre, in der wir *noch* keine Fragen stellen, identisch wird mit derjenigen, in der wir keine Fragen *mehr* stellen, und indem die Besetzung dieses Gegenstandsfeldes gesteuert und motiviert wird von der immanenten Dynamik des technisch Immer-Fertigen, durch die der Naturgewalt sich gleichsetzende Unwiderruflichkeit der Produktion. Es enthüllt sich als die eigene ›Teleologie‹ des Prozesses der Technisierung, daß er sich die Lebenswelt als eine abhängige Größe zuordnet, indem er nicht nur Sachen und Leistungen produziert, sondern auch das scheinbar Unproduzierbare herstellbar macht, nämlich Selbstverständlichkeit.

Hier setzen wir mit der Analyse aus, die den Beitrag der Phänomenologie zur Frage nach der ›Sache selbst‹ vorweisen sollte, und folgen dem eigentlichen Interesse, das Husserl in der »Krisis«-Abhandlung an dieser Problematik hat, einem Interesse, das auf den ersten Blick mehr auf die Therapie als auf die Diagnose gerichtet ist. In einer Situation, in der Husserl selbst in Deutschland zum

Schweigen verurteilt und in der seine Phänomenologie von der Welle der Existentialontologie bereits überspült worden war, ist er erfüllt von dem Glauben an eine säkulare Mission dieses Philosophierens. Therapie der in der Technisierung herangereiften Krisis konnte für Husserl nicht heißen, daß eine Entwicklung, von deren jeweiligen letzten Ergebnissen die Daseinsmöglichkeit des Menschen immer abhängiger geworden ist, rückgängig gemacht oder auch nur zum Stehen gebracht werden könnte. Aber für Husserl bedeutet Therapie ganz unbezweifelbar, daß etwas ›nachzuholen‹ sei. Diese Vorstellung eines wiederholenden bzw. nachholenden Vollzuges einer Genesis, die in letzter Instanz immer die Intentionalität des Bewußtseins selbst ist, ist wesenhaft mit der Konzeption der Phänomenologie verbunden. Wenn die Analyse der Technisierung ergab, daß in ihrem Prozeß die authentische Rechtfertigung aller Schritte versäumt, ausgelassen und übersprungen worden ist, so bietet sich die Einstellung der Phänomenologie fast von selbst als therapeutischer Gegenzug an, in dem die in der Technisierung vergessenen und überspielten Rückfragen nach den Fundamenten, nach dem Urstiftungssinn und nach der daraus folgenden Sinnexplikation nachgeholt werden können. Die Phänomenologie will Geschichte, und zwar in einem absoluten Sinne, wiederherstellen. Es ist ihre Grundforderung: *Wiederholen wir die ganze bereits geschehene Geschichte subjektiver Leistungen.*[47] Die phänomenologische Erkenntnis ist durch sich selbst, durch die pure Präsenz ihrer späten Realisierung in der europäischen Geistesgeschichte das radikale Heilmittel einer radikalen Krisis – so sieht es Husserl. Sie begegnet der immanenten Struktur und dem Wachstum des krisenhaften Prozesses gleichsam antibiotisch. Sie ist an sich selbst Resistenz gegen die das Wesen der Technisierung fundierende Formalisierung theoretischer Leistungen, so daß sie *nie die unmerkliche Verwandlung in eine bloße techne erfahren* kann, sondern jene *Reaktivierung der ursprünglichen Aktivitäten* zu leisten vermag, die *die zur Kunst, techne, herabgesunkene Wissenschaft* in die Verbindlichkeit der theoretischen Verantwortung zurückzuholen vermag – wenn wir hier für einen Augenblick dem Glauben Husserls nachgehen. Als *schauende Erkenntnis* ist die Phänomenologie selbst *die Vernunft, die sich vorsetzt, den Verstand eben zur Vernunft zu bringen.*

47 Husserl, *Erfahrung und Urteil*, ed. Ludwig Landgrebe, Hamburg 1948, S. 48.

Inmitten des technischen Zeitalters und der technisierten Welt ist es das große, ja großartige Selbstbewußtsein des greisen Husserl, das Antitoxin der ihn erschreckenden Technisierung auf den 40 000 Blättern seines selbstprotokollierten Nachdenkens gewonnen zu haben. Dem Immer-Fertigen setzt er das Immer-Anfangende des philosophischen Denkens entgegen, das allein *einen neuen Lebenswillen fassen* kann,[48] und widersetzt sich einer Welt, die sich immer nur durch die Faktizität ihres massiven Vorhandenseins als sinnhaft zu demonstrieren vermag, mit dem Aufruf zum Sich-Treubleiben in der teleologischen Konsequenz eines identischen, einmal ergriffenen Sinnes.[49]

6.

Eine *Auseinandersetzung* mit den »Krisis«-Ideen Husserls sollte die Errungenschaften phänomenologischer Sacherschließung, die hier vorliegen, nicht wieder preisgeben und könnte wohl am fruchtbarsten als immanente Kritik vorgetragen werden. Bleibend erhellende Einsicht scheint mir zu sein, daß Technisierung, im Sinne einer Einbuße an Selbstverständnis und Selbstverantwortung, eine im Schoße des theoretischen Gesamtprozesses entspringende Transformation ist. Nicht genauso gesichert scheint mir zu sein, diese Transformation mit Husserl als ein *pathologisches* Phänomen zu sehen, eine im Bewußtsein faktisch ausbrechende bzw. willentlich gesetzte Modifikation, ein Abweg in der Selbstverwirklichung der Bewußtseinsintentionalität. Diese Voraussetzung machte es freilich Husserl allein möglich, seine Phänomenologie als Therapie anzubieten. Aber trifft diese Voraussetzung zu? Diese Frage soll von Husserls eigenen Prämissen her beantwortet werden.

In Husserls Geschichtsbild beginnt die *immanente Teleologie des europäischen Menschentums* bei den Griechen als ein *neues Interesse am All.*[50] Dieses neue Interesse schloß in sich *intentionale Unendlichkeiten,* die nur in einem Menschentum wirksam und wirklich werden konnten, *das, in der Endlichkeit lebend, auf Pole der Unend-*

48 *Husserliana* VI, S. 472.
49 Ebd., S. 486.
50 Ebd., S. 319 ff.

lichkeit hinlebt.[51] In dieser Formel hat Husserl eine entscheidende *Antinomie* ausgesprochen, von der auch seine eigene Phänomenologie unvermerkt beherrscht wird. Schon 1913 schreibt Husserl, daß in der Intentionalität des Bewußtseins jede gegebene Eigenschaft eines Dinges *uns in Unendlichkeiten der Entfaltung hineinzieht, daß jede noch so weitgespannte Erfahrungsmannigfaltigkeit noch nähere und neue Dingbestimmungen offenläßt; und so in infinitum.*[52] Aber diesem Hineingezogenwerden bleibt ebenso notwendig Erfüllung versagt; die Rede von *unendlicher Arbeit* und *unendlichen Aufgaben* zieht sich durch das ganze Werk des Begründers der Phänomenologie. Was er vor sich liegen sieht, sind *wahre Unendlichkeiten … nie erforschter Tatsachen;*[53] kein Erschrecken ist spürbar, wenn er von der *Unendlichkeit der Arbeit* spricht,[54] überhaupt ist ›Arbeit‹ eines der charakteristischen Wörter der Sprache Husserls.[55] Die dem frühen Versprechen einer »Philosophie als strenge Wissenschaft« (1910) zugrundeliegende Idee einer überall endgültig erreichbaren Evidenz hat sich in eine komplizierte Pluralität von Evidenzen aufgespalten, und von der adäquaten Evidenz bleibt *offen, ob sie nicht prinzipiell im Unendlichen liegt.*[56] Wenn es richtig ist, daß die Neuzeit die im antiken Wissenschaftsbegriff noch latente Konsequenz der *Idee einer Unendlichkeit von Aufgaben* ans Licht gebracht hat, dann ist die Phänomenologie Husserls eine äußerste Zuspitzung dieses einem *endlichen* Dasein aufgebürdeten *unendlichen* Anspruches. Das Pathos der Unendlichkeitsidee verdeckt den Widerspruch: Die Forderung nach der absoluten Evidenz und der Radikalität der Begründungen und genetischen Sinnanalysen setzt sich selbst gegenüber der Vorstellung von einer Unendlichkeit der geforderten theoretischen Arbeit ins Unrecht. Evidenz und

51 Ebd., S. 322.

52 *Husserliana* III, S. 14.

53 *Husserliana* I, S. 79.

54 Ebd., S. 119.

55 Es ließe sich eine ganze sprachliche Arbeits- und Werkstättenwelt aus Husserls Wortschatz herausziehen, oft sich auf engem Raum häufend, wie z. B. *Husserliana* VII, S. 142, 144, 146 f., 150, 191, 204. Auch der fast schwelgerische Plural ist bezeichnend: *wahre Unendlichkeiten deskriptiver Arbeit* (*Husserliana* VII, S. 110). Mit Recht hat Helmuth Plessner die Phänomenologie charakterisiert als einen Weg, *die Philosophie in die moderne Arbeitswelt einzugliedern* (*Husserl in Göttingen. Rede zur Feier des 100. Geburtstages Edmund Husserls*, Göttingen 1959, S. 9).

56 *Husserliana* I, S. 55.

Radikalität der Begründung erfordern Rückkehr des Denkens an den absoluten Anfang, und zwar für jede sich selbst durchsichtig werden wollende Existenz, so wie es Descartes mit seinem *semel in vita funditus denuo* gefordert hatte. Dagegen verlangt eine Unendlichkeit auszuführender Arbeit, daß das geschichtlich je schon Geleistete zur Voraussetzung des noch zu Leistenden gemacht werden kann, also seine Funktionalisierung als nur noch erlernbarer Erkenntnisbesitz und als übernehmbare Methodik. Nur so kann der Ausgangspunkt des Fortschreitens immer weiter ins Unbegangene vorgeschoben werden. Und *Formalisierung* ist nichts anderes als die handlichste, dienstbarste Art solcher *Funktionalisierung* des einmal Geleisteten; aber sie ist eben auch potentiell schon Technisierung, denn was formalisiert werden kann – das heißt: was seine Anwendbarkeit unabhängig von der Einsichtigkeit des Vollzuges gewinnt –, das ist auch im Grunde schon mechanisiert, auch wenn die realen Mechanismen zu seiner Speicherung und geregelten Assoziation nicht bereitgestanden haben. Alle Methodik will *unreflektierte Wiederholbarkeit* schaffen, ein wachsendes Fundament von Voraussetzungen, das zwar immer mit im Spiele ist, aber nicht immer aktualisiert werden muß. Aus dieser Antinomie zwischen Philosophie und Wissenschaft ist nicht herauszukommen: das Erkenntnisideal der Philosophie widersetzt sich der Methodisierung, die Wissenschaft als der unendliche Anspruch eines endlichen Wesens erzwingt sie. Es war die scholastische Illusion einer sich selbst in ihrer Wißbegierde desavouierenden Vernunft, die Philosophie und Wissenschaft ein letztes Mal in Eintracht miteinander erscheinen ließ. Die Trennung von Philosophie und Wissenschaft – und zwar kraft der philosophischen Idee von Wissenschaft – war der Übergang zur Technisierung in jenem zu aller vorherigen Technik des Menschen heterogenen neuzeitlichen Sinne. Aber diese Trennung war notwendig und legitim. Hierin formiert sich die Kritik an Husserls Position. Der Sinnverlust, von dem Husserl gesprochen hat, ist in Wahrheit ein in der Konsequenz des theoretischen Anspruches selbst auferlegter Sinnverzicht. Man kann nicht vom *Werden zum Menschentum unendlicher Aufgaben schwärmen*[57] und gleichzeitig den Preis für dieses Werden verweigern.

Husserl hätte diese Problematik schon bei seinem großen Vor-

57 *Husserliana* VI, S. 325.

bild Descartes studieren können, der anfänglich geglaubt hatte, die Verwirklichung seines Wissenschaftsprogrammes könne Sache *eines* Lebens, seines eigenen Lebens, sein. Der Methodentraktat ist schon das Ergebnis einer gründlichen Resignation, denn er gibt vor allem das Verfahren an, wie man das jeweils Geleistete für andere Glieder einer forschenden Menschheit und Generationenfolge in ihr verfügbar machen kann, und zwar derart, daß nicht immer wieder die philosophische Ursituation des radikalen Anfangens erneuert werden muß. Gegenüber dieser Implikation der Methodenidee ist der Gedanke, die Kette der Deduktionen nach Analogie der Zahlenreihe für ein immer schnelleres, auf das trügerische Gedächtnis immer weniger angewiesenes Durchgehen verfügbar zu machen, ein episodisches, wenn auch sehr bezeichnendes Element, weil hier das Zögern unmittelbar vor dem Schritt in die Formalisierung spürbar wird. Leibniz hat das ganze Problem wohl zuerst in seiner Auseinandersetzung mit Descartes aufgerollt.[58] Er konfrontiert mit dem vermeintlich der Mathematik entnommenen Erkenntnisideal des Descartes, nach dem ohne volle Stringenz des Beweises kein weiterer Schritt der Deduktion vollzogen werden darf, das tatsächliche Verfahren der Geometrie seit Euklid, die manchen Beweisverzicht hingenommen habe und dadurch zu einer *ars progrediendi* geworden sei: Hätte sie die Bearbeitung ihrer Theoreme und Probleme hinausgeschoben, bis alle Axiome und Postulate bewiesen gewesen wären, dann gäbe es vielleicht heute noch keine Geometrie – der Beweisverzicht, der Aufschub der strengsten Forderungen, als Bedingung der Möglichkeit des Erkenntnisfortschritts.

Auch in Husserls eigenen phänomenologischen Analysen fehlt es nicht an Elementen der Unerfüllbarkeit, die sich aus der Antinomie von Unendlichkeit und Anschauung ergeben. In den Synthesen der empirischen Anschauung findet immer und notwendig eine Selektion der Aspekte des Dinges statt, im Kontinuum der Abschattungen werden gleichsam Sprünge gemacht, weil das der reinen Anschauung im Empirischen äquivalente Ideal des Durch-

58 Leibniz, *Animadversiones in partem generalem Principiorum Cartesianorum*, in: *Die philosophischen Schriften von Gottfried Wilhelm Leibniz*, ed. Carl Immanuel Gerhardt, Bd. IV, Berlin 1880, S. 355. Das dem Cartesianismus entgegengehaltene Paradigma der Mathematiker ergibt: *nam si voluissent differre theorematum aut problematum inventiones, dum omnia axiomata et postulata demonstrata fuissent, fortasse nullam hodie Geometriam haberemus* (ebd.).

laufens aller möglichen Perspektiven unerfüllbar ist. *Die einem empirischen Ding entsprechende und uns versagte reine Anschauung steckt zwar in gewisser Weise in der vollständigen synthetischen Anschauung desselben darin, aber sozusagen in verstreuter Weise und immer wieder vermengt mit signitiven Repräsentanten.*[59]

Das aber heißt: auf der untersten elementaren Stufe seiner Leistungen ist der menschliche Intellekt stets schon in der Formalisierung begriffen. Daß Husserl die Zwiespältigkeit der Intentionalität zwischen Fortschritt und erfüllter Anschauung auch im Pathos der »Krisis«-Abhandlung nicht verschweigen konnte, ist fast unausbleiblich. Die Lösung, die er andeutet, läuft auf eine Art stellvertretender Funktion der Philosophie für die Wissenschaft hinaus: Das von dieser in ihrem ungestümen Fortschreiten Ausgelassene und Übersprungene wird von jener nachgeholt und eingebracht. So jedenfalls läßt sich der folgende ebenso wichtige wie dunkle Text wohl verstehen: *An sich ist der Fortgang von sachhaltiger Mathematik zu ihrer formalen Logifizierung und ist die Verselbständigung der erweiterten formalen Logik als reiner Analysis oder Mannigfaltigkeitslehre etwas durchaus Rechtmäßiges, ja Notwendiges: desgleichen die Technisierung mit dem sich zeitweise ganz Verlieren in ein bloß technisches Denken. Das alles aber kann und muß vollbewußt verstandene und geübte Methode sein. Das ist es aber nur, wenn dafür Sorge getragen ist, daß hierbei gefährliche Sinnverschiebungen vermieden bleiben, und zwar dadurch, daß die ursprüngliche Sinngebung der Methode, aus welcher sie den Sinn einer Leistung für die Welterkenntnis hat, immerfort aktuell verfügbar bleibt; ja noch mehr, daß sie von aller unbefragten Traditionalität befreit wird, die schon in der ersten Erfindung der neuen Idee und Methode Momente der Unklarheit in den Sinn einströmen ließ.*[60]

Das soll doch wohl oder könnte zumindest heißen, daß die hier zugestandene Legitimität der Technisierung eine geschichtlich

59 Husserl, *Logische Untersuchungen*, II/2, 3. Auflage Halle 1922, S. 99. Die Rede von der *uns versagten Anschauung* des empirischen Dinges scheint hier noch zumindest auf das Offenlassen der Möglichkeit eines originären Intellekts im kantischen Sinne hinzudeuten. Die spätere eidetische Deskription des physischen Gegenstandes setzt dessen diskursive Konstitution absolut (*Husserliana* III, S. 371); das ändert nichts daran, daß für den endlichen Intellekt die Diskursion notwendig defizient und ihre ›Lücken‹ überbrückend ist.

60 *Husserliana* VI, S. 46 f.

neue, nicht mehr präzeptorische – weil nämlich die Folgen ihrer eigenen Präzeption nun einholende – Rolle der Philosophie begründet: sie soll stellvertretend den Schatz, der durch die Technisierung übersprungenen Sinnstrukturen verwalten.

Ich möchte diesen Komplex der phänomenologischen Auslegung der Technik noch in einen größeren geschichtlichen Zusammenhang stellen. Die *Unendlichkeitsimplikation* der Phänomenologie gehört in diejenige fundierte Traditionsreihe unserer Geistesgeschichte, die man als *Platonismus* bezeichnen kann. Eine erst im Unendlichen erreichbare Evidenz hat nur in einem geistigen Gefüge einen die menschliche Existenz bewegenden Sinn, in dem *Wahrheit* nicht nur als absoluter Wert anerkannt ist, sondern auch in einem bedingenden Verhältnis zur menschlichen *Daseinserfüllung* steht. Die adäquate Evidenz als Ziel jedes geistigen Weges – historisch gesprochen: die unvermittelte Anschauung der Ideen – ist der Kern jedes Platonismus. Aber darin liegt auch begründet, daß Platos Abweisung der Sophistik die *Ausschließung der Technik aus der geistigen Legitimität der europäischen Tradition* implizierte. Denn die Sophistik hatte die Idee eines formalen Könnens, einer unspezifischen geistigen Potenz ausgebildet, also das Sich-auf-eine-Sache-Verstehen abgelöst von dem Die-Sache-Verstehen und im Grunde die Omnipotenz zum Ideal ihrer Bildungspraxis gemacht, dem alles Theoretische von vornherein zugeordnet war. Die beliebigste Übertragbarkeit eines formalen, jeder konkreten Zielgebung verfügbaren Könnens – die reine ›Methode‹ also – hatte sich in Rhetorik und Dialektik der Sophisten manifestiert (in der Tradition dieser Disziplinen hat sich bezeichnenderweise die Fachsprache technischen Verhaltens und technischer Leistungen ausgebildet). Der sokratisch-platonische Widerspruch hat nicht nur diesen Vorrang des puren Könnens zurückgewiesen, sondern einer Zuordnung rein formaler Potenzen zum Bild des menschlichen Daseinsvollzuges überhaupt den Boden entzogen. Das hat unsere Tradition bestimmt, bis hinein in die Ausbildung der christlichen Vorstellung von der ewigen Seligkeit als einer *visio beatifica* in der vollendeten Identität von Theorie und Glück. Husserls *unendliche Aufgabe* ist dieselbe Antwort auf die Frage nach dem letzten Sinn des menschlichen Daseins, mit einem freilich entscheidenden Unterschied, nämlich dem, daß der einzelne konkrete Mensch angesichts der unendlichen Aufgabe notwendig weder erfüllend noch erfüllt sein, sondern nur als Funktionär in einen ihn übergreifenden Zusammenhang eintreten kann. Die Unendlichkeit der Theorie als ›Forschung‹ erfordert Übertragbarkeit, Methodisierung, Formalisierung, Technisierung. Die sophistische Position kommt auf dem platonischen Boden an einem bestimmten Punkt wieder zum Vorschein: Der konkrete Mensch ist gar nicht mögliches Subjekt einer unendlichen Aufgabe; dieses Subjekt muß in Gestalt der Gesellschaft, der Nation, der Menschheit, der Wissenschaft künstlich konstituiert werden, und zwar als ein dem Glücksanspruch des Individuums gegenüber rücksichtslos gebietendes Prinzip. Bevor die technisierte Industriegesellschaft den Menschen funktionalisierte, hatte die neuzeitliche Wissenschaftsidee diesen elementaren Akt der neuzeitlichen Geschichte bereits exemplarisch vollzogen. Die von Husserl in Gang gesetzte transzendentale Selbstergründung der Subjektivität ist einer der Versuche – und vielleicht der bedeutendste –, die verlorene Substanz zu restituieren. Aber das Schicksal der Phänomenologie selbst ist gezeichnet nicht nur durch das, was ihr von außen zugestoßen ist, sondern durch das von ihr selbst wesentlich geweckte Bewußtsein der Verlorenheit des philosophischen Subjektes vor dem Anspruch seiner radikalen Selbstbegründung und unendlichen Selbstrechtfertigung.

7.

Die Phänomenologie, so zeigte sich, kann den Konsequenzen nicht entgehen, deren Prämissen sie selbst zur reinen Darstellung gebracht hat. Das Heraustreten aus der Lebenswelt, also aus dem ›Universum der Selbstverständlichkeiten‹, war nicht nur Beginn jenes europäischen geistigen Prozesses, den Husserl in seiner eigenen Phänomenologie kulminieren sah, sondern auch des Umschlagens aller Selbstverständlichkeitscharaktere der Wirklichkeit in die Kontingenz. *Kontingenz* bedeutet die Beurteilung der Wirklichkeit vom Standpunkt der Notwendigkeit und der Möglichkeit her. Das Bewußtsein von der Kontingenz der Wirklichkeit ist nun aber die Fundierung einer technischen Einstellung gegenüber dem Vorgegebenen: Wenn die gegebene Welt nur ein zufälliger Ausschnitt aus dem unendlichen Spielraum des Möglichen ist, wenn die Sphäre der natürlichen Fakten keine höhere Rechtfertigung und Sanktion mehr ausstrahlt, dann wird die Faktizität der Welt zum bohrenden Antrieb, nicht nur das Wirkliche vom Möglichen her zu beurteilen und zu kritisieren, sondern auch durch Realisierung des Möglichen, durch Ausschöpfung des Spielraums der Erfindung und Konstruktion das nur Faktische aufzufüllen zu einer in sich konsistenten, aus Notwendigkeit zu rechtfertigenden Kulturwelt. Wenn wir also Kontingenz als Stimulans der Bewußtwerdung der demiurgischen Potenz des Menschen ansehen müssen, dann wird verständlich, wie das technische Pathos der Neuzeit in Korrespondenz zu der äußersten Steigerung des Kontingenzbewußtseins im späten Mittelalter erwachsen konnte.[61] Diese Feststellung läßt die kritische Funktion des Begriffes der ›Lebenswelt‹ in der Auseinandersetzung Husserls mit der neuzeitlichen Technisierung noch einmal deutlicher werden. Dieser Begriff der Lebenswelt ist geradezu gebildet als ein Inbegriff aller Gegencharaktere zu einer Kontingenzwelt, aber auch zu einer Welt, deren innere Notwendigkeit erst in der Behauptung gegen das Bewußtsein der Faktizität der Welt möglich geworden ist, also gegen eine technische Welt. Daß Husserl in der späten Phase seines Denkens nach dieser Lebenswelt geforscht hat, und zwar noch bevor ihm das Problem der Technisierung akut geworden war, ist eine aus der immanenten Entwicklung der Phänomenologie selbst hervorgewachsene Dringlichkeit gewesen; denn – und das ist nun entscheidend für unseren Gedankengang – die phänomenologische Methode ist selbst ein Paradigma des Kontingenzbewußtseins, jenes Basisvorganges im geistigen Substrat der technischen Welt, den man als ›Entselbstverständlichung‹ bezeichnen könnte. Die letzten und verstecktesten Selbstverständlichkeiten noch in Frage zu stellen, ließe sich geradezu als Programm der Phänomenologie angeben. Die Lebenswelt selbst zum Gegenstande theoretischer Deskription zu machen, ist ja nicht eine Rettung und Bewahrung dieser Sphäre, sondern in

61 Diese These habe ich näher begründet: »Nachahmung der Natur. Zur Vorgeschichte der Idee des schöpferischen Menschen«, in: *Studium Generale*, Bd. X (1957), S. 266-280 [in diesem Band S. 86-125]; »Ordnungsschwund und Selbstbehauptung. Über Weltverstehen und Weltverhalten im Werden der technischen Epoche«, in: *Das Problem der Ordnung. Verhandlungen des VI. Deutschen Kongresses für Philosophie*, Meisenheim 1962, S. 37-57 [in diesem Band S. 138-162]; Art. »Kontingenz«, in: *Die Religion in Geschichte und Gegenwart*, Bd. 3, 3. Auflage Tübingen 1959, Sp. 1793 f.

der Enthüllung die unvermeidliche Zerstörung ihres essentiellen Attributs der Selbstverständlichkeit. Der kritisch benötigte und gesuchte Begriff kann nicht gewonnen werden ohne Aufhebung der Sache. Für den Phänomenologen gilt es, *die universale Selbstverständlichkeit des Seins der Welt – für ihn das größte aller Rätsel – in eine Verständlichkeit zu verwandeln.*[62]

Nichts anderes als Forcierung der Kontingenz bedeutet also die Bestimmung des theoretischen Standortes der Phänomenologie, nach der *wir uns über dieses ganze Leben und diese gesamte Kulturtradition stellen müssen und durch radikale Bestimmungen für uns, einzeln und in Gemeinschaft, die letzten Möglichkeilen und Notwendigkeiten suchen, von denen aus wir zu den Wirklichkeiten urteilend, wertend, handelnd Stellung nehmen können.*[63]

Eine Philosophie der *absoluten Universalität, in der es keine ungefragten Fragen, keine unverstandenen Selbstverständlichkeiten geben* darf,[64] erfüllt zwar mit ihrem Anspruch das *Telos der Intentionalität,*[65] aber sie macht damit auch jene Fragen virulent, die nicht auf ihre in Unendlichkeiten unerreichbar liegenden Antworten vertröstet werden können, die ihrer Natur nach den theoretischen Aufschub nicht ertragen, sondern das philosophisch nicht einzuholende Sich-Vorweg-Greifen des Menschen provozieren, das eben Husserl als Natur der Technik bloßgelegt hat.

Husserl ist nachgesagt worden, daß es ihm *völlig an historischem Sinn gebrach,*[66] aber während man diesen Mangel daran erkennen zu können glaubte, daß Husserl die historischen Gestalten des Philosophierens nur auf die Ebene seiner eigenen Ansprüche zu projizieren vermochte, enthüllt er sich tatsächlich vielmehr darin, daß er die geschichtliche Rolle und Stellung seiner eigenen Phänomenologie verkannte: während er mit dem methodischen Instrument der Reduktion und der freien Variation das wesensnotwendig Invariable suchte, *das von aller Faktizität befreite Exempel, das unzerbrechlich Selbige im Anders und Immer wieder-anders, das allgemeinsame Wesen*, artikulierte er damit eher die Freiheit des Mittels als die Notwendigkeit des Zweckes, exekutierte den neuzeitlichen Geist,

62 *Husserliana* VI, S. 184.
63 Ders., *Formale und transzendentale Logik*, S. 5.
64 *Husserliana* VI, S. 269.
65 Ebd., S. 533.
66 Hannah Arendt, *Sechs Essays*, Heidelberg 1948, S. 52.

in der Meinung, ihn gegen die Neuzeit zu wenden, eben als jene *Variation, die in der Freiheit der reinen Phantasie und dem reinen Bewußtsein der Beliebigkeit ... vollzogen wird, womit sie sich zugleich in einen Horizont offen endlos mannigfaltiger freier Möglichkeiten für immer neue Varianten hineinerstreckt.*[67]

Schon rein sprachlich ist die Rede von der *völlig freien, von allen Bindungen an im voraus geltende Fakta gelösten Variation* etwas von der Art der pathetischen Emanzipationsformeln der Neuzeit, die alle an der Illusion teilhaben, sich vom Faktischen für das Wesentliche freizumachen, und im Effekt doch immer nur die unüberwindliche Anstößigkeit des faktischen akzentuiert haben. Die im Denken Husserls idealisierte ›Lebenswelt‹ dürfen wir damit als das unverstandene Korrelat und Korrektiv für die an der Technisierung unvermerkt mittätige Steigerung der Kontingenz durch die Phänomenologie ansehen.[68]

Die *Aktualität* der phänomenologischen Analyse der Technisierung hat sich durch ein sehr gegenwärtiges, von Husserl noch gar nicht beachtetes Problem unabsehbar gesteigert, das eine fast experimentelle Isolierung des ganzen Komplexes darstellt: die weltweite Transplantation europäischer Wissenschaft und Technik auf die einst exotischen Völker und Kulturwelten. Hier tritt die Technisierung nicht als Sprung aus dem mit der Lebenswelt in fundierendem Zusammenhang stehenden Kontinuum theoretischer Vollzüge auf, sondern als exogene Überlagerung oft fast unberührter Lebenswelten, in ihrer Selbstverständlichkeit eingeschlossener Verständnis- und Verhaltenskodifikationen. Die Motivation, die man ›zivilisatorische Ungeduld‹ genannt hat, ist dort nicht aus dem Bewußtsein der ›unendlichen Aufgabe‹ *erwachsen*, sondern *induziert* durch das, was man *international demonstration effect* genannt hat. Die ungeheueren Beschleunigungen, die in dem ›Unterentwicklung‹ genannten Syndrom rein technisch erforderlich gewor-

67 Husserl, *Formale und transzendentale Logik*, S. 219.

68 Zum Begriff der ›Lebenswelt‹ vgl. noch: Aron Gurwitsch, »The last Work of Edmund Husserl II: The Lebenswelt«, in: *Philosophy and Phenomenological Research*, Bd. 17 (1957), S. 370-398. – Analogien zur ›natürlichen Lebensansicht‹ Ludwig Wittgensteins und zur Problematik der natürlichen Sprache im Neopositivismus hat Hermann Lübbe, »›Sprachspiele und Geschichten‹. Neopositivismus und Phänomenologie im Spätstadium«, in: *Kant-Studien*, Bd. 52 (1960/61), S. 220-243, angemerkt.

den sind, schaffen Spannungen, die gerade durch Husserls Idee des Geschichte nachholenden Sinnvollzuges verständlich werden, die aber zugleich jene Affinität zu einer Ideologie verständlich machen, die ihre Eignung als Rechtfertigung ›nachholender Industrialisierung‹ spektakulär erwiesen hat und immer wieder demonstriert. Vom Aspekt unserer immanenten Kritik an der Position Husserls her gesehen, liegt das Problem der *nachholenden Entwicklung* nicht so sehr in dem exogenen Angebot der technischen Mittel und zivilisatorischen Verhaltensweisen, als vielmehr in dem Fehlen der immanenten Motivation, dieses Angebot zu akzeptieren und zu assimilieren: die *Motive* selbst werden von außen mitgeliefert, sie aber müßten endogen entwickelt werden. Was als Ergebnis unserer Untersuchung für die europäische Neuzeit nicht gefunden werden konnte, nämlich ein Ansatz für eine ›Pathologie der Technik‹, das könnte sich doch noch in der späten Phase der Technisierung als das im Weltmaßstab akute Desiderat herausstellen.

Die Technik ist phänomenal ein Reich von Mechanismen. Um sie als ›Sache selbst‹ zu verstehen, genügt es nicht, dieses Reich der Mechanismen zu klassifizieren, nach seinen Wirkungen und Nebenwirkungen zu befragen und seine Ermöglichung auf die Erkenntnis der Naturgesetze zurückzuführen. Alle Mechanismen sind letztlich auf die Steigerung einer endlich vorgegebenen Kapazität, nämlich der des menschlichen Daseins, angelegt; sie strekken, wenn man so sagen darf, die Reichweite jedes Daseins, im räumlichen wie im zeitlichen Bezug, sie erlauben uns, Sprünge zu machen, statt Schritte zu tun. Die Radikalität der Frage, bis an deren Schwelle Husserl die Analyse vorangetrieben hat, besteht darin, daß nach dem geschichtlichen Aufbrechen des Motivs und des Willens zu dieser Steigerung der Endlichkeit gefragt wird. Technisierung entspringt aus der Spannung zwischen der sich als unendlich enthüllenden theoretischen Aufgabe und der als konstant gegeben vorgefundenen Daseinskapazität des Menschen. Die Antinomie der Technik besteht zwischen *Leistung* und *Einsicht.* Die Phänomenologie – in der Gestalt, die ihr Husserl gegeben hat – hat diese Antinomie nicht aufgelöst, sondern verschärft, für unsere geistige Situation spürbar und wirksam gemacht.

15. Einige Schwierigkeiten, eine Geistesgeschichte der Technik zu schreiben

Jede Wissenschaft hat an ihrer eigenen Geschichte zu tragen. Sie bewahrt die Spuren dieser Geschichte auch dann, wenn der Fortschritt ihrer Ergebnisse ausschließlich durch die Erfordernisse ihres Gegenstandes bedingt zu sein scheint.

Die Geschichtsschreibung ist aus den frühen Formen der Chronistik hervorgegangen. Der Chronist erfaßt die Ereignisse in der Reihenfolge ihrer Datierbarkeit, und er erfaßt nur, was datierbar ist. Noch die Form, in der uns auf der Schule Geschichte zuerst begegnet und zumeist ärgerlich wird, ist im Grunde die der Chronik. Ereignisse von historischer Bedeutung sind daher vorzugsweise datierbare menschliche Handlungen, und das heißt solche, die bestimmte Handlungsprodukte gezeitigt haben, seien es Verträge oder Schlachten, Regierungsantritte oder Gesetzeswerke, Eroberung oder Verlust fester Punkte und Grenzen, Tyrannenstürze oder Erbfälle.

Als die Geschichtsschreibung dazu überging, die Kette der Ereignisse nicht mehr einfach chronologisch zu registrieren, sondern Verbindungen zwischen den einzelnen Gliedern dieser Kette nachzuweisen, zeigte sich alsbald, daß Handlungen durch Handlungstheorien, die man ihnen zuordnen konnte, erklärbar sind. Auch hier blieb die Datierbarkeit gewahrt, insofern solche Handlungstheorien den Handlungen in Gestalt von Büchern, Reden, Proklamationen und Manifesten vorhergehen und diese wiederum auf bestimmbare Daten ihrer Erscheinung und ersten Verlautbarung festgelegt werden können. Also sind Handlungstheorien ihrerseits wiederum Handlungen [handschr.: Ereignisse] besonderer Art, mit denen die Chronik angereichert und als verstehbarer Zusammenhang ausgegeben werden konnte.

Zweifel an diesem Schema entstanden erst, als man zu begreifen glaubte, daß auch außertheoretische Voraussetzungen und Bedingungen für Handlungen im weitesten Sinne bestimmend sein können. Der Zusammenhang von Ereignissen und Zuständen ließ sich umkehren. Historische Zustände waren nicht mehr nur Folge und

Niederschlag bestimmbarer historischer Ereignisse, sondern ließen ihrerseits Ereignisse erst verstehbar werden.

Um das zu erläutern: eine technische Erfindung ist, zumindest in den letzten Jahrhunderten, ein datierbares Ereignis. Und es scheint, daß die zunehmende Technisierung als der Zustand moderner Industriegesellschafen nichts anderes als das Resultat der Summierung jener erfinderischen Ereignisse ist. Karl Marx hat als erster im 13. Kapitel des ersten Bandes des [handschr.: seines] *Kapitals* mit dem Titel »Maschinerie und große Industrie« diese Betrachtungsweise genau umgekehrt. Die Mechanisierung der Produktion erscheint bei ihm als die in Erfindungen umgesetzte Konsequenz der Arbeitsstruktur der frühindustriellen Manufaktur mit ihrer Zerlegung der ursprünglich handwerklichen Herstellung einer Ware in ihre elementaren Arbeitsvorgänge. An dieser Arbeitsteilung wurde die Möglichkeit der Mechanisierung geradezu ablesbar, die Übersetzbarkeit des Elementaren in den mechanischen Vorgang gleichsam zwingend demonstriert. Die Erfindungen lagen nicht, wie man zu sagen pflegt, in der Luft, sondern waren im Arbeitsprozeß präformiert. Die Werkstatt zur Produktion der Arbeitsinstrumente selbst, so schreibt Marx, »dieses Produkt der manufakturmäßigen Teilung der Arbeit produzierte seinerseits – Maschinen«.[1] Dieses Modell macht deutlich, was Marx unter einer Geschichtsschreibung versteht, die die materiellen Zustände als Bedingung geistiger Ereignisse und Handlungen ansetzt, und was er einer »kritischen Geschichte der Technologie« abverlangt.[2]

Eine solche Art von Geschichtsschreibung kann nicht in der chronistischen Tradition stehenbleiben. Das Zuständliche entzieht sich der präzisen Datierbarkeit, die das Begründungsverhältnis von Handlungstheorien und Handlungsprodukten bestimmt. Es mußte nun zumindest als möglich angesehen werden, daß Handlungstheorien ihrerseits nur Ausdruck und Folge vorgegebener Verhältnisse seien, daß sie allenfalls die in den Zuständen gelegenen Notwendigkeiten des Handelns aufnehmen, entfalten und systematisieren und dadurch Ereignisse vielleicht vorbereiten und beschleunigt herbeiführen, nicht aber primär motivieren können. In diesen Zusammenhang nun konnte sich ein tiefes Mißtrauen einnisten, das wir heute den Ideologieverdacht zu nennen pflegen:

1 [Karl Marx,] *Das Kapital* I 4, S. 12.

2 Ebd., S. 13, Anm. 89.

Handlungstheorien begründen nicht von ihnen abhängige Handlungen, sondern rechtfertigen nur ohnehin aus den Zustandsbedingungen fällige Handlungen.

In diesem grob vereinfachten Schema der Problematik jeder Geschichtsschreibung lassen sich die Schwierigkeiten lokalisieren, die für eine Geschichte der Technik entstehen. Auch hier haben wir es mit mehr oder weniger bestimmt datierbaren Ereignissen zu tun. Vorrichtungen, Verfahrenstechniken, Mechanismen, konstruktive Elemente werden in Dokumenten beschrieben oder in musealen Relikten konserviert. Zunächst scheinen die Schwierigkeiten des Historikers der Technik geringer zu sein als die des politischen Historikers, weil das Gegenstandsgebiet eng und klar ausgrenzbar ist und weil – zumindest für den Blick des modernen Betrachters – hier die Zuordnungen von einer sachlichen Logik sind. Es liegt dabei ähnlich wie in der Geschichte der exakten Wissenschaften: die theoretischen Resultate einer bestimmten Stufe enthalten die Probleme für die nächsten Schritte der Erkenntnis. So macht in der Technikgeschichte die Lösung eines bestimmten konstruktiven Problems zugleich die Mängel erkennbar, die noch zu bewältigen sind, und stellt damit die Aufgaben für künftige konstruktive Lösungen. Je näher wir der Gegenwart kommen, um so mehr werden Geschichte der exakten Wissenschaften und Geschichte der Technik, aber auch Geschichte der bildenden Kunst und der Literatur zu geschlossenen Regionen von einer je eigenen inneren Logik ihrer Entwicklung und damit verhältnismäßig unabhängig von äußeren Einwirkungen und Abhängigkeiten. So dürfte die ganze höchst aufwendige Kulturkritik unserer Tage, die vom technischen Optimismus bis zur Dämonisierung der Technik reicht, kaum einen erkennbaren Einfluß auf den Technisierungsprozeß selbst haben, obwohl sie das Verhältnis der Menschen zur technischen Realität beeinflußt.

Die Frage ist nun, ob sich das Modell eines hoch-verdichteten wissenschaftlichen und technischen Zustandes verallgemeinern läßt. Können wir mit der inneren Logik der Sachprozesse auch für die Anfänge der wissenschaftlich und technisch bestimmten Epoche rechnen? Geschichte der Technik muß doch verständlich machen, aus welchen Antrieben die Organisation einer neuen Realität hervorgegangen ist, bevor ihre Elemente selbst die Forderungen ihrer Weiterbildung und Integration präsentieren konnten. Geschichte der Technik kann weder die bloße Chronik des Auftretens neuer Verfahren, Fertigkeiten und Mechanismen sein, noch die Geschichte der *Technik in der Geschichte*, die heute so nachdrücklich gefordert wird: also die Darstellung der Summe aller Abhängigkeiten der Lebensrealität von dem Stand der Technisierung. Geschichte der Technik wird auch und vor allem die Geschichte des Heraustretens der Technik *aus der Geschichte* sein müssen. Ob und wie aus einem bestimmten neuen Verständnis der Wirklichkeit und der Stellung des Menschen innerhalb dieser Wirklichkeit technischer Wille entsteht, wird Thema einer Geistesgeschichte der Technik sein müssen, die nicht nur Selbstdeutungen der technischen Tätigkeit und Urheberschaft sammelt und registriert, sondern die Motivationen eines auf Technik zielenden und von Technik getragenen Lebensstils faßbar werden läßt.

Dies scheint plausibel zu sein, aber die Schwierigkeit beginnt, wenn man diese Geistesgeschichte der Technik entwerfen will. Die Zeugnisse, die sich als Quellen anbieten, scheinen auf den ersten Blick Motivationen technischen Verhaltens und Produzierens nachweisbar zu machen. Aber eine genauere Analyse solcher Quellen – etwa des 17. und 18. Jahrhunderts – erweckt alsbald den Zweifel, ob das, was uns den Zugang zum Hintergrund geistiger Antriebe zu eröffnen scheint, nicht vielmehr dem Bedürfnis der [handschr.: nach] Rechtfertigung des schon Realität Gewordenen seinen Ursprung verdankt. Statt der Bezeugung der Ursprünge erhielten wir dann Stücke einer technischen Ideologie.

Ich möchte das, was hier doppeldeutig werden kann, an drei Beispielen etwas eingehender erläutern.

Das erste Beispiel bezieht sich auf den Begriff der Erfindung, also der originären Hervorbringung einer bis dahin ungekannten Gegenständlichkeit. An der von mir schon zitierten Stelle aus dem *Kapital* von Marx ist deutlich, daß der Erfinder gleichsam nur als der Funktionär und Vollzugsgehilfe des objektiven Prozesses der Industrialisierung erscheint.[3] Das Insistieren auf dem bloßen Reproduktionscharakter der Erfindung wird aber in seiner Tendenz

3 Ebd.: »Eine kritische Geschichte der Technologie würde überhaupt nachweisen, wie wenig irgendeine Erfindung des 18. Jahrhunderts einem einzelnen Individuum gehört.« Die Einschränkung auf das 18. Jahrhundert ist in diesem Zusammenhang nicht ohne Bedeutung, weil darin immerhin für die ›Anfänge‹ eine andere Konzeption offenbleibt.

erst verständlich, wenn man den exemplarischen Eigentumsgehalt des Erfindungsbegriffes der Neuzeit heranzieht. Der schon in der Antike ausgebildete Einwand gegen das Privateigentum, daß die Natur alles allen zur Verfügung gestellt habe, trifft die Erfindung nicht; Urheberschaft ist daher die reine und unanfechtbare Darstellung von Eigentum geworden. Dennoch besitzt das Rechtsinstitut des geschützten Eigentums des Erfinders an seinem Werk, das erst gegen Ende des 18. Jahrhunderts seine volle Ausbildung erfährt, keineswegs die Selbstverständlichkeit, die es inzwischen angenommen hat.

Das Recht an der Erfindung entwickelt sich in den Auseinandersetzungen über die Einschränkung des fürstlichen Rechtes, Privilegien zu verleihen, wobei die Erteilung eines Handelsmonopols auf eine im Grunde jedermann zugängliche Ware als Inbegriff des Absolutismus unterschieden wird von dem Patent, das dem ersten und wirklichen Erfinder eines neuen Produktes zusteht. Seine natürliche Rechtssphäre wird dadurch geschützt, nicht begründet. Die Auffassung von der Erfindung als einem schutzwürdigen, nicht auf eine Sache, sondern auf die Idee von einer Sache bezogenen Eigentum hat geistesgeschichtliche Voraussetzungen, in denen die traditionellen Auffassungen von der Wirklichkeit und vom Menschen fraglich werden. Dabei rückt zuerst in den Horizont der Möglichkeit, daß es überhaupt Gegenstände geben kann, die vorher in der Natur noch nicht da waren und für die die aristotelische Bestimmung aller menschlichen Fertigkeiten als Nachahmung der Natur nicht mehr zutraf. Ich brauche nur daran zu erinnern, daß der uns auch für den menschlichen Einfall geläufige Ausdruck ›Idee‹ in seiner ursprünglichen platonischen Bedeutung nur für die Urbilder dessen galt, was sich in der Natur als dem Inbegriff der Abbilder vorfindet. Idee konnte hier unmöglich die Bezeichnung für einen vom Gegebenen unabhängigen gedanklichen Entwurf sein. Versucht man, die geschichtliche Wendung zu fassen, die sich in der Begriffsgeschichte der ›Idee‹ vollzogen hat, so stößt man in der Mitte des 15. Jahrhunderts in den Dialogen des Nikolaus von Cues auf die Gestalt des Laien als eine Schlüsselfigur dieses Wendepunktes. Der Laie ist gegen den Typ des scholastischen Gelehrten und sein traditionelles Bild von der Natur und vom Menschen konzipiert. Er ist der Mann der alltäglichen Erfahrung, der sich auf das Messen, Zählen und Wiegen versteht, ein

Handwerker, der hölzerne Geräte für den Hausgebrauch herstellt. Und gerade an diesen Geräten demonstriert er im Dialog »Über den Geist«, daß seine Produktion durch die Formel von der Nachahmung der Natur nicht erklärt werden kann. »Die Wesensformen von Löffeln, Schalen und Töpfen werden allein durch menschliche Kunst zustandegebracht.«[4] Zu einer Zeit also, in der die Theorie der Künste noch beherrscht ist von dem aristotelischen Satz der Nachahmung, findet die gering geachtete Tätigkeit des Handwerks eine Interpretation, in der der Vergleich des Menschen mit den schöpferischen Werken der Gottheit nicht nur nicht gescheut, sondern gerade gesucht wird.

Aber zugleich macht diese Tendenz, den Laien als Gegenfigur gegen den Typus des Scholastikers zu stellen, den Beleg in seinem Zeugniswert problematisch. Hier findet primär nicht eine Aufwertung des Menschen statt, für die wohl nach seinen in der Zeit am höchsten bewerteten Tätigkeitsformen hätte gesucht werden müssen, sondern der in der Tradition der *freien Künste* entwertete Handwerker wird als Demutsfigur gegen den gelehrten Hochmut eingeführt. Was der Laie tut und was er ist, erscheint der Rechtfertigung bedürftig. Die neu gesehene Würde seiner erfinderischen Arbeit dient der Heraushebung einer Haltung, einer im mittelalterlichen Sozialsystem mißachteten Lebensform, und nicht der neuen Begründung des Ursprungs technischer Gebilde als solcher. Damit wird verständlich, daß dieses Zeugnis des Cusaners im 15. Jahrhundert einsam und zunächst wirkungslos bleibt. Auch die Anwendungen, die das Beispiel des Laien auf das Wesen des menschlichen Geistes findet, bleiben im erkenntnistheoretischen Bereich stehen und gehen der Sache nach nicht über das hinaus, was die spätmittelalterliche Scholastik selbst über die Entstehung der menschlichen Begriffe ausgesagt hatte. Der Begriff, so wie er von der Schule des Nominalismus verstanden wurde, bildet nicht mehr die Sache ab, sondern fängt sie nur auf, bezieht sie in ein Netz vom Menschen entworfener Strukturen ein. Im Grunde sind für den Nominalismus die Begriffe Erfindungen, ihr System eine Vorrichtung des Geistes, um mit der Unüberschaubarkeit des Konkreten fertig zu werden. Aber diese Erfindung ist ohne Würde, sie ist eine Notlösung, eine Funktion der Ohnmacht und Bedürftig-

4 [Nikolaus von Kues,] *Idiota de mente*, c. 2.

keit des menschlichen Intellekts, der die hinter der Natur stehende Vernunft nicht mehr zu reproduzieren vermag. Der Cusaner hat in der Figur des Laien diesem Sachverhalt ein anderes Vorzeichen gegeben: was Bedürftigkeit war, ist Auszeichnung geworden. Um Vorzeichen, um Wertsetzungen geht es in der Geistesgeschichte der Technik sehr wesentlich bis auf den heutigen Tag, an dem noch unentschieden zu sein scheint, welches Wertvorzeichen der Technik endgültig zufallen wird.

Ein zweites Beispiel, an dem ich die Doppeldeutigkeit des geistesgeschichtlichen Hintergrundes der beginnenden Technisierung zeigen möchte, ist die Bedeutung der Vorstellung vom Naturgesetz für diesen Prozeß. In der frühen Geschichte der neuzeitlichen Mechanik und des neuen Interesses an den sogenannten einfachen Maschinen spielt der dem Aristoteles fälschlich zugeschriebene Traktat über die Mechanik eine bedeutende Rolle. Die einfachen Mechanismen, bei denen eine kleine Kraft eine große Last bewegt, werden unter dem Gesichtspunkt der Hervorbringung außerordentlicher Effekte durch Überlistung der Natur dargestellt. Dieser Gedanke steckt schon im griechischen Ursprung des Ausdrucks ›Mechanik‹. Im 17. Jahrhundert gerät diese als List und Trick verstandene Mechanik in Kollision mit der Vorstellung des Naturgesetzes, die zunächst eine deutlich ausgeprägte politische Metaphorik enthält. Dieser metaphorische Gehalt ist in unserer Auffassung von Naturgesetzen verschwunden, die nur noch so etwas wie die Gattungsbegriffe der Naturveränderungen oder die Einschränkungen bedeuten, die wir aus der Erfahrung unseren theoretischen und praktischen Erwartungen vorschreiben. Die im Hellenismus ausgebildete Vorstellung des Kosmos als eines universalen Staates hatte das Naturgesetz nach Analogie des politischen Gesetzes verstanden, das allen Gliedern der Welt als eine zugleich physische und moralische Gesetzgebung auferlegt ist und ihren Gehorsam beansprucht. Diese Analogie läßt aber die Möglichkeit offen, daß gegen das Gesetz verstoßen werden kann, daß man es mit Geschick übertreten und sich den der Gesamtheit versagten Vorteil erlisten kann. Mechanik war ein Inbegriff solcher Listen. Für den echten Aristoteles wäre dieser Gedankengang freilich noch unmöglich gewesen, denn für ihn waren Technik und Künstlichkeit als Nachahmungen gerade auf die Natur und das in ihr Angelegte angewiesen gewesen – und zudem gab es für den Menschen gar nicht das Bedürfnis, sich etwas zu verschaffen, was die Natur ohnehin in ihrer Zweckmäßigkeit für den Menschen besorgte.

Für das Christentum war dies nicht mehr so selbstverständlich. Die Natur war nicht mehr das Paradies, in dem der Mensch einst sorglos und ohne List leben konnte. Und es gab – als unveräußerlichen Bestand der Ursprungsgeschichte des Christentums und als seinen ständigen Begleiter – das Wunder, in dem sich bezeugte, wie Gott selbst die Verbindlichkeit seiner Schöpfung handhabte, wie das Außerordentliche als Vorbehalt über der Ordnung der Natur stand und in ihr jederzeit möglich war. Nicht zufällig erschien das frühe Christentum seiner Umwelt als eine Verschwörung gegen die Naturgesetze; Spuren der Verteidigung gegen diesen Vorwurf finden sich zahlreich bei den christlichen Autoren. Daß die Magie in der christlichen Epoche nicht nur weiterleben, sondern zuweilen ganz unbehelligt und selbstverständlich sich ausbreiten konnte, war zweifellos dadurch begünstigt, daß die Naturordnung grundsätzlich als durchbrechbar erschien.

Im Zeitalter der absolutistischen Staatsform mit ihrer Voraussetzung einer geradezu natürlich gewordenen Willkür des Gesetzgebers konnte die Metapher des Naturgesetzes den Gedanken der geschickten Unterwanderung und Mißachtung als Selbstbehauptung gegen jede Art von Gesetz nur noch plausibler machen. So ist es nicht verwunderlich, daß die Schrift über die mechanischen Probleme auf eine Affinität des Interesses stieß, das dem Absonderlichen, Staunenswerten und Wunderartigen zugewandt war. Natur und Staat waren zu Inbegriffen souverän dekretierter Ordnungen geworden, in denen das Interesse und Glück des Menschen zumindest nicht vorgesehen erschienen; nur das Wunder gab Hoffnung oder die Geschicklichkeit der Selbstbehauptung. Die Mechanik der mit dem Namen des Aristoteles sanktionierten Schrift schien die Tür zur menschlichen Erzeugung von Wundern durch Geschicklichkeit zu öffnen. Der Traktat bestimmt das Wunderbare einerseits als das, was sich zwar gemäß der Natur ereignet, seiner Ursache nach aber nicht aufgeklärt werden kann, andererseits als das, was durch Kunstfertigkeit und zugunsten des Menschen gegen die Natur geschieht. Und um das nicht als bloßen Übermut erscheinen zu lassen, wird das Interesse des Menschen, gegen die Natur zu handeln, damit begründet, daß die Natur in vielem gerade durch die Regelmäßigkeit ihres Ablaufes gegen das Bedürfnis des Menschen verstößt, das seinerseits vielfältig wechselhaft ist.[5] Noch die 1577 erschienene Mechanik des Guidobaldo del Monte ist von der vermeintlich doppelten aristotelischen Tradition bestimmt, daß Technik sowohl Nachahmung der Natur als auch Verstoß gegen ihre Gesetze sein könne und daß sich der Mensch beider Wege zur Erleichterung seiner ›Lasten‹ (im wörtlichen Sinne) bedienen dürfe. Beide Wege führten zu dem einen Ziel, daß der Mensch über die Natur *mit Vollmacht herrscht und verfügt.*

Der aus der Sicht der Wissenschaftsgeschichte ›falsche‹ Begriff des Naturgesetzes hat eine geschichtlich bedeutsame Funktion: er treibt das Moment der Selbstbehauptung als Motiv des technischen Interesses gegenüber einer den Menschen verunsichernden Natur heraus. Noch die Spielmaschinen und Wunderapparate des Barock geben einen Reflex der mechanischen List.[6] Was für die

5 *Quaestiones mechanicae*, in der Akademie-Ausgabe der *Werke* des Aristoteles, ed. I. Bekker, 847 a 11-18. Aufschlußreich für die systematische Distanz der Begriffe ›Natur‹ und ›Technik‹ ist das Zitat aus dem Dichter Antiphon (a 20), daß »wir durch Kunst das beherrschen, was von Natur uns beherrscht«. Die im Euklid-Kommentar des Proklos (ed. Friedlein 41,5 sqq.) überlieferte Einteilung der Mechanik nach der ›Organopoike‹, der Konstruktion von Kriegsmaschinen, an zweiter Stelle die ›Thaumatopoike‹, die Herstellung des Wunderbaren in Gestalt von Automaten und anderen sich selbst bewegenden Kunstfiguren.

6 In die Kuriositätenkabinette des 16. Jahrhunderts, die vor allem *rariora naturalia* enthielten, drangen mehr und mehr *artificia rariora* ein. Das berühmte ›Museum‹ des Athanasius Kircher (1601-1680) in Rom muß eine eindrucksvolle Demonstration sowohl der von der Natur produzierten ›Wunder‹ als auch der vom Menschen genutzten Möglichkeiten ›gegen die Natur‹ gewesen sein. Der Plan zu einer ›neuen Art von Ausstellungen‹, den Leibniz 1675 entwarf, zeigt eindrucksvoll die Homogeneität des Interesses an natürlichen und technischen Seltsamkeiten (»Drôle de pensée touchant une nouvelle sorte de représentations ...«, ed. E. Gerland, in: *Abhandlungen zur Geschichte der mathematischen Wissenschaften*, Bd. XXI, Leipzig 1906). Der Katalog der vorgesehenen Ausstellungsobjekte enthält seltene Tiere und optische Illusionen, Wettervorhersager und Rechenmaschinen, neue Gesellschaftsspiele und Musikautomaten, Feuerwerke und Flugmaschinen. Der Nutzen des Museums wird programmatisch so beschrieben: »Es würde die Augen des Publikums öffnen, Erfindungen anregen, schöne Ausblicke gewähren und die Leute mit einer unendlichen Zahl nützlicher und geistvoller Neuerungen belehren. Wer eine Erfindung oder einen geistvollen Vorschlag einzubringen habe, fände die Möglichkeit, dies bekanntzumachen und Gewinn daraus zu ziehen. Es würde ein allgemeiner Markt der Erfindungen entstehen. Wer auf sich hält und neugierig ist, würde das Museum besuchen, um darüber sprechen zu können, und selbst die Dame von Welt würde dort gesehen werden wollen, und zwar mehr als einmal.«

Ausbildung des Bewußtseins von der Notwendigkeit eines technischen Weltverhältnisses bedeutsam sein konnte, erwies sich für die Geschichte der Technik im engeren Sinne als eine Sackgasse. Das Ende der barocken Welt technischer Kuriositäten wird nirgendwo so anschaulich wie in dem Bericht, den Goethe in seinen ›Annalen‹ von einem Besuch gibt, den er 1805 dem Helmstedter Professor Beireis und seinem berühmten Kuriositätenkabinett machte. Die Wunder waren, an diesem Anfang des 19. Jahrhunderts, zum Plunder geworden. Goethe schreibt: »Gar manches von seinen früheren Besitzungen, das sich dem Namen und dem Ruhme nach noch lebendig erhalten hatte, war in den jämmerlichsten Umständen; die Vaucansonischen Automaten fanden wir durchaus paralysiert. In einem alten Gartenhause saß der Flötenspieler in sehr unscheinbaren Kleidern; aber er flötete nicht mehr ... Die Ente, ungefiedert, stand als Gerippe da, fraß den Haber noch ganz munter, verdaute jedoch nicht mehr: an allem dem ward er aber keineswegs irre, sondern sprach von diesen veralteten halbzerstörten Dingen mit solchem Behagen und so wichtigem Ausdruck, als wenn seit jener Zeit die höhere Mechanik nichts frisches Bedeutenderes hervorgebracht hätte.« Kein Zweifel, daß Goethe die quasi-organische Hinfälligkeit der Mechanismen mit einiger Befriedigung genoß.

Es ist falsch zu glauben, daß von der berühmten künstlichen Ente des Vaucanson, die Goethe bei Beireis in Agonie besichtigte, irgendein direkter oder indirekter Weg zu den innengesteuerten Modellen der modernen Kybernetik, etwa zu Shannons heute ebenso berühmter Schildkröte, führt. Die Fruchtbarkeit des Naturgesetzbegriffs lag nicht in den vermeintlichen Wundern, die gegen die Verbindlichkeit der Natur demonstrierten. Der erste, der dies gesehen hat, war Galilei. Seine Physik war im Grunde schon das Ende der *magia naturalis*, die endgültige Einsicht, daß sich die Natur nicht überlisten läßt, daß sie ihre feste Rechnung präsentiert,

Eine Marginalie zu diesem Plan ist höchst bedeutsam, vielleicht schon einem inneren oder äußeren Einwand begegnend: »Kann etwas größere Berechtigung haben als das Außerordentliche zu benutzen, um der Ordnung zu dienen?« Der Erfinder Leibniz selbst, in Hunderten von Entwürfen faßbar, hat oft schon durch die paradoxe Formulierung seiner Projekte das Contra des Wunderbaren prononciert, so am 24. Dezember 1678: »Navigare adverso flumine ipsa fluminis vi.« Von der Erzeugung des *motus perpetuus* ganz zu schweigen. (Vgl. E. Bodemann, *Die Leibniz-Handschriften der Kgl. öff. Bibl. zu Hannover*, Hannover 1895, S. 331-333.)

in der jeder Gewinn an Kraft eine Einbuße an Zeit bedeutet. Die Einführung der Mathematik in die Mechanik war das Ende der politischen Metaphorik im Naturgesetzbegriff und der aus ihr folgenden Illusionen.

Als Galilei um 1593 seinen frühen Traktat »Über die Wirkungen der mechanischen Werkzeuge« schrieb, war er durchaus mit der antiken Abhandlung über die mechanischen Probleme vertraut, über die er noch 1597/98 in Padua Vorlesungen hielt. Aber er ging jetzt entschlossen von der entgegengesetzten Position aus: die Wirkungen der Technik können nicht *gegen* die Gesetze der Natur, sondern nur *nach* den Gesetzen der Natur erzielt werden. Er beruft sich auf die Erfahrung, aus der er zu der sicheren Überzeugung gekommen sei, daß die Natur durch die Kunst weder übertroffen noch betrogen werden könne.[7] Dennoch bedeutet dies nicht die Rückkehr zur Nachahmungstheorie der Technik, denn unter Gesetzen zu handeln ist etwas anderes, als nach vorgestalteten Entwürfen zu handeln.

Seine schlagkräftigste Formulierung, wenn auch nicht seine beste Begründung, hat derselbe Gedanke ein Vierteljahrhundert später durch Francis Bacon gefunden: die Natur könne nur durch Unterwerfung beherrscht werden. Es [ist] die Formel des Kompromisses zwischen den beiden anfänglichen Tendenzen des Naturgesetzbegriffes, die lange Zeit plausibel erscheinen sollte, wahrscheinlich weil sie die Problematik des Begriffs eher versteckt als erkennen läßt.

Galilei hatte das Naturgesetz im Gegensatz zum politischen Gesetz als schlechthin unübertretbar erkannt. Die Maschinen und Vorrichtungen, die er im Arsenal von Venedig fand, stellten sich ihm als vereinfachte Modelle, nicht als Überbietungen der Natur dar. Das Naturgesetz erschien nicht mehr als ein der Natur auferlegtes Dekret des göttlichen Willens, sondern als die in der Natur der Dinge notwendig gegebene Bestimmung ihrer Abhängigkeiten. Das ist die allgemeine Definition des Gesetzes, die Montesquieu

7 [Galilei,] *Intorno agli effetti degl'instrumenti meccanici* (*Opere*, ed. naz., Bd. VIII, S. 572): »E perchè io, già gran tempo fa, mi era formato un concetto, e per molte e molte esperienze confermatolo, che la natura non potesse esser superata e defraudata dall'arte, nel veder si fatta maraviglia restai ammirato e confuso: e non potendo quietar la mente nè deviarla dal meditare sopra questo caso, ho fatto un cumulo di vari pensieri ...«

1748 an den Anfang seines Werkes über den *Geist der Gesetze* stellt, in dem er nun umgekehrt das politische Gesetz aus der von Newton fortgeführten Bestimmung der Naturgesetze abzuleiten sucht.[8] Aber dieser konsequente Gesetzesbegriff ist erst eine Errungenschaft des 18. Jahrhunderts, dessen Aufklärung mit ihm vor allem ihre Wunderkritik unterbaute.[9]

Galilei hielt das Naturgesetz noch für ein göttliches Dekret, aber sein Gott war nicht von der Art, daß er sich in seinem Werk selbst widersprechen konnte und die Erkenntnis der Natur dadurch unmöglich machen wollte. Theoretisch enthielt dieser Naturgesetzbegriff die Anweisung, daß Erkenntnis die einzige Voraussetzung zur Lösung der Probleme war, für die die Natur selbst die Lösungen dem Menschen nicht zur bloßen Nachahmung darbot. Aber nicht nur die Einsicht in das Naturgesetz ermöglichte die Technik, sondern die Berufung auf das Naturgesetz legitimierte ihre Leistungen. Die Vorstellung des Naturgesetzes war von ihrem Ursprung her als eine Schranke des menschlichen demiurgischen Handelns gedacht; sie wurde nun zu seiner Ermächtigung, denn das Naturgesetz erwies sich als der Inbegriff derjenigen Erkenntnisse, die es dem Menschen gestatteten, *auch* das und *gerade* das zu bewirken, was die Natur in ihrem vorgefundenen Bestand selbst nicht leistete und bereitstellte. Dadurch, daß die Naturgesetze zunächst nicht als Beschreibungen der Prozesse in ihrer Regelmäßigkeit angesehen wurden, sondern als über den Prozessen stehende Normen, führte ihr Begriff dazu, eine zwar anders*gestaltige*, aber doch strukturell gleich*artige* Wirklichkeit als möglich zu denken. Erst in der genetischen Betrachtung aller Naturformen sollte diese Auffassung ihre volle Bestätigung erhalten, weil sich nun das Sichtbare als das momentane Resultat der gesetzlich determinierten Prozesse erwies.

Die enge Verbindung der Ursprünge der neuzeitlichen Technik mit dem Gedanken des Naturgesetzes verrät das Rechtfertigungsbedürfnis, das immer wieder aus der alten Antithese von Natür-

8 [Montesquieu,] *L'esprit des lois*, Bd. I, S. 1: »Les lois dans la signification la plus étendue sont les rapports nécessaires qui dérivent de la nature des choses.«

9 Voltaire, Art. »Miracle«, in: *Dictionnaire Philosophique*, éd. Naves, S. 314 f.: »un miracle est une contradiction dans les termes …« In Gott sind Gesetz und Gnade eins: »ses faveurs sont dans les lois mêmes …« Cf. Art. »Grace«, ebd., S. 227: der Mensch kann nicht eine Ausnahme vor den Gesetzen für sich postulieren, während Gott den Gestirnen keine Ausnahme einräumt.

lichkeit und Künstlichkeit neue Antriebe bekommt. Gelingen oder Mißlingen der Legitimation der Technik ist für die Artikulation des modernen Bewußtseins eine entscheidende Alternative. Niemand wird behaupten wollen und können, daß die Jahrhunderte der sich rasch steigernden Technisierung unserer Umwelt genügt hätten, um ein gleichsam normales und selbstverständliches Verhältnis des modernen Menschen zur technischen Sphäre zu stabilisieren. Der technische Fortschritt selbst scheint dies zu verhindern, indem er die jeweils erreichte Balance zwischen technischen Mitteln und menschlichen Verhaltensweisen überspielt und dabei die organischen Reaktionsweisen und Fertigkeiten, die sich eingestellt haben, in der Spanne jeder Generation überfordert. Diese in der Sache liegende Schwierigkeit sucht sich Ausdrucksmittel des Unbehagens, die zwischen den Extremen Optimismus und Pessimismus, Vergötzung und Dämonisierung liegen. Dabei stellt unsere europäische Tradition vorwiegend die Kategorien negativer Wertung zur Verfügung, weil sie eine Tradition der Identifizierung von Natur und Realität ist. Aber gerade dieses Einspringen der Tradition für das moderne Unbehagen macht für eine Geistesgeschichte der Technik die Begründungsverhältnisse zweifelhaft und zweideutig: das Unbehagen, das in einer tradierten Formel seinen *Ausdruck* sucht, *muß* seinen *Ursprung* nicht aus der Tradition selbst genommen haben. Aber andererseits *kann* und *könnte* es so sein, und dem Geisteshistoriker der Technik eröffnet sich die Gefahr, defensive Argumentation und verschließende Motivation zu verwechseln oder zumindest nicht eindeutig differenzieren zu können. Jedenfalls stellt die philosophische Tradition dem Unbehagen an der Technisierung die plausibelsten Sprachmittel zur Verfügung; umgekehrt ermangelt der Versuch, die Technik im Bewußtsein zu beheimaten, Technikvertrauen zu stiften, das Postulat kritischer Verfügung über die Technik als Mittel durchzusetzen, der vertrauten und im Bildungsbesitz sanktionierten kategorialen Mittel. Die Sphäre der Technizität leidet unter Sprachnot, unter einem Kategoriendefekt. Man hat das auch so ausgedrückt, daß unsere Bildungsideale und Bildungsinhalte keine Hilfen für eine temperierte Einstellung zur Technik bieten. Greifbar ist das gerade bei denen, die von einem christlichen Standpunkt her Versöhnung mit dem technischen Geist suchen und sich dabei auf den biblischen Befehl zur Unterwerfung der Erde berufen. Aber dieser Befehl steht in der Nachbarschaft des dunklen Fluches, der die Unterwerfung der Erde mit Arbeit und Schweiß in ein Bedingungsverhältnis setzt und damit alles suspekt werden läßt, was darauf hinausläuft, zwischen Mensch und Erde ein Instrumentarium der Herrschaft einzuschalten, das seiner Zwecksetzung und seinem progressiven Effekt nach die Untertänigkeit der Erde gegenüber dem Menschen mit einem Minimum an Arbeit und Schweiß gewähren solle.

Wenn es richtig ist, daß wir heute in einer wissenschaftlich-technisch geprägten Welt mit einer weitgehend vorwissenschaftlich-vortechnischen Bewußtseinsverfassung leben, dann liegt dies nicht zuletzt daran, daß wir aus der Antithese von Natur und Technik noch nicht herausgekommen sind. Der Naturbegriff hat in unserer Tradition immer ein Moment der Sanktionierung der dem Menschen vorgegebenen Wirklichkeit bei sich gehabt. Das Natürliche wurde mit der Bedeutung des Naturgewollten verstanden. Auch der Liebhaber unserer humanistischen Tradition wird nicht übersehen können, daß gerade in ihr dieser Naturbegriff seine Wurzeln hat. Es ist immer noch etwas da, was jenem elementaren antiken Gedanken entspricht und mit ihm sympathisiert, der Aischylos und Herodot die Überbrückung des Hellespont durch Xerxes als frevelhaft erscheinen ließ.[10] Der erste Reiseführer durch Griechenland, den im zweiten nachchristlichen Jahrhundert Pausanias verfaßte, enthält einen ganzen Katalog bedeutender Veränderungen der Landschaft durch den Menschen, die als Gewalttätigkeiten gegenüber dem Göttlichen bezeichnet werden.[11] Was wir heute Kulturkritik nennen, hat sich seit der Antike des Ideals der unverletzten Erde, der *inviolata terra*, bedient und es an der utopischen Vorstellung des Goldenen Zeitalters abgelesen, das seine Freiheit von Mühe und Sorge gerade durch die Unkenntnis aller Art von technischer Fertigkeit besessen haben sollte.[12] Erschien für

10 Aischylos, *Perser* 746ff.; Herodot VII 33-35. Vgl. Ariston von Keos, fr. 13 VII (ed. Wehrli, Schule des Aristoteles VI 36, 9-11).

11 Pausanias, *Periegesis* II 1, 5. Die mythische Wurzel dieses Postulats der intakten Natur war wohl von suspektem Rang: der Neid der Götter auf die Macht des Menschen. (Vgl. Burckhardt, *Griech. Kulturgesch.*, Bd. III 2 [=Ges. WW VI, S. 97ff.) Ob auch davon noch etwas in den modernen Bewußtseinsbestand hineinreicht?

12 Für andere stehe die aus Dikaiarch (fr. 49, ed. Wehrli I 24) überlieferte Formel: »... necesse est humanae vitae a summa memoria gradatim descendisse ad hanc aetatem ... et summum gradum fuisse naturalem, cum viverent homines ex his

diese negative Betrachtung des Fortschritts schon der Ackerbau als Bruch der Sanktion der Erde, so mußte erst recht der Bergbau zum Musterfall der Auseinandersetzung mit diesem mythischen Relikt werden.

Als um die Mitte des 16. Jahrhunderts Georg Agricola in seinem *Traktat über den Bergbau* sich diesem Argument gegenübersah, formulierte er es so: »Die Erde verbirgt nicht und entzieht auch nicht den Augen diejenigen Dinge, die dem Menschengeschlecht nützlich und nötig sind, sondern sie spendet wie eine wohltätige und gütige Mutter mit größter Freigebigkeit von sich aus und bringt Kräuter, Hülsenfrüchte, Feld- und Obstfrüchte vor Augen und ans Tageslicht. Dagegen hat sie die Dinge, die man ergraben muß, in die Tiefe gestoßen, und darum dürfen diese nicht herausgewühlt werden ...«[13] In der Typik der Probleme des Jahrhunderts hat die Frage nach dem Recht des Menschen auf das Verborgene sowohl theoretische als auch praktisch-technische Bedeutung. Die Natur schien durch das, was sie unter der Erde und in der Ferne des Sternenhimmels, im zu Kleinen und im zu Großen, vor dem Blick und Zugriff des Menschen verbarg, immer weniger die wohltätige Hüterin ihrer Geheimnisse zu sein als die Herausforderung der menschlichen Neugierde und der menschlichen Arbeit, sich endlich das bis dahin Vorenthaltene zu eigen zu machen. Es erwies sich, daß nicht so sehr die Natur ihre Schätze verbarg, sondern daß der beruhigende Gedanke von der Zweckmäßigkeit der Natur den Menschen daran gehindert hatte, seine zufälligen Grenzen zu überschreiten und den Stolz auf seine Kraft zu erlernen. Schon im Jahre 1719 konnte die Akademie von Bordeaux die Preisaufgabe stellen, eine Geschichte der Erde und aller auf ihr eingetretenen Veränderungen einzureichen und dabei nicht nur Erdbeben und Flutkatastrophen zu behandeln, sondern auch die von Menschenhand geschaffenen Werke zu berücksichtigen, die der Erde ein neues Gesicht gegeben hätten. Die Erprobung der menschlichen Macht über die

rebus, quae inviolata ultro ferret terra ...« Dazu das aus Porphyrios, De abstinentia IV 2 stammende Dikaiarch-Zitat (fr. 49, ed. Wehrli), das die Urstufe ohne Ackerbau mit der müh- und sorglosen Muße verbindet.

13 Der das Aufsehen der Zeit erregende Brand des Zwickauer Kohlenflözes im Jahre 1505 hatte, wie man noch in Agricolas *Bermanus sive de re metallica* (dt. Übers. v. H. Wilsdorf, *Ausgew. Werke*, Bd. II) 23 Jahre später spüren kann, die Frage nach der Rechtmäßigkeit des Zugriffs auf das Verborgene akut gemacht.

Natur fand philosophische Formeln, die bis dahin außerhalb des Aussprechbaren gelegen hätten. Campanella schreibt: »Um Gott nachzuahmen, begehrt der Mensch, alles zu können, alles zu wissen und alles zu wollen, und läßt keinen Widerstand zu. Auf der Höhe geistiger Klarheit ergreift er leicht jede Theorie der mechanischen Künste, um in keiner Sache unwissend zu bleiben.«[14] Durch Dekret vom 23. November 1679 verurteilt das römische Sanctum Officium ausdrücklich den Satz, daß Gott den Menschen seine Allmacht zum Gebrauch überlassen habe, so wie jemand einem anderen ein Haus oder ein Buch zum Gebrauch überläßt.[15]

Der Konflikt um das Reservatsrecht der Natur ist noch nicht ausgestanden, er hat vielleicht seinen Höhepunkt noch vor sich. Er wird sich verschärfen, wenn es richtig ist, daß die gegenwärtige Biologie erst am Anfang einer Entwicklung steht, deren Konsequenz die zunehmende Verfügbarkeit auch organischer Strukturen bis in den Kern der Gensubstanz hinein sein könnte, so daß die Technisierung des Organischen erst ihren Anfang nimmt. An den Erscheinungen und Eigenschaften der organischen Sphäre ist aber der Naturbegriff unserer Tradition vor allem orientiert. Dabei wird man nicht verkennen dürfen, daß die Sorge vor dieser vielleicht erst entscheidenden Phase der Technisierung auch ihre sachliche Begründung hat – aber dann richtet sie sich eher auf die Frage, wer über solche neue Macht des Menschen verfügen wird und wie sie auf das Wohl des Menschen eingegrenzt werden kann, als auf die andere Frage, ob ein vermeintliches Recht der Natur auf Enthaltung des Menschen von letzten Eingriffen dadurch verletzt würde. Die Biologie hat erst seit kurzem ihren vorwiegend beschreibenden und klassifizierenden Charakter verloren und ist der Chemie und der Physik immer näher gerückt. Aber daß Physik und Chemie Naturwissenschaften sind, hat den Sprachgebrauch bis zum heutigen Tage nicht verhindert, unter dem ›Natürlichen‹ das zu verstehen, was ohne Wissenschaft und Technik Werden und Bestand

14 Realis Philosophiae Epilogisticae partes quattuor, 1623, 357: »Ut autem Deum imitetur, omnia posse cupit, omnia scire, et omnia velle; nihilque sibi adversari. Unde optimus serenitate ingenii, omnem artium mechanicarum facile addicit theoriam, ut nulla in re sit indoctus.«

15 Denzinger-Umberg, Enchiridion Symbolorum, ed. 23, Freiburg 1937, nr. 1217: »Deus donat nobis omipotentiam suam, ut ea utamur, sicut aliquis donat alteri villam vel librum.«

hat. Organische Grundvorstellungen haben als Metaphern in der Sprache der Staatstheorie und der Politik seit der Romantik eine gegen das rational-konstruktive Denken gerichtete Funktion angenommen, und auch aus dieser Sphäre hat sich die Antithese von Naturbestand und Menschenwerk neue Bestärkung geholt. Eine Geistesgeschichte der Technik wird gerade auch im Hinblick auf solche sprachlichen Festlegungen kritisch ins Bewußtsein bringen müssen, von welchen Voraussetzungen wir umstellt sind und was uns die Sicht auf die Sache selbst behindern könnte. Nicht nur in der Technik selbst, sondern auch in der Einstellung zu ihr ist der höchste Grad der Bewußtheit aller Bedingungen vonnöten. Lichtenberg hat sich einmal notiert: »Wir tun alle Augenblicke etwas, das wir nicht wissen, die Fertigkeit wird immer größer, und endlich würde der Mensch alles, ohne es zu wissen tun, und im eigentlichen Verstande ein denkendes Tier werden ...«[16]

Ich komme zum dritten meiner Beispiele für die Schwierigkeiten einer Geistesgeschichte der Technik. Das historische Interesse an der Technik steht immer in Konkurrenz mit einem anderen Aspekt, den ich einmal als den anthropologischen bezeichnen will. Der Mensch ist, biologisch betrachtet, als ein mangelhaft ausgerüstetes und angepaßtes Wesen auf die Bühne der Welt getreten und hat von Anfang an Hilfsmittel, Werkzeuge und technische Verfahren zu seiner Selbstbehauptung und zur Sicherung seiner Bedürfnisse entwickeln müssen. Aber dieses Instrumentarium der Selbsterhaltung ist über lange Zeiträume und im Spielraum minimaler Varianten stabil geblieben, und es scheint, daß der Mensch seine Situation in der Welt über weite Strecken seiner Geschichte nicht als die des fundamentalen Mangels und der elementaren Bedürftigkeit gesehen hat. Das Bild, das er sich von sich selbst gemacht hat, ist eher bestimmt durch die Züge eines von der Natur wohlversorgten, aber in der Verteilung ihrer Güter versagenden Wesens; das Problem der Gerechtigkeit ist daher überwiegend als das der verteilenden Maßnahmen formuliert worden. Entsprechend ist unsere Tradition weithin beherrscht von der Vorstellung, daß die Natur ein um des Menschen willen und auf den Menschen hin eingerichtetes Ordnungsgefüge sei. Es läßt sich leicht sehen, daß im Rahmen

16 Georg Christoph Lichtenberg, *Vermischte Schriften*, Göttingen 1800-1806, Bd. I, S. 158.

dieser Vorstellung die technischen Fertigkeiten und Leistungen des Menschen immer nur eine ergänzende, der Natur nachhelfende, ihre Zweckmäßigkeit vollstreckende Funktion haben konnten. Die Preisgabe des Vertrauens in die dem Menschen freundliche Ordnungsstruktur der Welt durch die Idee einer nur ihren immanenten Gesetzen folgenden Natur mußte einen eminent pragmatischen Wandel im Weltverständnis und Weltverhältnis des Menschen bedeuten. Die eigenen Fähigkeiten der technischen Veränderung und gar Beherrschung der Realität mußten einen anderen Akzent bekommen.

Dieser Umschlag von dem, was man die ›Humanität‹ der Welt nennen könnte, in die dem Menschen gegenüber rücksichtslos erscheinende Welt ist an der Wende vom Mittelalter zur Neuzeit eingetreten. Das Mittelalter ging daran zu Ende, daß es innerhalb seines geistigen Systems dem Menschen die Schöpfung als Vorsehung nicht mehr glaubhaft erhalten konnte. Die neuzeitliche Stufe der Geschichte der menschlichen Technizität kann daher nicht nur unter dem Gesichtspunkt der *quantitativen* Vermehrung technischer Leistungen und Hilfsmittel betrachtet werden. Vielmehr steht ein der entfremdeten Wirklichkeit bewußt begegnender Wille zur technischen Erzwingung einer neuen ›Humanität‹ der Wirklichkeit hinter dem sich beschleunigenden Anwachsen der technischen Sphäre. Der Mensch reflektiert auf den Mangel der Natur und die eigene Bedürftigkeit als die Antriebe seines gesamten Verhaltens.

Niemand hat diesen Gedanken des von der natürlichen Vorsorge verlassenen und sich selbst überantworteten Menschen deutlicher und härter ausgesprochen als Nietzsche. Aber nirgendwo wird auch die Doppeldeutigkeit dieses Zusammenhanges – und damit die Gefährdung des historischen Verstehens – greifbarer als bei ihm. Nietzsche spricht nicht etwa den Ideologieverdacht in bezug auf dieses Begründungsverhältnis von ordnungsloser Welt und menschlicher Weltmächtigkeit aus, aber er gebraucht selbst diesen Zusammenhang als Ideologie, indem er das, was ihm als geschichtliche Tendenz erscheint, zum Programm potenziert. Nietzsche sieht in dem Entschwinden und Fraglichwerden der geordneten und vertrauten Welt nicht die große Enttäuschung und Bedrängnis des Menschen, die ihn gegen seinen Willen dazu gezwungen hätte, auf theoretische und praktische Selbstbehauptung bedacht zu sein und sich in Wissenschaft und Technik das Instrumentarium der Herrschaft über eine fremde und ungefügige Wirklichkeit zu schaffen. Für Nietzsche ist vielmehr die Zerstörung des beruhigten Weltvertrauens die Voraussetzung für die schöpferische Steigerung und Selbstentfaltung des Menschen. Jetzt erst sei er von der verhängnisvollen Lähmung seiner Aktivität befreit worden. Die Idee von Vorsehung und Zweckmäßigkeit der Natur sei, wie er schreibt, der »für Hand und Vernunft lähmendste Glaube, den es je gegeben hat«. Er habe zu einem »absurden Vertrauen zum Gang der Dinge« geführt. Erst die mechanistische Weltdeutung der beginnenden Naturwissenschaft habe den demiurgischen Willen des Menschen alarmiert und freigesetzt, habe ihm die Welt als Material zu seiner ›Weltkonstruktion‹ ausgeliefert. Hier geht es nicht mehr um die nackte Selbsterhaltung, um die Notwendigkeit der Selbstvorsorge des Menschen, sondern um die Selbststeigerung, um das, was Nietzsche die »höchste Evolution des Menschen als die höchste Evolution der Welt« nennt. Für den Menschen hat es keinen Sinn mehr zu fragen, was die Welt für ihn schon sei; es hängt von ihm ab, was sie für ihn werden kann.

Damit ist auch die Gleichgültigkeit des traditionellen Wahrheitsbegriffes, der die angemessene Erfassung der Realität bedeutete, für Nietzsche zu Ende geführt: »Der Philosoph sucht nicht die Wahrheit, sondern die Metamorphose der Welt in den Menschen.«

Nun könnte man denken, diese Formel träfe genau das Selbstverständnis eines seinen technischen Triumphen hingegebenen Jahrhunderts. Aber Nietzsche hat gerade diese Möglichkeit der Deutung seines Grundgedankens übergangen, und wohl deshalb übergangen, weil er Technik so verstand, wie diese sich selbst verstehen zu müssen glaubte, nämlich als angewandte Naturwissenschaft, als Gehorsam gegenüber den Naturgesetzen und damit als Derivat jener Wahrheitsidee, die Nietzsche als den Rest aller Weltverbindlichkeit gerade aufheben wollte. Für ihn trat an die Stelle der Wahrheit ebenso wie der Technik die Kunst, die die Wahrhaftigkeit des Menschen »in einer lügenhaften Natur« darzustellen habe. Noch hatte die Technik sich nicht als neue Wirklichkeit dargestellt, geschweige denn selbst verstanden, ja noch scheute sie davor zurück, den vertrauten rechtfertigenden Gedanken, alles Technische sei Nachahmung des Natürlichen, aufzugeben. Paradigmatischen Rang für ein neues Selbstbewußtsein konnte deshalb für Nietzsche nur die Kunst haben, und für sie galt sein trotziges Wort: »Nicht im Erkennen, im Schaffen liegt unser Heil! ... Geht uns das Weltall nichts an, so wollen wir das Recht haben, es zu verachten.«[17] Wo die Instrumentalisierung der Idee ihre eigene List feiert, ist der Ideologieverdacht Gewißheit geworden. Die Idee wird hervorgebracht, um den Menschen zu zwingen, die Welt nicht auf sich beruhen zu lassen und dadurch mehr zu werden, als er jemals gewesen ist. Am deutlichsten wird das erst bei dem Gedanken der ewigen Wiederkehr des Gleichen, die dem späten Nietzsche als das Selektionsmittel des Übermenschen erscheint: »Ich mache die große Probe: wer hält den Gedanken der ewigen Wiederkunft aus? – Wer zu vernichten ist mit dem Satze ›es gibt keine Erlösung‹, der soll aussterben ...«[18] Der philosophische Gedanke hat hier einerseits das Moment einer charakteristischen Verspätung gegenüber der realen Entwicklung, indem er mit systematischer Zuspitzung formuliert, was die Wirklichkeit zur Herausforderung des Menschen gemacht hat, andererseits hat er die Funktion der Verstärkung, der Beschleunigung und Übersteigerung eines Prozesses, der längst in Gang ist. Was selbst die Konsequenz der geschichtlichen Entwicklung ist, will wiederum zu ihrem Motor werden. Die Doppeldeutigkeit von Selbstbehauptung und Selbststeigerung in den Motiven der neuzeitlichen Technisierung soll in eine funktionale Abhängigkeit transponiert werden: die Zerstörung des auf den Menschen bezogenen Ordnungs- und Vorsorgewertes der Welt erscheint als der erste, sich selbst noch nicht durchsichtige Zug einer geschichtlich weiträumigen Revolte. Eine Teleologie der Geschichte tritt anstelle der Teleologie der Natur. Aber der historische Befund verweigert den Dienst, zum Vorspiel für die Heraufkunft des Übermenschen gemacht zu werden. Die Situation, in der der Mensch die Wirklichkeit als Unordnung und Mangel versteht, muß als Bedrängnis und Nötigung zur Selbstbehauptung ernst genommen werden. Auf den Voraussetzungen dieser Situation beruht die gesamte philosophische Staatstheorie der Neuzeit, beruhen fast alle Theorien des menschlichen Wirtschaftslebens und nicht zuletzt die Theorien der Theorie selbst, also der Notwendigkeit der Erkenntnis als der menschlichen Ordnungsleistung gegenüber der sich selbst nicht

17 Die Nietzsche-Zitate aus »Der letzte Philosoph« (1872/75), *Werke*, Musarion-Ausgabe, Bd. VI, S. 16, 18, 31, 35, 50, 58.

18 Ders., »Entwürfe und Gedanken zu den unausgeführten Teilen des *Zarathustra*«, *Werke*, Musarion-Ausgabe, Bd. XIV, S. 187.

mehr als Ordnung darbietenden Wirklichkeit. Wie man die Frage nach der Priorität von Idee oder Zustand hier beantwortet, hängt davon ab, ob es die gleichsam reine, ungedeutete Erfahrung von Zuständen überhaupt gibt. Die Menschheit hat zu allen Zeiten die Not einer bedrängenden Natur und den Mangel gekannt, aber die Verallgemeinerung solcher Erfahrungen als Bewertung der Gesamtwirklichkeit hat zusätzliche Voraussetzungen, die mit jenen Erfahrungen nicht schon selbst gegeben sind.

Auch das möchte ich erläutern. Als der junge Augustin sich von der manichäischen Gnosis löste, die die Übel der Welt einem absoluten Urprinzip des Bösen zugeschrieben hatte, mußte er eine neue Lösung des Problems dieser Übel in der Welt finden, die seinen Gott als das Prinzip des Guten von jeder Verantwortung für die Verschlechterung der Welt entlastete. Theodizee, Rechtfertigung Gottes, hieß, daß die Übel in der Welt das genaue und gerechte Äquivalent für die Bosheit des Menschen selbst waren.[19] In diesem Denkmodell ist der Mensch als technisches Wesen gerade dadurch neutralisiert, daß er seine Betroffenheit durch die Realität schon sich selbst zuzuschreiben hat und als universale Gerechtigkeit verstehen muß, die mit eigener Kraft abzufangen sowohl hoffnungslos als verwerflich erscheint. Die Welt ohne den Menschen, ohne das Ausmaß seiner Sündigkeit, wäre nach Augustin gut und vollkommen. Das ist die genaue Antithese zu jener berühmten Feststellung Kants im § 86 der *Kritik der Urteilskraft*, daß »ohne den Menschen die ganze Schöpfung eine bloße Wüste« wäre. Wenn die Unwirtlichkeit der Welt nicht den Charakter der Gerechtigkeit gegenüber dem Menschen hat, sondern ein rational nicht aufschließbares Faktum ist, ist der Mensch nicht nur provoziert, sondern auch legitimiert, die vorgefundene Wirklichkeit zu verändern.

Wie die Ordnungsschwäche der Welt, ihr prinzipieller Mangel gegenüber den Bedürfnissen des Menschen, wahrgenommen und gedeutet wird, ist also nicht bloß auf die Feststellung bestimmter physischer, ökonomischer und sozialer Zustände zurückzuführen,

19 Nach *De libero arbitrio* (I 1; II 3), wo diese Theodizee entwickelt ist, die Formel in den *Confessiones* X 4,5: »bona mea instituta tua sunt et dona tua: mala mea delicta mea sunt et iudicia tua ...« Zugleich schließt diese Vorstellung in ihrer antignostischen Intention jede *Dämonisierung* einer Sachsphäre, auch einer nicht *natürlichen*, aus: »Verissimum est, non res ipsas, sed homines qui eis male utuntur esse culpandos.« (*De libero arbitrio* I 33)

sondern eine Sache der mit diesen Erfahrungen sich verbindenden Antizipationen. Der Verdacht, die Erschließung dessen, was Erfahrung bedeuten kann, geht dem empirischen Befund voraus und verändert ihn.

Besonders deutlich tritt das zutage bei einem Motiv der neuzeitlichen Geistesgeschichte, das bis dahin unbekannt war: der Vorstellung von der Übervölkerung, dem Wachstum der Menschenzahl über den als konstant gedachten natürlichen Wohn- und Nahrungsraum hinaus. Noch bevor die Bevölkerungszahlen tatsächlich beängstigend anspringen, wird die Furcht vor dem Bevölkerungswachstum akut und die Erörterung seiner Probleme zu einem zwingenden Thema. In der Utopie des Thomas Morus von 1516 hat das Problem noch regionalen Charakter; es wird die Möglichkeit der Übervölkerung jener utopischen Insel erwogen, aber sogleich auf den Ausweg der Kolonisation des benachbarten Festlandes verwiesen. In den Essays von Francis Bacon, die 1597 zuerst erschienen, ist anstelle der natürlichen Symmetrie von Bedürfnissen und Gütern die politische Regulation innerhalb des Staatswesens getreten, dessen ökonomische und rechtliche Instrumente das Bevölkerungswachstum in den Grenzen halten, die die Gefährdung der politischen Stabilität ausschließen.[20] Die ethische Gerechtigkeit der Verteilung der Güter ist durch den politischen Kalkül ersetzt. 1642 führt Hobbes den Gedanken der Übervölkerung an einer bezeichnenden Stelle als letzte Verunsicherung des Vertrauens auf die künftige Wirkung der Moralphilosophie in seine Überlegungen ein: in der Widmungsvorrede zu seinem Werk *Über den Bürger* sagt er, daß es keine Kriege mehr geben werde, wenn die Moralphilosophen die Frage nach den Gründen des menschlichen Handelns einmal geklärt hätten – freilich mit der einen Ausnahme derjenigen Kriege, die beim Anwachsen der Zahl der Menschen um den Lebensraum geführt werden müßten (»nisi de loco, crescente scilicet hominum multitudine«). Eine der gelehrten Kontroversen, in deren Rahmen solche Probleme sich zu entwikkeln pflegten, war der Streit um die Relation der Bevölkerungszahl zwischen antiker und moderner Welt. Montesquieu glaubte

20 [Bacon,] Essays XV, *Of seditions and troubles*: »Generally, it is to be foreseen that the population of a kingdom (especially if it be not mown down by wars) do not exceed the stock of the kingdom which should maintain them.«

an die Abnahme der Gesamtbevölkerung seit der frühen Antike.[21] Die Begründung der Statistik durch William Petty vollzog sich im Zusammenhang dieser Streitfrage.[22] Die Kontroverse erreichte um die Mitte des 18. Jahrhunderts ihren Höhepunkt mit den Traktaten, die Hume und Wallace zum Thema veröffentlichten.[23] Humes ausführlich belegte Skepsis gegen die Annahme höherer Bevölkerungszahlen in der Antike war ein wichtiges Argument für die Theorie der drohenden Übervölkerung. In Deutschland fügte der Aufklärer Hermann Samuel Reimarus ein unerwartetes Argument zugunsten des Wachstumsgesetzes der Erdbevölkerung hinzu: nur unter dieser Voraussetzung ließe sich der zeitliche Anfang der menschlichen Gattung in einem einzigen Menschenpaar mathematisch beweisen.[24] Aber was in dieser Weise für die Bestärkung der natürlichen Religion tröstlich sein mochte, hatte doch den Nebeneffekt, eine für die Zukunft beängstigende Gesetzlichkeit ahnen zu lassen: »Die Vermehrung desselben (sc. des Menschengeschlechts) ist in seiner

21 [Montesquieu,] *De l'esprit des lois*, XXIII 19.

22 *Essay concerning the multiplication of mankind*, 1686. Postum erschien 1691 seine *Political Arithmetia*.

23 David Hume, *Essays, Moral, Political, and Literary*, Part II, 1752, XI, Of the Populousness of Ancient Nations. – Dr. Wallace, *A Dissertation on the Numbers of Mankind in ancient and modern times: in which the superior Populousness of Antiquity is maintained*, 1753. Hume nennt diese Frage »the most curious and important of all questions of erudition« (*The Philosophical Works*, ed. Green, Grose, London 1882, Bd. III 58). Das Interesse der Theologie an der beruhigenden Versicherung einer teleologischen Zuordnung von Natur und Menschheit kam in Deutschland mit einem Traktat von J. P. Süßmilch zur Geltung: *Über die göttliche Ordnung in den Veränderungen des menschlichen Geschlechts*, Berlin 1742.

24 H. S. Reimarus, *Abhandlungen von den vornehmlichen Wahrheiten der natürlichen Religion*, Hamburg 1754 (nach der 6. Auflage 1791), Bd. I, S. 13: »Und diese Betrachtung führt uns notwendig dahin, daß wir das menschliche Geschlecht endlich auf die allergeringste Zahl und auf seinen ersten Ursprung und Anfang bringen müssen. Denn es ist daher nicht möglich, daß es ewig sei, weil sonst schon von undenklichen Zeiten wenigstens ebenso viel Menschen hätten sein müssen, als jetzo sind ...« Reimarus berichtet über die Kontroverse zwischen Hume und Wallace und findet sein Interesse mit dem des Skeptikers übereinstimmend: »Er streitet für die Menge in neuern Zeiten, und macht viele Zeugnisse der alten Geschichtsschreiber von einer damaligen ungeheuren Anzahl Menschen, nicht ohne Wahrscheinlichkeit, verdächtig und lächerlich.« Aber auch Wallace findet Achtung für seine Gelehrsamkeit und seine politischen Betrachtungen: »Vielleicht erhält man durch Vergleichung beider Schriftsteller, deren jeder nur seine Welt zu bevölkern bemühet ist, nähere Einsicht von der Wahrheit.«

Natur gegründet, und geht über das Ganze; die Verminderung an einem und dem andern Orte ist zufällig ...« Dieser Gedanke von der autonomen Gesetzmäßigkeit des Bevölkerungswachstums hat in dem *Essai on the Principle of Population* von Malthus aus dem Jahre 1798 seine für das 19. Jahrhundert so folgenreiche Darstellung gefunden. Die Abhandlung über das Bevölkerungsgesetz hat wie kein anderes Werk den Prozeß der Technisierung in der Gestalt der Industrialisierung als Selbstbehauptung des Menschen plausibel gemacht. Selbst die Erfindung des künstlichen Düngers – bis zum heutigen Tage ein Ärgernis gegen die Natürlichkeit – fand hier ihren Rückhalt. Der konstitutive Mangel in der Welt war über den Verdacht hinaus und unabhängig von der Frage faktisch-gegenwärtiger Zustände zum Naturgesetz erhoben. Während es aber die Absicht von Malthus und seinen Anhängern war, zügelnden Einfluß auf die Bevölkerungsentwicklung selbst zu nehmen und die alte Idee des menschlichen Rechtsanspruches auf Daseinsmittel zugunsten des harten Regulativs der Not aufzuheben, war die tatsächliche Wirkung des Bevölkerungsgesetzes, daß auf der anderen Seite des Problems, bei der Vermehrung der Lebensmöglichkeiten, angesetzt wurde. Der technische Fortschritt erwies, daß der Lebensspielraum keine natürliche Konstante war. Dazu hat vor allem die Wirkung des Bevölkerungsgesetzes auf Darwin beigetragen: bei ihm führt der Überdruck und Kampf ums Dasein innerhalb einer biologischen Population zur Fortentwicklung der organischen Ausstattung der Lebewesen – und dies wurde das Modell, an dem der technische Fortschritt eine neue Art natürlicher Legitimation gewann.

In einer Tagebuchnotiz von 1844 hat Grillparzer den Zusammenhang von Übervölkerung und theoretisch-technischem Fortschritt bündig formuliert: »Der Charakter der neuen Zeit ist der Geist der Untersuchung. Teils die vorgeschrittene Naturwissenschaft, teils das durch Übervölkerung gesteigerte materielle Bedürfnis treibt unabweislich zur Analyse, um durch Kenntnis der Gründe und Bestandteile hier zu neuen Entdeckungen, dort zu neuen Erfindungen und Befriedigungsmitteln fortzuschreiten.«[25]

25 *Sämtliche Werke*, ed. Frank, Pörnbacher, Bd. III, S. 1141. Heute scheint sich die Betrachtungsweise umzukehren: der technische Fortschritt übt denjenigen ›Druck‹ aus, der die Bevölkerungsentwicklung in den hochtechnisierten Ländern antreibt, und zwar als Abwehrmechanismus gegen den Schwund der Nötigung zur Arbeit. Dennis Gabor (»Zivilisation und Erfindung«, in: *Merkur*, Bd. XV,

Was das Beispiel des Bevölkerungsgesetzes im Zusammenhang der Probleme einer Geistesgeschichte der Technik bedeutet, läßt sich auf die Frage reduzieren, ob der Gedanke und die gesetzliche Formulierung des drohenden Bevölkerungswachstums der Beschleunigung des Technisierungsprozesses die Antriebe und Voraussetzungen gegeben haben oder ob es der Zustand des Bevölkerungsdruckes selbst war, der sich seine technisch-industriellen Regulative erzwang. Man wird das nicht pauschal beantworten können und methodisch sehr differenziert angehen müssen. Um auf das Beispiel der Theorie der künstlichen Düngung zurückzukommen, die Justus Liebig 1840 mit seiner Agrikulturchemie begründete, so läßt sich zeigen, daß die Anwendung des theoretischen Standes der Chemie gerade auf dieses Problem nur unter dem Eindruck der vorgreifenden Sorge um das Bevölkerungswachstum verständlich wird.

Ich möchte nun aus dem, was ich mit Hilfe meiner drei Beispiele zu illustrieren versucht habe, ein Fazit ziehen. Die ideologischen Grundpositionen der historischen Einstellung und Methodik, die sich heute weitgehend mit bestimmten weltanschaulichen und politischen Systemen verbinden lassen, erweisen sich als methodische Alternative, deren Entscheidung nicht mit dogmatischer Grundsätzlichkeit, sondern von Fall zu Fall am historischen Material selbst vollzogen werden muß. Der historische Gegenstand läßt eine eindeutige Zuordnung geistiger Faktoren und materieller Zustände – etwa nach dem Schema von Unterbau und Überbau, von Grund und Folge, von Entwurf und Realisation – nicht zu. Der Versuch, an eine ›Geistesgeschichte der Technik‹ heranzugehen, zeigt das viel deutlicher als jene Aufgabenstellungen, die im erprobten Sinne als ›Geschichte der Technik‹ gelten und sich auf den Erscheinungszusammenhang technischer Phänomene selbst beziehen oder die Auswirkungen technischer Errungenschaften auf wirtschaftliche, soziale, politische, militärische und ästhetische Wirklichkeiten analysieren. Hier bleibt der Historiker dem chroni-

1961, S. 214 f.) vergleicht die Gesetze von Malthus (Bevölkerungsvermehrung) und von Parkinson (Arbeitsvermehrung): »Arbeit nimmt automatisch ein solches Ausmaß an, daß sie die verfügbare Zeit ausfüllt.« »Ich glaube nicht, daß in hochzivilisierten Ländern die Bevölkerung bis zur Hungergrenze anwachsen muß, aber sie scheint mir die Tendenz zu haben, anzuwachsen bis auf ein Maß, das ausreicht, den Albtraum des Müßigganges für jedermann zu bannen.«

stischen Modell der Geschichtsschreibung näher und erspart sich die methodischen Skrupel und Schwierigkeiten hinsichtlich der Möglichkeit seines Unterfangens. Der Pluralismus der Modelle, mit dem eine Geistesgeschichte der Technik arbeiten muß, wirkt auf den ersten Blick enttäuschend und erweckt den Anschein eines historischen Skeptizismus. Aber die Forderung, die Wege der Deutung von Zusammenhängen zwischen Geistesgeschichte und Technikgeschichte offenzuhalten und sich nicht im Vorgriff für ein bestimmtes Zuordnungsmodell zu entscheiden, soll gerade verhindern, daß ideologische Determinationen in die historische Einstellung aufgenommen werden. Vielleicht gibt es unentscheidbare Fragen – aber selbst diese Einsicht wäre einer dogmatischen Festlegung vorzuziehen, die *entweder* von der Wertung ausgeht und diese verfestigt, daß Technik nur und immer ein sekundäres und von ideellen Grundentscheidungen abhängiges Phänomen sein könne, *oder* sich auf das Dogma festlegt, daß die größere Nähe technischer Phänomene zu den materiellen, sozialen und ökonomischen Strukturen die beziehbaren geistesgeschichtlichen Dokumente in die bloße Funktion der überbauenden Rechtfertigung und nachträglichen Aneignung verweise. Daß es auch in dieser Forschungsrichtung schließlich entscheidbare Fragestellungen gibt, habe ich zu zeigen versucht.

Vielleicht ein Grenzfall an Schlüssigkeit, den ich nach so vielen aufgeführten Schwierigkeiten doch noch als beruhigenden Ausklang anführen möchte, ist das Auftreten der Idee und der ersten Realisierungen der Rechenmaschine durch Pascal und Leibniz.[26] Die zunächst paradox erscheinende Tatsache, daß ausgerechnet die Philosophen unter den Mathematikern – und nicht die Techniker unter diesen – sich um die Konstruktion der ersten Rechenmaschinen bemüht haben, wird plausibel, wenn man die neue Auffassung der Philosophie von dem automatisch funktionierenden logisch-operativen Charakter des menschlichen Denkens als die Voraussetzung begreift, die im Gedanken der Rechenmaschine ihre gleichsam handgreifliche Demonstration erhielt. Es war also nicht primär der Nutzeffekt, die Rechenoperationen mechanisch zu erleichtern, sondern die Absicht, das Modell für die Erklärung dieser

26 Vgl. J.O. Fleckenstein, »Die Einheit von Technik, Forschung und Philosophie im Wissenschaftsideal des Barock«, in: *Technikgeschichte*, Bd. 32 (1965), S. 19-30, insbes. 28.

geistigen Operationen zu liefern, was den Konstruktionswillen auf die Bahn brachte. Ich möchte dazu eine Stelle aus der Biographie anführen, die die Schwester Pascals, Gilberte Périer, über ihren Bruder geschrieben hat. Sie berichtet hier über die Erfindung des Neunzehnjährigen folgendes: »Mit dieser arithmetischen Maschine lassen sich nicht nur alle Arten von Rechnungen ohne Feder und Rechenmarken durchführen, sondern sogar, ohne irgendeine Regel der Arithmetik zu kennen, und zwar mit einer unfehlbaren Sicherheit. Dieses Werk ist als eine in der Natur neuartige Sache angesehen worden, da es eine Wissenschaft, die ganz allein dem Geist innewohnt, auf einen Mechanismus übertrug und dadurch ein Instrument ergab, das alle Operationen mit völliger Sicherheit durchzuführen vermag, ohne der vernünftigen Überlegung zu bedürfen.«[27]

Die nachgewiesene Übersetzbarkeit der Theorie in den Mechanismus reflektiert sich in einem neuen Begriff von der Würde des menschlichen Geistes. Der Automat übernimmt diejenigen Leistungen, die nicht der höchsten Qualität des Originären bedürfen, wie sie die Erfindung selbst darstellt. Technisierung erweist sich paradigmatisch als der Prozeß, in dem sich der Mensch von den Verrichtungen entlastet, die seine Anstrengung nur ein einziges Mal erfordern.

27 *Vie de Blaise Pascal*, ed. E. Havet, Paris 1897, S. 43: »... cette machine d'arithmétique par laquelle on fait non seulement toutes sortes de supputations sans plume et sans jetons, mais on les fait même sans savoir aucune règle d'arithmétique, et avec une sûreté infaillible. Cet ouvrage a été considéré comme une chose nouvelle dans la nature, d'avoir réduit en machine une science qui réside toute entière dans l'esprit, et d'avoir trouvé le moyen d'en faire toutes les opérations avec un entière certitude, sans avoir besoin de raisonnement.«

16. Methodologische Probleme einer Geistesgeschichte der Technik

Der Ausdruck »Geistesgeschichte« hat keinen guten Klang mehr. Nicht, daß der Geist Geschichte hat, erregte Anstoß – wer wollte sie ihm bestreiten? –, aber daß er seine Geschichte ganz aus sich selbst haben und daß diese Geschichte nicht nur die seine, sondern die von schlechthin allem anderen sein sollte, hat für unser Geschichtsbewußtsein an Glaubwürdigkeit verloren. Mit dem Thema »Geistesgeschichte« verbindet sich ein wohl unaustilgbarer Rest jener Vorstellung, daß die Geschichte im Grunde ein *Gedankenspiel* sei – ob ein Gedankenspiel Gottes oder des Weltgeistes oder der jeweils neue Gründe stiftenden großen Denker – das ist dabei gleichgültig. Was Hegel in den *Vorlesungen zur Philosophie der Geschichte* programmatisch ausgesprochen hat, scheint sich unversehens in jede geistesgeschichtliche Bemühung einzuschleichen; ich zitiere: »Es muß endlich an der Zeit seyn, auch diese reiche Production der schöpferischen Vernunft zu begreifen, welche die Weltgeschichte ist. Zuerst müssen wir beachten, daß unser Gegenstand, die Weltgeschichte, auf dem geistigen Boden vorgeht ...«

Die Geschichte der Technik hat es mit handfesten Realitäten zu tun. So scheint es wenigstens, wenn wir unsere technische Umwelt flüchtig vergegenwärtigen. So etwas wie »Geistesgeschichte« wäre hier allenfalls ein Ornament: etwa »Der Dichter und die Lokomotive«. Und wenn wir die konstruktive Rationalität, die in der Welt dieser handfesten Realitäten steckt, zum Thema einer Geistesgeschichte machten – was bekämen wir anderes als den klassischen Typus einer Geschichte der Erfindungen und der Erfinder, der Konstruktionen und der Konstrukteure? Hier stellen sich Probleme und werden gelöst, und die Lösungen stellen die neuen Probleme. Selbst wenn man sich mit einem Handstreich hilft und sagt: ebendies sei die Art von »Production der schöpferischen Vernunft«, die Hegel gemeint hätte, wenn sie ihm in der uns vertrauten Mächtigkeit manifest gewesen wäre, selbst dann wäre eine solche Geistesgeschichte der Technik als des Inbegriffs der *Veränderungen* ihrer konstruktiven Potenz nichts anderes als die Geschichte der Technik in ihrer schon traditionellen Gestalt. Ein neuer Name, das wäre zu wenig.

Wenn der *in* den Phänomenen der Technik realisierte Geist schon Thema der Technikgeschichte seit eh und je ist, dann scheint für eine Geistesgeschichte der Technik nur der Geist *vor* und *nach* dem technischen Phänomen selbst übrigzubleiben, der Geist als *Motivation* und der Geist als *Justifikation*, das Reich der Antriebe und das der Wertungen, der Vorwegnahmen und der Ausstrahlungen.

Dabei gehört es zu den klassischen Vorurteilen dessen, was »Geistesgeschichte« *zuerst* zur Würde und *dann* in Verruf gebracht hat, daß die Erörterung des Verhältnisses von *Idee und Realität* mit einseitiger Insistenz auf die Frage nach der *Initiation* abgestellt worden ist. Die Frage nach dem, was den *Anfang* gemacht hat, steht über der Tradition unseres Nachdenkens. Sie fand ihre theologische Verstärkung in dem noch uns eher als selbstverständlich denn als faktisch erscheinenden Interesse an der *creatio ex nihilo*, der Schöpfung aus dem Nichts, von der Feuerbach gesagt hat, die Philosophen hätten daraus den »absoluten Geist gemacht«.

Die Gegenthese zu diesem Absolutismus des Geistes konnte nur sein, ihm die essentielle *Verspätung*, die Rolle des Epiphänomens, die Abhängigkeit von dem im Stoff der Prozesse je schon immer Geschehenen zuzuschreiben. Aber noch die Antithese lebt vom Schema der These, vom vermeintlichen Vorrang dessen, was *vorher* war und anderem *zugrunde* liegen mag. Ursprung und Verspätung wären die möglichen Rollen des Geistes in der Geschichte, und was einer Geistesgeschichte der Technik zu erzählen bliebe, wäre damit in vollständiger Disjunktion gegeben – wenn in dieser Alternative nicht schon ein *Vorurteil* steckt, eines jener Vorurteile, deren Abbau sich die Philosophie der Neuzeit in immer neuen Anläufen und immer neuen Vergeblichkeiten zum Programm gemacht hat. Wenn die Philosophie nicht mehr selbstverständlich nach dem *Anfang fragen* sollte und nach dem, was jeweils *vorher* war, müßte sie um so intensiver und unbefangener selbst der wiederzugewinnende *Anfang* des Fragens *sein*, der sich die Spielregeln und Alternativen *nicht* vorgeben läßt. Das hieße hier, darauf zu bestehen, daß der Anfang und das *Vorher* nicht selbstverständlich das je *einzig* oder auch nur *vorwiegend* Fragwürdige ist.

Dann mag sich ergeben, daß die Vieldeutigkeit des Verhältnisses von Idee und Realität mit dem klassischen Dualismus nicht ausgeschöpft ist. Der Geist als die ursprüngliche *Wirkkraft* aller geschichtlichen Prozesse *oder* als der *Nachlieferant* der Theorien zu den eh und je schon eingetretenen Verhältnissen – wir sollten uns gar nicht erst darauf einlassen, eine Frage zu beantworten, die so tut, als enthalte sie die möglichen Positionen vollständig. Methodisch viel aussichtsreicher, als die Gigantomachie der Idealisten und Materialisten entscheiden zu wollen, ist die Beachtung des schlichteren Sachverhalts, daß *Prozesse* der Beschleunigung und Verlangsamung unterliegen können, daß sie erlitten oder ergriffen werden können, daß sie Aneignung und Entfremdung zum Korrelat haben können. Jedenfalls im Modell ist dies denkbar: daß die Geschichte *der* Fakten und *als* Sequenz von Fakten von der reflektierenden Bildung von Ideen nicht nur im zeitlichen Sinne *›begleitet‹* wird, sondern daß ein System der gegenseitig gerichteten Wirkungen zwischen Idee und Realität besteht. Es gilt zu sehen, wie offen die Fragen sind, die sich hier stellen, und damit auch, was von der methodischen Einstellung zu verlangen ist, die sich jenseits oder diesseits der präjudiziellen Alternativen frei hält für das, was erschließbar sein könnte.

Wenn man sich in einer grob vereinfachten Geschichte der Historiographie den Typus der frühen Geschichtsdarstellung als den der *Chronik* vergegenwärtigt, so hat man ein *diskretes* Schema vor sich, in dem Daten und Fakten nach dem Ordnungsprinzip der Zeit in Gruppierungen auftreten. Noch *die* Form, in der uns auf der Schule Geschichte zuerst begegnet und zumeist ärgerlich geworden ist, war im Grunde die der Chronik. *Form* und Ordnungsprinzip bestimmen, was *Inhalt* werden kann: historische Relevanz verleiht vorzugsweise das Merkmal der *Datierbarkeit* von Handlungen mittels bestimmter Handlungs*produkte*, seien dies Verträge oder Schlachten, Regierungsantritte oder Gesetzeswerke, Gewinn oder Verlust fester Punkte und Grenzen, Tyrannenstürze oder dynastische Erbfälle.

Erst unter dem Anspruch der *Einheit* der Geschichte mußte zwischen den historischen Molekülen *Kontinuität* gestiftet werden, obwohl das historische Material auch im günstigsten Fall zu solcher Kontinuität nicht disponiert ist. Daten und Fakten sind immer membra disiecta. Aber wenn man Fakten als *Produkte von Handlungen* begreift, dann kann man wiederum diesen Handlungen *Motivationen* verschiedenster Art zuordnen, z. B. als Psychologie der Akteure. Aber »der Geist« tritt in der Geschichte nicht als psychologische Motivierung auf, sondern in der Gestalt dessen, was man unter dem Titel *Handlungstheorien* zusammenfassen könnte – Theorien also, die dazu bestimmt sind, Handlungen auszulösen, zu beeinflussen oder auch zu blockieren. Dabei gewähren solche Handlungstheorien den Vorteil, daß sie in Büchern, Reden, Proklamationen und Manifesten greifbar sind und als solche wiederum auf bestimmte Daten ihrer Erscheinung und ersten Verlautbarung festgelegt werden können. Die Datierbarkeit des Geistes war einer seiner methodischen Vorzüge.

Solange *Zustände* die *Epi*phänomene von Ereignissen, vorzüglich Handlungen, sind, fügen sie sich dem durch neue Elemente angereicherten Schema des historischen Kontextes ein. Aber der Zusammenhang von *Ereignissen* und *Zuständen* erwies sich als umkehrbar. Für Zustände empfahl sich schon methodisch die Annahme einer *quantitativen* Bestimmbarkeit. Der Vorzug, den allgemein-materielle, wirtschafts- und sozialgeschichtliche Zuständlichkeiten gegenwärtig genießen, ist *nicht nur Reaktion* auf eine idealistische oder personalistische Geschichtsauffassung, sondern auch eine *methodische Prävalenz* der Objektivierbarkeit.

Für die Geschichte der Technik liegen hier die Probleme. Wenn man von »Technisierung« als einem die Geschichte der letzten beiden Jahrhunderte umfassenden Merkmal spricht, so ergibt sich ein wesentlicher *Unterschied* sogleich aus der zumeist *datierbaren* Ereignisfolge jener Erfindungen, deren Summierung das Resultat »technisches Zeitalter« hervorgebracht hat, *und* der *zuständlichen* Veränderung der menschlichen Arbeitswelt im Gefolge dieser Erfindungen. Diese Veränderung ist oft erst mit erheblicher Verspätung eingetreten, zumindest hatte sie ein Moment der quantitativ erfaßbaren Vervielfältigung des technischen Faktors zur Voraussetzung. Ob diese *Vervielfältigung* in ausreichendem Maße und mit bestimmter Schnelligkeit eintritt, hat seine Gründe keineswegs nur in der Geschichte der Technik selbst, sondern *einerseits* in Bedingungen der wirtschaftlichen Potenz, *andererseits* in Gegebenheiten der Plausibilität, der Erwartungsstruktur der Gesellschaft, des Konsumanspruchs und der Konsumfähigkeit, der Verlagerung der Prestigeakzente und der Luxusgrenze usw.

Aber die Reihenfolge von Erfindung und Zustandsänderung

war wiederum nichts anderes als die Erfüllung der historischen Postulate der Datierbarkeit und der geistigen Urheberschaft. Die Frage nach den Faktoren, die *zwischen* dem Datum des Anfangs in der Erfindung und dem der meßbar gewordenen Zustandsgröße auf den Prozeß eingewirkt, ihn begünstigt oder verzögert, mit der Struktur des Bewußtseins in Bezug gebracht haben – diese Frage nach der menschlichen und gesellschaftlichen Kapazität zur Realisierung von Technik blieb ungestellt. Der *Fortschritt* im allgemeinen, der technische Fortschritt im besonderen, sind als allzu pauschale Vorstellungen nicht nur in das vage Geschichtsbewußtsein, sondern auch als Thematik in eine bereits uferlose Literatur eingegangen. Tatsächlich ist »der Fortschritt« keine homogene Verlaufsform der Geschichte, kein einheitlicher, die Neuzeit überspannender Phrasierungsbogen.

Was bedeutet das für die Methodik einer Geistesgeschichte der Technik? Zunächst: die leitenden Fragen müssen gewissermaßen *kleiner* gestellt werden. Wir halten es *heute* für eine fraglose Selbstverständlichkeit, daß der *technische* Fortschritt eine abhängige Größe des *theoretisch*-wissenschaftlichen Fortschrittes ist, weil wir Technik vor allem als *»Anwendung«* theoretischer Einsichten verstehen. Das hat methodisch zur Folge gehabt, daß die *Technikgeschichte* sich an die *Wissenschaftsgeschichte* als deren *Spezifikation* ins Gebiet der Anwendungen angehängt hat. Aber dieses Fundierungsverhältnis ist keine konstante Struktur. Eine Geistesgeschichte der Technik hat diesen Sachverhalt zu differenzieren.

Für die *beginnende* Neuzeit ist charakteristisch gerade die erstaunende Wahrnehmung der sich formierenden neuen Wissenschaft, daß es trotz der theoretischen Stagnation und Rezession seit der Antike – die zu beklagen man nicht müde wird – technischen Fortschritt im *handwerklichen* Bereich der theoretisch ungeklärten und unreflektierten, sozial gering geschätzten *mechanischen Künste* ständig gegeben hatte.

Galilei gibt offen zu, daß er in die Arsenale von Venedig gegangen sei und dort in der Anschauung der technischen Praxis die Probleme der Mechanik einfacher Maschinen vorgefunden habe. Daß er hinsichtlich der Erfindung des Fernrohrs den handwerklichen Hintergrund der Herkunft des Geräts verschleiert und einer Mythologie der theoretisch fundierten Erfindung Vorschub geleistet hat, mag recht äußerliche, vielleicht rein materielle Gründe gehabt haben.

Descartes hat den geschichtlichen Hintergrund erkennbar verleugnet, aus dem ihm entscheidende Anregungen für die neue Wissenschaftsidee zugekommen waren, um den Mythos vom absoluten Anfang durch die sich ihrer selbst vergewissernde Vernunft etablieren zu können. Descartes sah vor allem, daß die seit der Antike unveränderte *Mathematik* der Schule, orientiert an den klassischen Texten, weit im Rückstand war gegenüber den Errungenschaften, von denen die *Praktiker* der Technik des Festungsbaues, der Ballistik, der Wasserkünste usw. einen ständigen, wenngleich ihnen selbst theoretisch undurchsichtigen Gebrauch nach der Art praktischer Faustformeln machten. Descartes kehrt diese Wahrnehmung *derart* um, *daß* er sich in die Rolle des Präzeptors bringt: indem er sich nach seiner eigenen Schilderung entschließt, ein Lehrbuch der Mathematik für technische Praktiker in systematischem Aufbau zu verfassen. Man sieht, wie der *Geist der »freien Künste«* sich seinen Vorrang angesichts der ernüchternden Wahrnehmung seines tatsächlichen Rückstandes zu sichern sucht. Er verwendet das *systematische* Prinzip der durchgängigen Begründung als ein *kritisches* Instrument gegenüber dem *faktischen* Fortschritt. Aus der bloßen Anhäufung zufälliger Geschicklichkeiten soll das rationale Programm eines sich selbst vollstreckenden Fortschritts werden. Und ebendieses Programm hat sich geschichtlich – wenn auch mit einiger Verspätung – bestätigt: der moderne technische Fortschritt ist an keiner Stelle ohne den ständigen Zuwachs und Vorsprung reiner Theorie denkbar.

Man darf das Problem des Fortschritts nicht ausschließlich unter dem Gesichtspunkt der Herkunft seiner theoretischen Voraussetzungen betrachten. Zu seinen Bedingungen gehört auch und vor allem die Durchbrechung bestimmter Blockaden im Bewußtsein der Zeit. Hier konnten die Methodenentwürfe vom Typus des cartesischen wenig leisten. *Francis Bacon* hat das Problem am deutlichsten gesehen und am vielfältigsten zu lösen versucht. Er hat ausdrücklich und methodisch auf die Geschichte der menschlichen Leistungen in den »mechanischen Künsten« zurückgegriffen; er hat das technische *Museum* und die Technik*geschichte* als Demonstrationen der Möglichkeit des Fortschritts gegen den Kanon unveränderlicher Bestände *gefordert*. Die Bilanz des schon Erreichten ist *nicht so* sehr, wie bei Galilei, ein Magazin der Erkenntnis, als vielmehr die Beglaubigung legitimer Ansprüche *gegen* den Schein der falschen Endgültigkeiten.

Der Anblick der Natur entmutigt, weil sie so aussieht, als könne sie *nicht anders* sein, und weil ihr Reichtum suggeriert, es könne *außer ihr nichts* geben. Die antike Metaphysik des Kosmos und die ihr folgende Tradition hatten diese beiden Axiome gedanklich institutionalisiert. Was diesen Axiomen hätte widersprechen können, verfiel einer Ächtung und Verachtung, die vor allem Abschaltung der Aufmerksamkeit bewirkte. Dagegen richtet sich Bacons Konzept der musealen und historischen Darstellung des Spielraums, den die Natur nachweislich dem Menschen gelassen hatte. Denn er bleibt dabei, es sei die Natur selbst, die sich hier unter dem Gebot der menschlichen Macht in ihren Möglichkeiten erst vollends darstelle. Die Möglichkeit der Technik liegt nur innerhalb der Variationsbreite, die der cursus communis, der gewöhnliche Verlauf der Natur, dem Menschen läßt. Deshalb stehen die Kuriositäten der Natur *und* der Technik, hier und noch für lange, auf *einer* Stufe: wo die Natur gleichsam spielt und wie im Irrtum die Norm der Gestaltung verfehlt, kann der Mensch geplante Veränderung erlernen. Das liest sich wie ein Stück Vorgeschichte der Mutationsforschung und der Züchtungstheorie; aber es ist nur die begrenzte Weise, in der sich etwas über das technische Potential des Menschen sagen ließ. Ein elementares Interesse an der Unverbindlichkeit der Schöpfung verrät sich: was durch Zufall gelegentlich oder selten vorkommt, soll ins System gebracht den Fortschritt bewirken. Es wird zur Aufgabe der geschichtlichen Reflexion erhoben, den menschlichen Geist von dem, was *ist*, zu dem, was *sein kann*, zu führen, wie Bacon es wörtlich ausspricht. Die Entfernung jeder Zukunft von der Gegenwart soll abschätzbar werden. Es ist höchst bezeichnend für die geschichtliche Konstellation, in der dies ausgesprochen wird, daß die Historie der Technik ihrem Triumph vorausgeht und nicht erst dessen beiläufiges Ornament zu werden bestimmt ist.

Die *Technik* hatte die Stagnation und Sterilität der wissenschaftlichen *Theorie*, die man dem Mittelalter jetzt zur Last legte, nicht mitgemacht – das war eine entscheidende Entdeckung, die schließlich zur *Rehabilitierung* der »mechanischen Künste« in der französischen Enzyklopädie führen sollte. Musealen Sammlungen, Ausstellungen, enzyklopädischen Beschreibungen kommt bei diesem Prozeß eine noch nicht voll gewürdigte Funktion zu. In die Kuriositätenkabinette mit ihren Monstren und Prodigien drangen mehr und mehr die artificia rariora, die barocken Wunderlichkeiten von Menschenhand, ein. Das berühmte Museum, das Athanasius Kircher um die Mitte des 17. Jahrhunderts in Rom zusammenbrachte, muß eine eindrucksvolle Schaustellung nicht nur der von der Natur produzierten Irrtümer, sondern auch der vom Menschen vermeintlich *»gegen die Natur«* genutzten Freiheiten gewesen sein.

Der Plan schließlich, den *Leibniz* 1675 zu einer »neuen Art von Ausstellungen« entwarf, zeigt eindrucksvoll die Homogeneität des Interesses an natürlichen und technischen Seltsamkeiten, die für den Legitimierungsprozeß der Technik wesentlich war. Der Katalog der vorgesehenen Ausstellungsobjekte enthält seltene Tiere und optische Illusionen, Wettervorhersageinstrumente und Rechenmaschinen, neue Gesellschaftsspiele und Musikautomaten, Feuerwerke und Flugmaschinen. Der Nutzen des Museums wird programmatisch so beschrieben: »Es würde die Augen des Publikums öffnen, Erfindungen anregen, schöne Ausblicke gewähren und die Leute mit einer unendlichen Zahl nützlicher und geistvoller Neuerungen belehren. Wer eine Erfindung oder einen geistvollen Vorschlag einzubringen habe, fände die Möglichkeit, dies bekannt zu machen und Gewinn daraus zu ziehen. Es würde ein allgemeiner Markt der Erfindungen entstehen. Wer auf sich hält und neugierig ist, würde das Museum besuchen, um darüber sprechen zu können, und selbst die Dame von Welt würde dort gesehen werden wollen, und zwar mehr als einmal.« Eine vergleichende Analyse der Texte von *Bacon* und *Leibniz* läßt den Weg von der Demonstration des Dennoch-Möglichen zum gesellschaftsfähig gewordenen Markt der »geistvollen Neuerungen« erkennen, wenn auch unterschwelliges Unbehagen die Lust am Neuen weiter begleitet, wie eine Marginalie von Leibniz verrät, die vielleicht schon einem inneren oder äußeren *Einwand* begegnet. »Kann etwas größere Berechtigung haben, als das Außerordentliche zu benutzen, um der Ordnung zu dienen?«

Was für die Ausbildung des Bewußtseins von der Notwendigkeit eines technischen Weltverhältnisses bedeutsam sein konnte, erwies sich freilich für die Geschichte der Technik im engeren Sinne, für die Logik ihres Fortschritts, als eine Sackgasse. Was dem Publikum die Augen öffnen sollte, diente nur noch der billigsten Verblüffung durch Effekte, deren Mechanismus in den Gehäusen versteckt wurde. Vom Schach spielenden Türken, der ein bloßer Betrug war, abgesehen, läßt sich die berühmte Ente des Vaucanson von 1738 als

Höhepunkt der barocken Automatenspiele ansehen. Das Ende dieser Welt technischer Kuriositäten ist nirgendwo so anschaulich beschrieben wie in dem Bericht, den Goethe in seinen ›Annalen‹ von dem Besuch gibt, den er 1805 dem Helmstedter Professor Beireis und seinem berühmten Kuriositätenkabinett gemacht hatte. Die Wunder waren, an diesem Anfang des 19. Jahrhunderts, zum Plunder geworden. Goethe schreibt: »Gar manches von seinen früheren Besitzungen, das sich dem Namen und dem Ruhme nach noch lebendig erhalten hatte, war in den jämmerlichsten Umständen; die Vaucansonischen Automaten fanden wir durchaus paralysiert. In einem alten Gartenhause saß der Flötenspieler in sehr unscheinbaren Kleidern; aber er flötete nicht mehr ... Die Ente, ungefiedert, stand als Gerippe da, fraß den Haber noch ganz munter, verdaute jedoch nicht mehr: an allem dem ward er aber keineswegs irre, sondern sprach von diesen veralteten, halbzerstörten Dingen mit solchem Behagen und so wichtigem Ausdruck, als wenn seit jener Zeit die höhere Mechanik nichts frisches Bedeutenderes hervorgebracht hätte.« Kein Zweifel, daß Goethe die quasi-organische Hinfälligkeit der Mechanismen mit einiger Befriedigung genoß.

Die Idee der technischen Ausstellung sollte ihren Höhepunkt erst in dem finden, was Henry Adams in der berühmten Darstellung seiner eigenen Erziehung als die »Religion der Weltausstellungen« bezeichnet hat. Das Ineinander von nationaler und kommerzieller Konkurrenz mit dem Kult der technischen Superlative ist Adams an den frühen Weltausstellungen von Chicago 1893 und Paris 1900 aufgegangen. Aber was ihn fasziniert, ist nicht mehr vor allem die konstruktive Rationalität von *Maschinen*, sondern die Demonstration der *Kräfte*, über die der Mensch gebietet, um die Mechanismen anzutreiben. Die Dynamomaschine wird ihm zum »Gleichnis der Unendlichkeit«, zur Darstellung einer »moralischen Kraft ..., ähnlich wie die frühen Christen das Kreuz empfanden«. Zum Schluß gewinnt sein Bericht die Dimension einer kosmischen Konkurrenz der menschlichen Technik: »Die Erde selbst schien ihm in ihrer altmodischen, bedächtigen jährlichen oder täglichen Umdrehung weniger eindrucksvoll als dieses ungeheure Rad, das sich in Armesentfernung mit schwindelerregender Geschwindigkeit drehte, fast lautlos, nur eine kaum hörbare Warnung summend, daß man aus Achtung vor seiner Kraft einen Schritt zurücktrete, während es das Wiegenkind nicht weckte, das ganz nahe beim Umfassungsrahmen schlief. Bevor die Ausstellung geschlossen wurde, begann Adams die Dynamomaschine anzubeten; der ererbte Instinkt lehrte ihn den natürlichen Ausdruck des Menschen angesichts der schweigenden und unendlichen Kraft.«

Zu dieser Zeit lag das Manuskript von Leibniz über die neue Art von Ausstellungen noch in der Verborgenheit des Archivs. Mit seiner Idee, Erfindungen auszustellen, dem Publikum die Augen und der Neuheit ihren Markt zu öffnen, hatte die Idealisierung der Erfindung ihren ersten Höhepunkt zugleich mit dem Umschlag in den Charakter der Ware erreicht. Dazu gehörte die Ausbildung des rechtlichen Instituts von Eigentum an der Erfindung. Ohne auf die Geschichte des Rechts und der Ökonomie auszugreifen, sind die Faktoren des technischen Fortschritts nicht darzustellen. Die Erfindung ist der exemplarische Einwand gegen die schon antike Kritik am Privateigentum, die sich darauf beruft, daß die Natur alles allen zur Verfügung gegeben habe. Urheberschaft ist die reine und unanfechtbare Quelle von Eigentumsrecht geworden, zuerst und vor allem in der Vorstellung des absoluten Verfügungsrechtes des Schöpfers an seinen Kreaturen. Dennoch besitzt das Rechtsinstitut geschützten Eigentums des Erfinders an seinem Werk, das erst gegen Ende des 18. Jahrhunderts seine volle Ausbildung erfährt, keineswegs die Selbstverständlichkeit, die es inzwischen angenommen hat.

Dieses *Recht an der Erfindung* entwickelt sich in den Auseinandersetzungen über die Einschränkung des fürstlichen Rechtes, Privilegien zu verleihen. Dabei wurde der *Unterschied* wesentlich, der zwischen der Erteilung eines *Handelsmonopols* auf eine im Grunde jedermann zugängliche Ware – als einem Inbegriff von Absolutismus – *und* dem *Patent* besteht, das dem ersten und wirklichen Erfinder eines neuen Produkts zukommt. Dessen natürliche Rechtssphäre wird dadurch geschützt, nicht begründet. Die Auffassung von der Erfindung als einem schutzwürdigen, nicht auf eine *Sache*, sondern auf die *Idee* von einer Sache bezogenen Eigentum hat geistesgeschichtliche Voraussetzungen, in denen die traditionellen Vorstellungen vom Verhältnis des Menschen zur natürlichen Wirklichkeit fraglich werden. Hier erst wird zur faßbaren Realität, daß mit der aristotelischen Bestimmung aller menschlichen Fertigkeiten als *Nachahmung der Natur* schon im ausgehenden Mittelalter gebrochen worden war.

Daß es überhaupt Gegenstände geben *kann*, die vorher *in der Natur noch nicht* da waren, setzt voraus, daß der Mensch »Ideen« nicht nur als *Derivate* metaphysischer oder physischer Gegebenheiten besitzt, sondern sie authentisch hervorbringen kann. Uns ist geläufig, den Ausdruck »Idee« für den intellektuellen Einfall, für den vom Gegebenen unabhängigen gedanklichen Entwurf zu gebrauchen. Aber darin steckt schon die geschichtliche Wendung, die sich in der Begriffsgeschichte von »Idee« vollzogen hatte.

In der Mitte des 15. Jahrhunderts stößt man in den Dialogen des *Nikolaus von Cues* auf die Gestalt des Laien als eine Schlüsselfigur dieser Wendung. Der Laie ist gegen den Typ des scholastischen Gelehrten und sein traditionelles Bild von der Natur und vom Menschen konzipiert. Er ist der Mann der alltäglichen Erfahrung, der sich auf das Messen, Zählen und Wiegen versteht, ein Handwerker, der hölzerne Geräte für den Hausgebrauch herstellt. Und gerade an diesen Geräten demonstriert er in dem Dialog *Über den Geist*, daß seine Produktionsweise durch die Formel von der Nachahmung der Natur nicht erklärt werden kann. »Der Löffel hat außer der Idee in unserem Geiste kein anderes Urbild. Wenn der Bildhauer und der Maler ihre Vorbilder von den Dingen her nehmen, die nachzuahmen sie bestrebt sind, so trifft das auf mich, der ich Löffel aus Holz, Schalen und Töpfe aus Lehm anfertige, nicht zu. Bei dieser Tätigkeit ahme ich nicht die Gestalt von irgendeinem naturgegebenen Gegenstand nach, denn die Formen von Löffeln, Schalen und Töpfen entstehen allein kraft der menschlichen Kunstfertigkeit. Daher ist meine Kunst vollkommener als diejenige, welche die Gestalten von Geschöpfen nachahmt, und darum der unendlichen Kunst näher verwandt.«

Zu einer Zeit also, in der die Theorie der schönen und der freien Künste noch beherrscht ist von dem aristotelischen Prinzip der Nachahmung der Natur, findet die gering geschätzte Tätigkeit des Handwerkers eine Interpretation, in der der Vergleich des Menschen mit dem schöpferischen Wesen und Werk der Gottheit nicht gescheut wird. Aber zugleich macht diese Tendenz, den Laien als Gegenfigur dem Typus des scholastischen Gelehrten und humanistisch Gebildeten zu konfrontieren, den Beleg in seinem Zeugniswert problematisch. Primär ist dies nicht eine Aufwertung des technisch tätigen Menschen, sondern die Einführung einer Demutsfigur gegen den Hochmut eines nicht mehr fraglosen sozialen

Vorrangs. Was der in der Tradition der freien Künste entwertete Handwerker tut und was er ist, erscheint der Rechtfertigung bedürftig – einer Rechtfertigung, die nach der höchsten Analogie greift–, aber mit der Funktion, dem tradierten Ordo der Würdeverhältnisse entgegenzutreten. Daher ist nicht die neue Begründung des Ursprungs technischer Gebilde als solche thematisch. Das zeigt sich schon an der Auswahl der produzierten Gegenstände, die als niederstes Hausgerät nicht gerade den Menschen in der Hochform seiner Findigkeit repräsentieren. Die Figur des Laien tritt in den Dienst einer Art Umwertung der Werte, die seit der Figur des Sokrates vorgebildet war, der seine Herkunft aus dem Handwerk als Argument gegen ein tradiertes Bildungssystem ins Treffen geführt hatte.

Für die Quellenlage einer Geistesgeschichte der Technik ist dieser Fall typisch. Sie hat es mit einer egestas verborum, einer Armut der Sprache, besonderer Art zu tun. Die aus der Tradition sozialer Wertungen mißachtete Sphäre der mechanischen Künste ist sich selbst »nicht der Rede wert«. Der bis zur metaphysischen Überschätzung erfolgreiche Kampf der schönen Künste um eine Rolle in der neuzeitlichen Welt ließ sich nicht ohne weiteres reproduzieren. Wir wissen, in welchem Maße sich etwa die Traktate über Malerei an das klassische kategoriale Muster der Rhetorik und Poetik anhängen konnten. Aber dieser Umweg zu einem artikulierten Selbstbewußtsein war den mechanischen Artisten verschlossen. Der Weg der Technik in der Neuzeit ist daher weitgehend entweder unvermittelte Demonstration vor einer ebenso überraschten wie ahnungslosen Umwelt *oder* die Indienstnahme technischer Leistungen und Sachverhalte für heterogene geistespolitische Zwekke. Von dieser Art war schon der Idiota des Cusaners, ebenso wie die Technikgeschichte Bacons und das Ausstellungsprogramm von Leibniz. Die Idealisierung der Erfindung ist keine Reflexion von Erfindern, jedenfalls nicht vergleichbar mit der Bedeutung der Reflexion innerhalb der schönen Künste. Nur wenn man sich dies vor Augen hält, kann man ermessen, welche Funktion schließlich der großen französischen *Enzyklopädie* zukommen sollte, die aus einer Sphäre stummer Mechanismen und Verfahrensweisen einen potentiellen Bestandteil einer neuen geistigen Welt gemacht hat.

Goethe hat im dritten Buch von *Dichtung und Wahrheit* die Wirkung der französischen Enzyklopädie als Weckung des Bewußtseins von der elementaren Technisierung der Welt beschrieben. Es heißt dort: »Wenn wir von den Enzyklopädisten reden hörten, oder einen Band ihres ungeheuren Werks aufschlugen, so war es uns zumute, als wenn man zwischen den unzähligen bewegten Spulen und Weberstühlen einer großen Fabrik hingeht, und vor lauter Schnarren und Rasseln, vor allem Aug' und Sinne verwirrenden Mechanismus, vor lauter Unbegreiflichkeit einer auf das Mannigfaltigste ineinander greifenden Anstalt, in Betrachtung dessen was alles dazu gehört, um ein Stück Tuch zu fertigen, sich den eigenen Rock selbst verleidet fühlt, den man auf dem Leibe trägt.« Das Phänomen der Technisierung ist hier nicht nur in seinem lästigen Begleitgeräusch vergegenwärtigt, sondern in dem einen Grundzug, daß es die zur zweiten Natur gewordene Gegenstandswelt der technischen Produkte aus ihrer Selbstverständlichkeit heraushebt und in der Darstellung ihres mechanisch gewordenen Ursprungs neu thematisiert. Der Abbé Galiani, ein Freund des Kreises der Enzyklopädisten, hatte in einem witzigen kurzen Dialog Voltaire und Mirabeau eine »unparteiische Untersuchung der großen Frage, ob die Natur oder die Menschen die Schuhe gemacht haben«, führen lassen. Dieser Dialog ist die erste Entdeckung des Sachverhalts, daß sich der Mensch seine eigene Urheberschaft im Bereich der elementaren Gegenstände seiner Bedürfnisse verbirgt. Ich gebe einen kurzen Ausschnitt. Galiani läßt Mirabeau fragen: »Kann es etwas Absurderes geben als zu glauben, daß unsere Schuhe das Werk der Natur sind wie unsere Füße?« Darauf Voltaire: »Mein Gott! Was findet Ihr denn so Außerordentliches dabei?« Mirabeau: »Nur was wirklich daran außerordentlich ist.« Voltaire: »Aber alles sagt Euch doch, daß der Schuh nicht das Werk des Menschen ist. Alles zeigt Euch diese wichtige Wahrheit. Geht zurück bis in die fernste Antike – Ihr werdet überall Schuhe antreffen: bei allen Nationen, bei den barbarischen, bei den zivilisierten hat man die Schuhe gekannt. Könnt Ihr glauben, daß eine so notwendige, verbreitete Sache, die man zu allen Zeiten und an allen Orten gekannt hat, deren Erfinder man nicht kennt, das Werk der Menschen sei? Man darf nicht der immer schwankenden, unsicheren Meinung der Menschen, sondern nur den Gesetzen der Natur zuschreiben, was sich durch alle Zeitalter und bei allen Menschen erhalten hat …« Darauf wiederum Mirabeau: »… Weil man die alten Papiere verbrannt hat und nun nicht genau weiß, wer zuerst die Schuhe erfunden hat, soll man glauben, daß die Schuhe mit den Füßen zugleich entstanden seien. Weiß man es nicht, so kann man es doch erraten; sicher war es ein Schuster ... Denkt doch nach, wer den ersten Gewinn von den Schuhen gehabt hat, und Ihr werdet den ersten Schuldigen finden. Sicherlich einen Schuster. Denn gibt es nicht Leute, die ganz gut ohne Schuhe leben und gehen können?« Der kulturkritische Hintergrund, im Sinne Rousseaus, wird erkennbar, aber hier in der Funktion, das Bewußtsein der Verantwortung des Menschen für seinen Zustand und seine Ausstattung in der Welt zu artikulieren, die Unausweichlichkeit seiner demiurgischen Rolle *aus* der Vergangenheit *für* die Zukunft zu begründen. Bedürfnisse sind nicht Ansprüche auf natürliche Versorgung, sondern Leerstellen der Natur, die der menschlichen Produktivität ihre Aufgaben stellen.

Es wird deutlich, welche Konsequenz darin liegt, daß im Umkreis der Enzyklopädie in dieser Weise von außen »über die Technik« gesprochen wurde. Dieses Zur-Sprache-Kommen hat eine historisch definierbare Bedeutung, ist selbst ein Stück Geistesgeschichte der Technik, und doch ein Sachverhalt, der die Erforschung dieser Geistesgeschichte ihrer spezifischen Schwierigkeiten ansichtig macht.

Die Struktur des technischen Fortschritts erscheint nur in der globalen Idealisierung als homogen und von eindeutiger Logik. Um sich dessen zu vergewissern, braucht man nur den unverkennbaren und bleibenden Ertrag für die Geistesgeschichte der Technik ins Auge zu fassen, der im *Kapital* von Karl Marx enthalten ist. Marx hat das Axiom, die zunehmende Technisierung der Industriegesellschaft sei nichts anderes als das *Resultat der Summierung* jener erfinderischen Einzelleistungen (als datierbarer Ereignisse), in der Wendung gegen den Idealismus entschlossen umgekehrt. In dem Kapitel »Maschinerie und große Industrie« hat er die Mechanisierung der Produktion als die in Erfindungen umgesetzte *Konsequenz aus der Arbeitsstruktur* der frühindustriellen Manufaktur dargestellt, nämlich: ihrer Zerlegung der ursprünglich handwerklichen Herstellung einer Ware in ihre elementaren Arbeitsvorgänge. An der Arbeitsteilung sei die *Möglichkeit* der Mechanisierung eines Produktionsvorganges erst *ablesbar* geworden; die Übersetzung der elementaren Komplexion in den mechanisierten Vorgang habe sich dadurch gleichsam zwingend angeboten. Erfindungen lagen nicht, wie man zu sagen pflegt, in der Luft, sondern waren im Arbeitsprozeß präformiert. Die Werkstatt zur Produktion der Arbeitsinstrumente selbst, so schreibt Marx, »dieses Produkt der manufakturmäßigen Teilung der Arbeit produzierte seinerseits – Maschinen«.

Dieses Modell macht deutlich, was Marx unter einer Geschichtsschreibung der Technik versteht, die er selbst als »kritische Geschichte der Technologie« bezeichnet. Eine solche Geschichtsschreibung würde nachweisen, so behauptet Marx, »wie wenig irgendeine Erfindung des 18. Jahrhunderts einem einzelnen Individuum gehört«. Marx gibt auch eine erkenntnistheoretische Begründung für die *Fälligkeit* ebenso wie für die *Möglichkeit* der geforderten Technikgeschichte: *fällig* sei sie, nachdem Darwin das Interesse auf »die Geschichte der natürlichen Technologie« gerichtet habe, nämlich durch eine Theorie der Entstehung der Organe als der »Produktionsinstrumente für das Leben der Pflanzen und Tiere«; *möglich* sei sie als »Bildungsgeschichte der produktiven Organe des Gesellschaftsmenschen«, und zwar mit größerer Leichtigkeit als jene biologische Theorie, weil – nach dem von Vico eingeführten Axiom – »die Menschengeschichte sich dadurch von der Naturgeschichte unterscheidet, daß wir die eine gemacht und die andere nicht gemacht haben«.

Eine solche Art von Geschichtsschreibung kann nicht im Schema der chronistischen Tradition stehenbleiben. Das Zuständliche entzieht sich der präzisen Datierbarkeit, die das Begründungsverhältnis von Handlungstheorien und Handlungsprodukten methodisch erschließbar macht. Es mußte nun zumindest als *möglich* angesehen werden, daß Handlungstheorien ihrerseits nur Ausdruck und Folge vorgegebener Verhältnisse waren, daß sie allenfalls die in den Zuständen gelegenen Notwendigkeiten des Handelns aufgenommen, entfaltet und systematisiert hatten und dadurch Ereignisse vielleicht *vorzubereiten* und beschleunigt herbeizuführen, nicht aber primär zu *motivieren* vermochten.

In diesem Zusammenhang bekommt die Beobachtung erst ihren *Akzent*, daß für die frühe Geschichte des Verhältnisses von Wissenschaft und Technik der Vorrang der Theorie höchst fragwürdig war. Marx hat auch dazu eine pauschale Feststellung: »Die Manufakturperiode, welche Verminderung der zur wahren Produktion notwendigen Arbeitszeit bald als bewußtes Prinzip ausspricht, entwickelt sporadisch auch den Gebrauch von Maschinen, namentlich für gewisse einfache erste Prozesse, die massenhaft und mit großem

Kraftaufwand auszuführen sind ... Sehr wichtig wurde die sporadische Anwendung der Maschinerie im 17. Jahrhundert, weil sie den großen Mathematikern jener Zeit praktische Anhaltspunkte und Reizmittel zur Schöpfung der modernen Mechanik darbot.«

Dieser doppelte Fundierungszusammenhang: *einmal* der Maschine auf die mechanisch zerfällte Arbeit, *dann* der Mechanik auf die Gegebenheit der Maschine, trägt zu deutlich das Kennzeichen der ideologischen *Umkehrung*, als daß man hier den methodischen Leitfaden der Technikgeschichte zu finden hoffen dürfte. Alles spricht dafür, den Zugang zur Sache von Vorentscheidungen freizuhalten. Nur ein Pluralismus der Aspekte und der methodischen Ansätze kann helfen, das Potential der *Fragen* auszuschöpfen, die hier gestellt werden können. Sicher ist es fruchtbar, nach der Präformation der Mechanisierung in der Realität der Organisation von Handarbeit zu fragen. Aber es ist verhängnisvoll, dabei die Möglichkeit zu übersehen, die Veränderungen im Typus der Arbeit, wie die enorme Verlängerung der Arbeitszeiten und die Atomisierung der Arbeitsvorgänge, könnten in den Anfangsstadien der industriellen Revolution nicht bereits aus der *Konkurrenz* mit dem aufkommenden Maschinenwesen und aus der ungleichen maschinellen Ausstattung der konkurrierenden Nationalwirtschaften verursacht worden sein.

Gerade auf dem Gebiet der Technikgeschichte gibt es scheinbar bewährte *Gemeinplätze*, mit denen höchst komplexe und ergiebige Probleme lange Zeit beiseite geschoben worden sind. Ein für die technische Welt und die Darstellung ihres Selbstbewußtseins so symptomatisches Phänomen wie der »Wolkenkratzer« konnte auf lange Zeit jedermann mit der naheliegenden Erklärung über die spekulativ ausgeschöpfte Bodenknappheit im Zentrum von New York plausibel gemacht werden. Daß es bestimmter technischer Voraussetzungen bedurfte, wie der Ausbildung der Stahl- und Betonkonstruktion und anderer Bauverfahren, ist natürlich beachtet worden. Wichtiger als die technische Fähigkeit, solche Hochhäuser zu bauen, war aber die konstruktive Bewältigung des Problems, den Vertikalverkehr in ihnen zu realisieren.

Der technische Fortschritt – als spezifisch-qualitative Veränderung der menschlichen Möglichkeiten – besteht gelegentlich in elementaren Akten des Aufmerksamwerdens auf bis dahin unbemerkte Alternativen. Verkehr mit Lasten und Menschen war bis in die Mitte des 19. Jahrhunderts ganz selbstverständlich Horizontalverkehr. Es schien kaum ein Bedürfnis für die Alternative des Vertikalverkehrs zu bestehen – außer in Bergwerken, wo er auf einer primitiven Stufe stehengeblieben war. Aber für die Ausbildung des Vertikalverkehrs in Hochbauten gab es einen elementaren *Zirkel*: um höher bauen zu können, bedurfte es einer *schon* ausgebildeten Technik des Aufzugverkehrs, sobald man über die Höhe des organisch noch zu leistenden und sinnvollen Treppenverkehrs hinausging. Das Bedürfnis für den konstruktiven Fortschritt des Vertikalverkehrs und die Voraussetzung für dessen ökonomische Rentabilität konnte andererseits erst entstehen, wenn der Bau von Hochhäusern bereits akut geworden war, wenn es Hochhäuser *schon* gab, die es doch ohne diese Voraussetzung nicht geben *konnte*. In solchen Fällen springt in der Technikgeschichte gelegentlich das reine *Luxus-* und Spielbedürfnis ein, der appeal-Charakter technischer Attraktionen etwa für den Fremdenverkehr, die z. B. in Hotels einen zumeist rein deklamatorischen Komfort anbieten können.

Auf diese Weise kam es 1857 zu den ersten Personenaufzügen ohne die reelle Notwendigkeit des Hochhauses. Dies ist zwar ein Stück Geschichte der technischen Faktoren, die zum Wolkenkratzer führen *konnten*, aber zweifellos auch zusammen mit dem Faktor Bodenverknappung nicht geführt *hätten*, wenn die im Hochhaus angebotene *Vertikalstruktur* nicht der Rationalität der modernen Großverwaltungen und Büroverbundorganisationen unvergleichlich entgegengekommen wäre. Das Versicherungswesen, das diese *abstrakte* Verwaltungsstruktur zuerst ausbildet, produziert auch 1885 den ersten zehnstöckigen Wolkenkratzer, und zwar in Chicago, wo es Probleme der Bodenknappheit nicht gab. Die so plausible Erklärung des Wolkenkratzers durch die kapitalistische Substruktur ist zumindest fragwürdig. Mag man selbst den puren *Demonstrationswert* wirtschaftlicher Macht noch zu dieser Substruktur rechnen, so ist die Entwicklung über die vielleicht zeitweilige Relevanz solcher Momente hinweggegangen, um sich vollends zu *rationalisieren*. Der Umschlag vom Horizontal- zum Vertikalverkehr in der modernen bürokratischen City entspricht dem Vorrang des Informations- und Datenverkehrs *vor* dem Lasten- und Warenverkehr, der diese Zentren nicht mehr erreicht, sondern in ihnen nur noch *abstrakt repräsentiert* ist. Die Vertikale ist die Dimension des

Transits von Akten und Referenten, von Entscheidungen und Managern, von Operationen und Stäben geworden. Die Technik hat eine bestimmte Arbeitsstruktur möglich gemacht, aber nicht weniger wahr ist, daß die Perfektion dieser technischen Mittel durch den Wandel der Arbeitsstruktur vorangetrieben worden ist.

Für den *Primat* der *Rationalisierung* vor der *Technisierung* gibt es einen Grenzfall von Schlüssigkeit: die Geschichte der Rechenmaschine. Die zunächst paradox erscheinende Tatsache, daß ausgerechnet die *Philosophen* unter den Mathematikern, nämlich Pascal und Leibniz, und nicht die *Techniker* unter ihnen sich um die Konstruktion der ersten Rechenmaschinen bemüht haben, wird begreiflicher, wenn man die *neue* Auffassung der Philosophie von der Tätigkeitsweise der menschlichen Vernunft, nämlich von ihrem kombinatorischen und automatisch-deduktiven Charakter, als die Voraussetzung versteht, die im Gedanken der Rechenmaschine ihre gleichsam handgreifliche, experimentelle Demonstration erhielt. Diese Maschine ist ein *Argument*, kein *Instrument* – oder erst *sekundär* ein solches. Es war also nicht der Nutzeffekt, Rechenoperationen mechanisch zu erleichtern, sondern die Absicht, das Modell für die *Erklärung* dieser Operationen zu liefern, was den Konstruktionswillen motivierte.

Ich möchte dazu eine Stelle aus der Biographie anführen, die die Schwester Pascals, Gilberte Périer, über ihren Bruder geschrieben hat. Sie berichtet über die Erfindung des 19jährigen folgendes. »Mit dieser arithmetischen Maschine lassen sich nicht nur alle Arten von Rechnungen ohne Feder und Rechenmarke durchführen, sondern sogar, ohne irgendeine Regel der Arithmetik zu kennen, und zwar mit einer unfehlbaren Sicherheit. Dieses Werk ist als eine in der Natur neuartige Sache angesehen worden, da es eine Wissenschaft, die ganz allein dem Geist innewohnt, auf einen Mechanismus übertrug und dadurch ein Instrument ergab, das alle Operationen mit völliger Sicherheit durchzuführen vermag, ohne vernünftiger Überlegung zu bedürfen.« Daß die *Darstellung* geistiger Prozesse die *Delegation* geistiger Prozesse impliziert, daß sich die Evidenz des Mechanismus *reflektiert* auf die nur noch mechanische Dignität der rationalen Leistung, das spiegelt sich in den Zweifeln an dem Recht der Forderung nach einer mathesis universalis. Noch *Husserl* sah in der Formalisierung geistiger Prozesse das im Fortschritt Sich-Entlaufen der Vernunft aus der Redlichkeit ihrer Verpflichtung zur

Erfüllung der eingegangenen Intentionen. *Hegel* dagegen hatte in der *Logik* nicht die Entartung, sondern die *essentielle* Äußerlichkeit mathematischer Prozesse für die menschliche Vernunft als Voraussetzung ihrer Mechanisierung angegeben: »Weil das Rechnen ein so sehr äußerliches, somit mechanisches Geschäft ist, haben sich Maschinen verfertigen lassen, welche die arithmetischen Operationen aufs vollkommenste vollführen. Wenn man über die Natur des Rechnens nur diesen Umstand allein kännte, so läge darin die Entscheidung, was es mit dem Einfalle für eine Bewandtnis hatte, das Rechnen zum Hauptbildungsmittel des Geistes zu machen und ihn auf die Folter, sich zur Maschine zu vervollkommnen, zu legen.« Ähnlich schreibt Schopenhauer: »Daß die niedrigste aller Geistestätigkeiten die arithmetische sei, wird dadurch belegt, daß sie die einzige ist, welche auch durch eine Maschine ausgeführt werden kann; wie denn jetzt in England dergleichen Rechenmaschinen bequemlichkeitshalber schon in häufigem Gebrauche sind.« Daß solche Abwertungen das Problem *nicht ausschöpften*, ja nicht einmal *verstanden*, war schon von Johann Heinrich Lambert in einem Brief an Kant vom 13. Oktober 1770 ausgesprochen worden, in dem er von den symbolischen Operationen zwar *zugibt*, daß sie zwischen dem reinen Denken und der bloßen Empfindung lägen, zugleich aber für sie *beansprucht*, daß wir mit ihnen weit über die Grenzen unseres wirklichen Denkens hinausreichen, und zwar *nicht* durch ein bloßes mechanisches Überspringen von Schritten, die rein der Möglichkeit nach noch nachgeholt werden könnten.

Wie die Prozesse der Mathematisierung und Formalisierung, Mechanisierung und Automatisierung intellektueller Leistungen *bewertet* werden, hängt davon ab, ob man in ihnen die *Substanz* des menschlichen Denkens vertreten sieht *oder* ob eine von zentralen Funktionen der Vernunft abtrennbare, diesen eher *äußerliche* und daher von ihnen zu entäußernde Sphäre ein um so reineres Residuum erkennen läßt. Die Maschine übernimmt dann diejenigen Verrichtungen, die nicht der höchsten Qualität des originären Denkens bedürfen, wie sie die Erfindung selbst repräsentiert. Technisierung erweist sich daran paradigmatisch als der Prozeß, in dem sich der Mensch von den Leistungen *entlastet*, die seine Anstrengung nur ein einziges Mal erfordern oder in denen er sich überbieten zu lassen ein einsichtiges Interesse hat.

Hier werden Wertungsfragen der Technik berührt, die ein eigenes Kapitel einer Geistesgeschichte der Technik darstellen. Denn zu dieser Geschichte gehört nicht nur der Geist, *der* die Technik bewirkt, sondern auch der, *den sie* bewirkt. Ich meine dabei nicht die »Fernwirkungen«: das Auftreten technischer Motive in Dichtung und Malerei, so symptomatisch dies sein kann, nicht die Umstellung des Menschen auf diejenigen Bedingungen seiner Existenz, die durch Apparaturen im weitesten Sinne *vorgegeben* sind, zumeist aber nicht durch deren konstruktive Spezifität, sondern durch ihre ökonomische Rentabilität *definiert* werden. Die Veränderung des Denkens selbst durch die Erfahrung mit Technik besteht vor allem darin, daß *Theorien* kaum noch als *Erklärungen* der Wirklichkeit zur Geltung kommen, sondern sofort in die Funktion von *Potentialen* rücken, die Wirklichkeit zu verändern, Gedachtes zu realisieren, das Weichbild des Utopischen auszudehnen.

Die Behauptung vermeintlich ewiger und unveränderlicher Wahrheiten desavouiert zu sehen, gehört zu den elementaren Erfahrungen der Neuzeit; aber es geschieht, wie vor allem in der Geschichte der Wissenschaften thematisch ist, in der vertrauten Weise der *Korrektur* bestehender Vorstellungen durch neue, verifizierbare. In der Geistesgeschichte der Technik kann es nur um ein *indirektes* Verhältnis zum Bestand vermeintlicher Wahrheiten gehen. Was alles ist z. B. an staatsphilosophischen, politiktheoretischen Aussagen falsch geworden durch bestimmte Fortschritte der Technik?

Ich verweise auf einen einfachen Fall. Montesquieu glaubte, aus der Geschichte des römischen Staates ein Gesetz ableiten zu können, das den Übergang von temperierten Formen der politischen Herrschaft zu ihren despotischen Entartungen kausal bestimmen sollte; der politischen Systemen essentielle Ausdehnungsdrang führe an eine Grenze, wo die *Quantität* in eine politisch *negative Qualität* umschlägt, weil die Verwaltung des zu beherrschenden Raumes mit den klassischen Mitteln der staatlichen Organisation nicht mehr möglich ist, wenn »die Schnelligkeit der Entschlüsse die Distanz kompensieren muß, über die sie zu dringen haben«, wenn also *Raum* durch *Zeit* wettgemacht werden muß und die Umständlichkeit politisch *kontrollierter* Verfahren durch den *Absolutismus* der jederzeit verfügbaren Entscheidungsgewalt ersetzt zu werden geradezu herausfordert. Nun mögen solche Erwägungen für die Geschichte der Römer *ebenso* falsch oder richtig gewesen sein *wie* als politische ›Gesetze‹; aber auf jeden Fall sind die *Gründe* für das eine oder andere seit der Zeit Montesquieus nicht dieselben geblieben, weil das Verrechnungsverhältnis von Zeit und Raum sich radikal verändert hat, und zwar *durch* Technik und *als* von Technik abhängige Größe.

Die Anführung dieses Beispiels war nicht beliebig. Montesquieu ist eine wichtige Figur für die Geistesgeschichte der Technik. Er hat zuerst gefordert, und zwar in dem Aufruf der Akademie von Bordeaux, deren Präsident er war, aus dem Jahre 1719, die Geschichte der Erdoberfläche zu schreiben, und zwar vor allem im Hinblick auf *die* Veränderungen, die *der Mensch* im Lauf seiner Geschichte an ihr bewirkt hat. Im *Geist der Gesetze* finden sich verschiedene Spuren eigener Bemühung um das Problem, die Veränderung des Lebens durch technischen Fortschritt darzustellen. Aber für ihn lagen diese Umwandlungen und die Möglichkeit künftiger Zustandsänderungen weit unter der Schwelle dessen, was den Charakter einer die Geschichte nach Analogie der Natur beherrschenden Gesetzlichkeit beanspruchen konnte. Diese Gesetzlichkeit mußte als *Quantität* ausdrückbar sein, das hatte das Zeitalter von Newton gelernt. So glaubte Montesquieu, daß es für die Republik ebenso eine maximale Größe gäbe wie für die Monarchie. Das räumliche Maximum ist bezogen auf bestimmte Zeitgrößen, die für politische Entscheidungen und ihre Realisierung zur Verfügung stehen. Je größer die Entfernungen zur Übermittlung dieser Entscheidungen sind, um so schneller müssen sie gefällt werden, und an einem bestimmten Punkt der Überdehnung schlägt die räumliche Quantität in politische Qualität um, wird die gemäßigte Staatsform zur despotischen, die sich der Übergröße des Raumes durch die Schnelligkeit ihrer Entscheidungen als adäquat erweist.

Diese Implikation des *Zeitbezuges* für die vermeintlich gefundene Gesetzlichkeit weist auf eine wesentliche Orientierung für die historische Analyse in der Technikgeschichte hin: technische Entwicklungen sind immer auf die Konstanten menschlicher Zeitgrößen bezogen.

Man kann die in allen Diskussionen beliebte Frage, was denn Technik sei, beiseite lassen, wenn man die Zeitrelation als hermeneutisches Instrument einführt. Die Lebenszeit mit ihren natürlichen Einheiten ist für den Menschen im wesentlichen eine unverfügbare und unveränderliche Größe; will er *mehr* an Leistung und Genuß, an Selbstdarstellung und Lebensfülle, so muß er die

Realisierung seiner Möglichkeiten in dieser vorgegebenen Zeit beschleunigen. Direkt oder indirekt ist diese *Steigerung von Geschwindigkeiten* die einheitliche Wurzel aller technischen Antriebe des Menschen.

Damit präzisiert sich für eine Geistesgeschichte der Technik eine ihrer Aufgaben, nämlich: zu studieren, *wie* dieses elementare *Programm* an einem bestimmten Punkt unserer geistigen Geschichte nicht nur *akut* wurde (etwa weil es bis dahin mit gewissen Kompensationen verdeckt war), sondern auch, *wie* es sich in seiner bis dahin ungeglaubten *Realisierbarkeit erwies.*

Noch Lichtenberg sah unsere unübersteigbare Unterlegenheit gegenüber der Natur darin, daß wir deren *Zeitmaße* nicht mitmachen, sie überall dort nicht nachahmen *können*, wo sie in der Großzügigkeit ihres Zeitverbrauchs die menschlichen Lebensmaße übersteigt. Er schreibt: »Die Dauer der Zeit ist ein wichtiges Hindernis bei allen unseren Bemühungen, die Erscheinungen der Natur mit Operationen im Laboratorio zu erklären ... Diese Schwierigkeiten werden Menschen nie überwinden können. Der Anfang kann gut so gemacht werden: so wie der *Raum* uns die Ergründung mancher Dinge unmöglich macht, so kann es auch die *Zeit*. So wie wir den Mond nicht erklettern werden, noch zum Mittelpunkt der Erde hinabsteigen, so wenig werden wir Naturprozesse nachmachen können, über denen *sie* vielleicht Jahrhunderte brütet, und wozu sie die Ingredienzien aus allen fünf Weltteilen herbeischafft.« Ich brauche diesen Text nicht weiter zu erläutern; die *Unmöglichkeit*, die er *behauptet* und mit der Absurdität der noch größeren Unmöglichkeit, den Mond zu erklettern, *metaphorisiert*, ist längst zum Inbegriff von *Möglichkeiten* geworden, so daß man diesen Text in seiner Umkehrung geradezu als elementare Bestimmung der technischen Epoche lesen kann.

Mit der Frage nach dem Verhältnis von *Technisierung* und *Zeitstruktur* wird eine Grenze berührt, an der eine Geistesgeschichte der Technik für ihre Problemstellungen isoliert nicht mehr aufkommen kann. Aber gerade hier wird sich die Spezialisierung der Geschichtswissenschaft durch die Konvergenz der je spezifischen *Grenz*begriffe und *Grenz*probleme auf neue übergreifende Fragestellungen hin positiv auswirken können.

Der *Pluralismus* der Axiome, mit denen eine Geistesgeschichte der Technik arbeiten muß, wirkt auf den ersten Blick enttäuschend und erweckt den Anschein eines historischen Skeptizismus. Aber die Forderung, die Wege der Interpretation dieser Zusammenhänge offenzuhalten und sich nicht im Vorgriff für ein bestimmtes Zuordnungsmodell zu entscheiden, soll gerade verhindern, daß *ideologische* Determinanten in die historische Einstellung eingehen oder *diese jenen* Dienste der Bestätigung leistet.

Vielleicht gibt es unentscheidbare Fragen auch auf diesem Felde – aber selbst eine *partielle* Resignation wäre einer dogmatischen Festlegung vorzuziehen, die *dogmatisch* deshalb ist, weil sie den *Primat* im Kausalnexus mit einer *Wertung* verbindet. Dabei muß man sich aber auch darüber klar sein, daß mit der Annäherung an die Gegenwart die Relevanz der möglichen *Modelle* zurücktritt gegenüber einer *Verdichtung* der *immanenten Logik* des technischen ebenso wie des wissenschaftlichen Prozesses. Eine Wissenschaftsgeschichte des 20. Jahrhunderts wird einmal ganz anders beschaffen sein als eine solche des 17. Jahrhunderts, die einen Prozeß darzustellen hat, dessen immanente Logik sich noch nicht konsolidiert hat. Der noch nicht verfestigte Prozeß steht den gleichsam quer einschießenden, den blockierenden und beschleunigenden Faktoren der Geschichte noch offen.

Die Prophezeiung, wir ständen am Ende der Geschichte spontaner produktiver Aktionen des menschlichen Geistes, gewinnt ihr Recht aus dieser Sachlage, die in der *Theorie* bedeutet, daß die *Resultate* einer bestimmten Stufe des Prozesses immer schon die *Probleme* für die nächsten Schritte der Erkenntnis implizieren. Für die Geschichte der *Technik* heißt das, daß die Lösung eines bestimmten konstruktiven oder verfahrenstechnischen Problems zugleich die Mängel erst erkennbar macht, die noch zu bewältigen sind und insofern die Aufgaben für künftige Lösungen stellen. Je näher wir der Gegenwart kommen, um so mehr werden die Geschichte der exakten Wissenschaften und die Geschichte der Technik, aber auch die Geschichte der bildenden Kunst und der Literatur zu *geschlossenen* Regionen von einer *je eigenen* inneren Konsequenz ihrer Entwicklung und damit verhältnismäßig abgeschirmt gegen diejenigen Wechselwirkungen, aus deren Summierung so etwas wie die Einheit eines Stiles entstehen könnte.

Der hohe Verdichtungsgrad unseres wissenschaftlichen und technischen Zustandes ist zwar selbst noch ein *Thema* einer Geistesgeschichte der Technik, aber zugleich eine *Gefährdung* der

Unerschöpflichkeit ihres Fortganges zu neuen Konstellationen. Eine Technik, die uns nur noch dem Zwang der funktionstüchtigen Anpassung und der aufmerksamen Beachtung ihrer Signale unterwerfen würde, müßte in der Chronik ihrer Fortschritte ganz und gar aufgehen. Ob es sich dann immer noch lohnte, der Frage forschend nachzugehen, wie es zu diesem Zustand gekommen ist, brauche ich zu meinem Glück in diesem Augenblick nicht mehr zu entscheiden.

17.
Zusammenfassung des Vortrags »Methodologische Probleme einer Geistesgeschichte der Technik«

In einer Situation, in der der noch von *Hegel* programmatisch ausgesprochene Primat der Geistesgeschichte für unser Geschichtsbewußtsein an Glaubwürdigkeit verloren hat, muß das Thema einer Geistesgeschichte der Technik problematisch erscheinen, zumal die Geschichte der Technik – bei einer flüchtigen Vergegenwärtigung unserer technischen Umwelt – es scheinbar nur mit handfesten Realitäten zu tun hat. Würde man die konstruktive Rationalität dieser technischen Realitäten zum Gegenstand einer Geistesgeschichte der Technik machen, so wäre das Resultat der klassische Typus einer Geschichte der Erfindungen und der Erfinder, der Konstruktionen und Konstrukteure. Damit scheint für eine Geistesgeschichte der Technik nur der Geist vor und nach dem technischen Phänomen selbst übrigzubleiben, der Geist als Motivation und Justifikation bzw. das Verhältnis von Idee und Realität. Methodisch aussichtsreicher, als sich in die Gigantomachie der Idealisten und Materialisten einzulassen, ist die Freihaltung von präjudiziellen Alternativen und die Beachtung, daß in der Geschichte der Fakten und der Sequenz von Fakten ein System der gegenseitig gerichteten Wirkung zwischen Idee und Realität besteht. Solange Zustände die Epiphänomene von Handlungen sind, fügen sie sich dem durch neue Elemente angereicherten Schema des historischen Kontextes ein. Für Zustände empfahl sich schon methodisch die Annahme einer quantitativen Bestimmbarkeit; Hauptgrund – neben der Reaktion auf eine idealistische oder personalistische Geschichtsauffassung – für den gegenwärtigen Vorzug allgemein materieller, wirtschafts- und sozialgeschichtlicher Zuständlichkeiten. Spricht man von »Technisierung« als einem das 18. und 19. Jahrhundert umfassenden Merkmal, so ergibt sich sogleich ein wesentlicher Unterschied aus der zumeist datierbaren Ereignisfolge jener Erfindungen, deren Summierung das Resultat »technisches Zeitalter« hervorgebracht hat, und der zuständlichen Veränderung der menschlichen Arbeitswelt im Gefolge dieser Erfindungen, die – oft mit erheblicher Verspätung eintretend – ein Moment der quantitativ erfaßbaren Vervielfältigung des technischen Faktors zur Voraussetzung hatte. Ausmaß und Schnelligkeit der Vervielfältigung haben aber ihre Voraussetzungen hauptsächlich in Bedingungen der wirtschaftlichen Potenz und sozialer Gegebenheiten wie Erwartungsstruktur, Konsumanspruch, Luxusgrenze usw. Die Erfüllung der historischen Postulate der Datierbarkeit und der geistigen Urheberschaft durch die Angabe der Reihenfolge von Erfindung und Zustandsänderung ließ die Frage nach den Faktoren, die zwischen dem Datum der Erfindung und dem der meßbar gewordenen Zustandsgröße auf den Prozeß eingewirkt, ihn begünstigt, verzögert, mit der Struktur des Bewußtseins in Bezug gebracht haben, ungestellt und unbeantwortet. Der technische Fortschritt ist als allzu pauschale Vorstellung in das vage Geschichtsbewußtsein eingegangen. Für die Methodik einer Geistesgeschichte der Technik bedeutet das zunächst, daß die leitenden Fragen kleiner gestellt werden müssen. Anzusetzen ist zunächst bei dem uns heute zur Selbstverständlichkeit gewordenen Abhängigkeitsverhältnis des technischen Fortschritts vom wissenschaftlich-theoretischen. Gerade für die beginnende Neuzeit ist charakteristisch, daß es trotz der theoretischen Stagnation und Rezession technischen Fortschritt im Bereich der theoretisch unreflektierten, sozial gering geschätzten artes mechanicae ständig gegeben hatte. Wie *Galilei* hat *Descartes* den handwerklichen Hintergrund erkennbar verleugnet, aus dem ihm entscheidende Anregungen für die neue Wissenschaftsidee zugekommen waren. Zu den Bedingungen des technischen Fortschritts gehört vor allem auch die Durchbrechung bestimmter Blockaden im Bewußtsein der Zeit. Am deutlichsten gesehen wurde dieses Problem durch *Francis Bacon*. Er hat das technische Museum und die Technikgeschichte als Demonstration der Möglichkeit des Fortschritts gefordert. Die auch bei Leibniz wiederkehrende Homogenität des Interesses an natürlichen und technischen Seltsamkeiten, die für den Legitimierungsprozeß der Technik wesentlich wurde, führte zu den musealen Sammlungen und Ausstellungen, in denen die Kuriositäten der spielenden – und damit Einblick gebenden – Natur und der Technik noch für lange Zeit auf einer Stufe standen.

Mit der Idee, Erfindungen auszustellen, dem Publikum die Augen und der Neuheit den Markt zu eröffnen, werden zugleich rechtliche und ökonomische Fragen berührt, die wesentlich zu den Faktoren des technischen Fortschritts gehören. Das Rechtsinstitut des geschützten Eigentums besitzt keineswegs die Selbstverständlichkeit, die es inzwischen angenommen hat. Die Auffassung von der Erfindung als einem schutzwürdigen, nicht auf eine Sache, sondern auf eine Idee einer Sache bezogenen Eigentum hat geistesgeschichtliche Voraussetzungen, in denen die traditionellen Vorstellungen vom Verhältnis des Menschen zur natürlichen Wirklichkeit fraglich werden. Der Weg der Technik in der Neuzeit ist weitgehend unvermittelte Demonstration geblieben. Die Idealisierung der Erfindung war keine Reflexion von Erfindern, jedenfalls nicht vergleichbar mit deren Bedeutung innerhalb der schönen Künste. Bei dieser Sachlage ist zu ermessen, welche Funktion schließlich der großen französischen Enzyklopädie zukommen sollte, die aus einer Sphäre stummer Mechanismen und Verfahrensweisen einen potentiellen Bestandteil einer neuen geistigen Welt gemacht hat. *Marx* hat im »Kapital« das Axiom, die zunehmende Technisierung der Industriegesellschaft sei das Resultat der Summierung jener erfinderischen Einzelleistungen (als datierbare Ereignisse) in der Wendung gegen den Idealismus entschlossen umgekehrt. An der Arbeitsteilung der frühindustriellen Manufaktur sei die Möglichkeit der Mechanisierung erst ablesbar geworden, die Erfindungen lägen nicht in der Luft, sondern seien im Arbeitsprozeß präformiert, und eine Geschichtsschreibung – so *Marx* – würde nachweisen, wie wenig irgendeine Erfindung des 18. Jahrhunderts einem einzelnen Individuum zugehöre. Möglich sei eine Technikgeschichte als »Bildungsgeschichte der produktiven Organe des Gesellschaftsmenschen«. Eine solche Art von Geschichtsschreibung kann nicht im Schema der chronistischen Tradition stehenbleiben. Das Zuständliche entzieht sich der präzisen Datierbarkeit, die das Begründungsverhältnis von Handlungstheorien und Handlungsprodukten methodisch erschließbar macht. Nur ein Pluralismus der Aspekte und der methodischen Ansätze kann helfen, das Potential auch nur der Fragen auszuschöpfen, die sich einer Geistesgeschichte der Technik stellen.

Gerade auf dem Gebiet der Technikgeschichte gibt es scheinbar bewährte Gemeinplätze, mit denen höchst ergiebige und komplexe Probleme lange Zeit beiseitegeschoben worden sind. Das für die technische Welt so symptomatische Phänomen des Wolkenkratzers läßt sich nicht allein aus der kapitalistischen Substruktur erklären. Der im Hochhaus vollzogene Umschlag vom Horizontal- zum Vertikalverkehr entspricht dem Vorrang des Informations- und Datenverkehrs vor dem Lasten- und Warenverkehr in der modernen bürokratischen City. An diesem Beispiel läßt sich demonstrieren, daß die Technik, die eine bestimmte Arbeitsstruktur ermöglichte, durch den Wandel der Arbeitsstruktur in ihrer Perfektion vorangetrieben worden ist.

Letztlich lassen sich alle technischen Entwicklungen direkt oder indirekt auf die Steigerung von Geschwindigkeiten zurückführen. Die Lebenszeit ist für den Menschen eine unveränderliche Größe; will er mehr an Leistung und Genuß, an Selbstdarstellung und Lebensfülle, muß er die Realisierung seiner Möglichkeiten in dieser vorgegebenen Zeit beschleunigen. Für eine Geistesgeschichte der Technik präzisiert sich damit eine ihrer Aufgaben: zu untersuchen, wie dieses elementare Programm an einem bestimmten Punkt unserer geistigen Geschichte nicht nur akut wurde, sondern auch, wie es sich in seiner bis dahin ungeglaubten Realisierbarkeit erwies.

18.
Dogmatische und rationale Analyse von Motivationen des technischen Fortschritts

Die Motivation zum technischen Fortschritt erscheint gegenwärtig gefährdet durch das *Unbehagen am Fortschritt*, das sich ausbreitet und einfrißt. Eine heftige, die Grenze des Alarms überschreitende Kritik an den schon unerträglichen oder unerträglich werdenden »Nebenprodukten« dieses Fortschritts (die ich nicht mehr aufzuzählen brauche) ist in ihrer Berechtigung fast unumstritten und wird in ihrer notwendigen Funktion von mir vorausgesetzt. Aber: Ist das Unbehagen am Fortschritt wirklich *nur* ein Unbehagen an den *»Folgelasten«* und Nebenwirkungen? Mit dieser Verschärfung der Fortschrittsproblematik wird es ernst: wenn das Unbehagen am Fortschritt die »Struktur« unserer Zivilisation als solche betrifft und in Frage stellt, dann bedeutet das vor allem, daß dem Fortschritt die Fähigkeit abgesprochen wird, seinen eigenen *Preis* aufzubringen, in einer Art von Selbstregulation mit den Nebenerscheinungen fertig zu werden – dann könnte *konsequenter* Fortschritt nicht der Weg sein, die *Inkonsequenzen* des Fortschritts zu überwinden. Es ist greifbar, daß viele Stimmen im Lamento über die Folgen des Fortschritts nicht *jene* (Folgen), sondern *diesen* (Fortschritt) meinen. Man kann nicht übersehen, daß in der gegenwärtigen Diskussion über die Folgelasten des technischen Fortschritts alte Bekannte in neuem Gewande auftreten. Ich möchte zu ihrer Identifizierung etwas beitragen. Ich gehe dabei aus von folgender Prämisse, die mir als so evident erscheint, daß ich zu ihrer Rechtfertigung kein weiteres Wort verliere. Sie lautet: Die Probleme, die der Fortschritt aufgeworfen hat und aufwerfen wird, können *nur durch weiteren Fortschritt* gelöst werden. Selbst wenn der technische – wie der wissenschaftliche – Fortschritt ein Verhängnis wäre und man darüber etwas Ernsthaftes aussagen könnte, bliebe diese These für unsere Situation unverändert; das wußte, bei aller Vorliebe für die Idylle des Naturzustandes, schon Rousseau. Es gibt keine seriösen Ausweichangebote. Wenn das so ist, wird die Frage akut, wie sich die Motivationen des Fortschritts im Andrang des Unbehagens und der Kritik behaupten können.

In der Kritik am wissenschaftlich-technischen Fortschritt – und in dem Widerhall, den sie findet – spielen dogmatische Positionen eine wesentliche Rolle. Ich möchte diese dogmatischen Positionen klassifizieren *nach drei Aspekten*, die der Fortschritt rein formal als Verlaufsform eines Prozesses bietet. 1. Der *Herkunftsaspekt*: woher kommt die Idee, woher kommt die Dynamik des Fortschritts und von welcher Ausgangsstellung bewegt er sich »fort«? 2. Der *Richtungs- und Zielaspekt*: ist die vermeintliche Richtung immer nur das Resultat dessen, was ohne Zielvorstellung »fort«gesetzt wird? 3. Der *Strukturaspekt*: welcher Art ist die Bewegung, ist sie homogen und kontinuierlich oder phrasiert und schubartig, und wie verhalten sich ihre einzelnen Phasen zueinander?

Ich kann die drei Aspekte nur schlagwortartig vergegenwärtigen. Zur Herkunftsproblematik hat vielleicht Karl Löwith die entschiedenste Position bezogen: der Fortschritt ist Verhängnis, er beruht auf der »Abtrennung der Naturwissenschaft vom Leben des Kosmos«, wie sie Francis Bacon entworfen, Descartes und Galilei, abschließend Newton, vollzogen haben.[1] Fortschritt bedeutet vor allem die totale Einbeziehung der Natur in die als gerichteten Prozeß programmierte Geschichte: »Die Geschichte ist für uns nicht mehr ein wechselvolles Geschehen innerhalb einer von Natur aus geordneten Welt, sondern alles, was für uns ›Welt‹ ist, wird in diesen Prozeß der Geschichte einbezogen und in ihn hineingezogen.«[2] Der Fortschritt führt nicht nur *von* der Natur als verbindlicher Ordnung *fort*, er führt auch die Natur *mit sich fort*, und »deshalb ist es unmöglich, in der Geschichte einen Standort zu finden und von ihr her irgend etwas für immer Feststehendes aussagen zu wollen«.[3] Das Dogma von dem notwendigen Unheil der verlorenen Natur mag von den Kritikern des wissenschaftlich-technischen Fortschritts, die Konkretes vorzubringen haben, nicht allzu ernst genommen werden – um so eindrucksvoller bestimmt es die, welche der Kritik *applaudieren*. Zwischen diesen beiden Seiten muß in der Tat unterschieden werden: es charakterisiert das, was ich als »Unbehagen« bezeichnet habe, daß es seine Artikulation

1 [K. Löwith, »Das Verhängnis des Fortschritts«, in: *Die Philosophie und die Frage nach dem Fortschritt: Verhandlungen des Siebten Deutschen Kongresses für Philosophie* 1962, ed. H. Kuhn, F. Wiedmann, München 1964, S. 15-29.]

2 [Ebd., S. 24.]

3 [Ebd., S. 24.]

nicht »mitbringt« oder selbst leisten kann, sondern hernimmt, woher es sie bekommt. Das macht jedes »Unbehagen« so anfällig fürs Doktrinäre, in diesem Fall für das alte Sanktionsgebot der *»terra inviolata«*, der Unverletzlichkeit der »gewachsenen« Erde.

Im Zusammenhang mit dieser Auffassung des Fortschritts als Antithese zum Kosmos steht die Behauptung, der neuzeitliche Geschichtsprozeß setze nur fort, was das Christentum mit der Zerstörung der antiken Welt begonnen habe. Der Fortschritt sei, so wiederum Karl Löwith, nur die verweltlichte, die säkularisierte Gestalt der Theologie, näherhin der Eschatologie als der Zukunftserwartung eines vollkommenen Endzustandes jenseitiger Herkunft. Der Fortschritt realisiert innerweltlich, was der christlichen Behauptung von der Endlichkeit und Untergangswürdigkeit des antiken Kosmos an destruktiver Energie schon innewohnt. Die negativen Daten der Folgelasten des Fortschritts fördern nur zutage, was an Negativität von allem Anfang her durch den Bruch mit der Antike angelegt ist. Das wichtigste Beweisglied dieses Gedankenganges ist das Argument der *»Säkularisierung«*, die These, daß der neuzeitliche wissenschaftlich-technische Fortschritt seiner Zielsetzung und seiner Dynamik nach *»Erlösung« der Welt mit anderen Mitteln*, der Substanz nach so etwas wie enteignete Theologie sei. Diese Behauptung ist fast zum Allgemeingut geworden. Ich habe versucht, sie nachzuprüfen; das kann ich hier nicht wiederholen. Aber auf die Konsequenzen dieser Position muß hingewiesen werden; sie lauten:

1. Der Fortschritt ist destruktiv und illegitim. Er kann daher nicht aus sich selbst mit den Folgelasten, die er produziert, fertig werden. Er ist konstitutiv unfähig zur Selbstregulation.

2. Es ist die Erwartung der Zukunft, die das Ungenügen an der Gegenwart (vor allem der Natur als der »ewigen Gegenwart«) hervorgebracht hat. Die Empfehlung, »unser gesamtes Verhältnis zur Welt, und damit zur Zeit, von Grund aus (zu) revidieren«,[4] kann nur zweierlei bedeuten: *entweder* die Rückkehr zur Antike und ihrem Kosmos *oder* die Rückkehr zur absoluten Ursprungsform der christlichen Eschatologie, die deshalb keine Zukunft kennt, weil sie anerkennt und wünscht, daß die Welt am Ende ist und dieses Ende bald vollstreckt wird.

4 [Ebd., S. 28 f.]

Solche *Revision von Grund aus* halte ich für bare Romantik, und zwar auch dann, wenn vage und ungenau gelassen wird, was »Revision« heißen könnte: den »Austritt« aus der Geschichte gibt es nicht, jede Vorspiegelung einer Ausweichlösung (vom Typus einer »Rückkehr« oder einer absoluten Negation) ist Illusion.

Der zweite Aspekt, unter dem dogmatische Positionen der Fortschrittskritik betrachtet werden können, ist der Richtungsaspekt. Er läßt sich auf die Antithese von Fortschritt und Utopie bringen. In gewisser Weise trifft es zu, was Walter Benjamin formuliert hat, daß die Verwirklichung der Idee des Technischen *Verrat an der Utopie* ist. Denn die Utopie idealisiert einen Zielwert, der nicht auf der Linie des Fortschritts liegt und dessen wesentliche Eigenschaft Unüberbietbarkeit, damit statische Endgültigkeit, ist. Der Fortschritt führt nicht auf unüberbietbare Zustände, und das bedeutet es zu sagen, er sei »unendlich«. Die *Utopie* – darin besteht ihre Bedeutung – stellt jeden *faktischen* Zustand, den der *Fortschritt* je zu erreichen vermag, in Frage durch die Konfrontation mit dem qualitativ ganz anderen. Aber zugleich macht der *Fortschritt* jede *Utopie* problematisch, indem er die Praxis der Überbietung faktischer Zustände *demonstriert*, während die Utopie über jede Frage nach dem *Übergang* in ihren Zustand schweigt. Die konsequenteste Form der Utopie ist die Verweigerung dessen, was Adorno die »ausgepinselte Utopie« genannt hat – jede positive Bestimmung wird vorenthalten, weil sie nur unter den Bedingungen entwickelt werden kann, die doch gerade überwunden werden müssen, also unter denen einer Extrapolation des Fortschritts.[5] Hier wird uns ein Vertrauen auf das absolut Unbekannte abverlangt, das nur durch den Kunstgriff der doppelten Negation als positiv ausgegeben werden kann. Die *Antithese von Utopie und Fortschritt* beruht auf einem ganz elementaren *Verdacht*, der in aller Fortschrittskritik steckt: Der Fortschritt bringt niemals qualitative Veränderungen, er hat folglich keine qualitativ bestimmbare Richtung. Das, was hier gemeint ist, könnte man auch so ausdrücken: die Veränderungen, die der Fortschritt bewirkt, lassen den Menschen unverändert, haben vor allem kein moralisches Korrelat.

Ich versuche das an einem Beispiel aus dem Bereich der aktuellen Diskussion über Friedensforschung zu veranschaulichen.

5 [Th. W. Adorno, »Fortschritt«, in: *Argumentationen. Festschrift für Josef König*, ed. H. Delius, G. Patzig, Göttingen 1966, S. 9.]

Nehmen wir einmal an, durch eine Reihe technischer Fortschritte würde es möglich, Rüstungskontrollsysteme von so großer Zuverlässigkeit einzurichten, daß das Mißtrauen, welches entscheidenden Abrüstungsvereinbarungen entgegensteht, abgebaut werden könnte. Zweifellos würde es sich um einen Fortschritt der *quantitativen* Verfeinerung und Steigerung technischer Leistungen handeln; zweifellos würden die Menschen durch diesen Fortschritt nicht verändert. Lese ich nun, was in der Friedensforschung über Begriff und Bedingungen des Friedens gesagt worden ist, so hätte ein solcher Erfolg durch technische Systeme mit der *Qualität* des Friedens nichts oder wenig zu tun. Das Verlangen nach einer moralischen Änderung des Menschen darf sicher nicht verstummen; aber es zum Gegenstand einer Wissenschaft vom Weltfrieden zu machen und vom Niveau dieser erhabenen Forderung aus die Motivationen zu technischen Fortschritten auf dieses Ziel hin zu entmutigen oder zu diskriminieren, erscheint mir als eine dogmatisch unbegründete Leichtfertigkeit. Hier werden Erwartungen geweckt, die mit den in der technischen Welt gegebenen und erreichbaren Mitteln nicht erfüllt werden können; andererseits werden Erwartungen disqualifiziert, die sich auf ein wissenschaftlich-technisches Instrumentarium stützen, dessen Leistungsfähigkeit für technisch definierbare Aufgaben nicht in Zweifel gezogen werden kann.

Ich halte die These, daß »die technische Welt sich nicht von selbst stabilisiert«,[6] für eine dogmatische These: nicht nur, weil sie unbeweisbar ist; nicht nur, weil sie der Idee der Selbstregulation von Systemen als einer konstitutiv technischen Idee widersprechen würde; sondern weil sie Motivationsenergien genau dort abzieht, wo diese unter realistischen und rationalen Bedingungen allein wirksam werden können, um sie dort einzusetzen, wo aus den Erfahrungen unserer Geschichte und aus der Abschätzung unserer Möglichkeiten nichts zu ihren Gunsten sprechen würde. Die Diskriminierung der technischen Position durch die moralische ist immer eindrucksvoll; aber sie spricht dem technischen Fortschritt ab, das leisten zu können, was doch noch nie geleistet worden ist, und mutet uns dafür zu, das preiszugeben, was wenigstens geleistet werden kann.

6 [C. F. v. Weizsäcker, »Friede und Wahrheit. Neue Normen für eine Weltordnung ohne Krieg«, in: *DIE ZEIT*, Nr. 26, 30. Juni 1967, S. 32.]

Der dritte Aspekt dogmatischer Auffassungen des Fortschritts ist der Strukturaspekt. Hier ergibt sich wohl der am schwersten wiegende Einwand der Fortschrittskritik: der ungerichtete, ziellose, homogene Prozeß *instrumentalisiert sich selbst*, indem er jede seiner Phasen für die folgenden zum Mittel macht – anders ausgedrückt: es liegt in der Vorstellung des Fortschritts zu legitimieren, daß das Glück jeder Generation der Preis für das Glück der folgenden sein kann. Der Fortschritt mache alles zum Mittel, nichts zum Zweck. Die homogene Verlaufsstruktur des Fortschritts erfordert ein ebenso homogenes Geschichtssubjekt, eine Vernunft im Singular, eine Weltvernunft – und Geschichtsphilosophen haben zur Erfindung solcher Übersubjekte Neigung gehabt. Die Vernunft als Subjekt der Geschichte ist nur eine Metapher dafür, daß *Fortschritte* zum *Fortschritt* integriert werden können, weil sie einem homogenen Kriterium unterliegen, nämlich dem der rationalen Zweckmäßigkeit. Aber der Zweck, etwa einen künftigen Zustand technischer Systeme zu vervollkommnen, ist zweifellos nicht der Zweck, den *das gegenwärtige Interesse* der in einer Gesellschaft Lebenden definiert: noch in ihrer Lebenszeit den Ertrag des Fortschritts zu genießen. Der Fortschritt nimmt keine Rücksicht auf die Endlichkeit des individuellen Menschen: er relativiert ständig selbst, was er gewährt. Vernunft und Unendlichkeit haben etwas miteinander zu tun (wir wissen es seit Kant), was nicht von sich selbst her schon human ist. Die gewaltige Wirkung, die Hegels Geschichtsphilosophie gehabt hat, beruht darauf, daß sie eine *endliche* Geschichte postuliert, die sich in der Dialektik endlicher Schritte vollzieht, die reale *Orientierungen* und *Erwartungen* in der Zeit zuläßt – Geschichte schließlich, die auf ihre dialektischen Wendepunkte hin *betrieben und vorangetrieben* werden kann. Demgegenüber ist der Gedanke, daß auch der unendliche Fortschritt »Annäherung« an ein Ziel, einen höchsten Perfektionsgrad, darstelle, so inhaltslos wie die Vorstellung, daß Wissenschaft durch die Lösung von Problemen den Gesamtbestand an Aufgaben vermindern könne.

Jeden beliebigen Zeitpunkt eines Prozesses, den wir als Fortschritt auf einem Gebiet bezeichnen können, kann ich in seinem Verhältnis zur Vergangenheit mit einem *positiven Vorzeichen* bewerten. Vergleiche ich die Möglichkeiten des Jahres 1970, den physischen Schmerz von Menschen zu verhindern, mit den Möglichkeiten des Jahres 1870, so ist das Ergebnis eindeutig. Ebenso aber kann ich einen beliebigen Zeitpunkt im Hinblick auf die Zukunft mit einem *negativen Vorzeichen* bewerten. Dieser Zeitpunkt erscheint dann als die nicht gelungene, verfehlte Annäherung an einen wünschbaren, aber noch unbekannten künftigen Zustand. *Annäherung* kann eben gerade deshalb nicht bestimmt werden, weil es im Schema des Fortschrittes auch in der Zukunft keinen ausgezeichneten Punkt gibt, auf den sich die Bestätigung der Annäherung beziehen könnte. *Der erste Aspekt* der Betrachtung eines Zeitpunktes im Verhältnis zur Vergangenheit ermutigt und bestätigt das Fortschrittsbewußtsein, der zweite Aspekt im Hinblick auf Zukunft entmutigt und verführt zur Resignation: der Fortschritt nähert sich keinem Ziel, denn gerade die Vorstellung des Fortschritts macht *Zielvorstellungen unmöglich*, hebt sie ihrer inneren Logik nach auf. Alles Erreichbare ist überbietbar und trägt damit als Zielvorstellung immer schon die notwendige Entwertung in sich. Dieser Sachverhalt ist es, der zum Liebäugeln mit dem Wunsch führt, aus dem ganzen Schema der Fortschrittsidee (als einer ihre eigene Sinnlosigkeit produzierenden Struktur) auszubrechen und nur *die* Veränderung als positiv zu bezeichnen, die nicht den Keim ihrer eigenen Entwertung in sich trägt. Dieser Wunsch möchte das erzwingen, was es im Schema des Fortschritts nicht gibt, nämlich die Möglichkeit des ausgezeichneten Punktes, des Ruhepunktes, des Wendepunktes, des *point of no return*. Dialektische Vorstellungen vom Verlauf der Geschichte sind deshalb so attraktiv, weil sie ausgezeichnete Punkte vorstellbar machen, an denen die bloße quantitative Veränderung sich selbst derart verschärft, daß sie sich nicht fortzusetzen vermag, sondern umschlägt in eine qualitativ andere Dimension des Prozesses.

Weil es im Schema des Fortschritts keinen ausgezeichneten Punkt gibt, erscheint den Kritikern des Fortschritts der Preis als zu hoch, weil es ein Preis ist, von dem zu vermuten steht, daß er auf jeder weiteren Stufe des fortschreitenden Prozesses erneut erbracht werden muß. Der Fortschritt hat *immer wieder* seinen Preis und steht damit im krassen Gegensatz zu all denjenigen Vorstellungen, die uns verheißen, durch einen *einmaligen*, freilich besonders hohen, Preis die Abgeltung ein für allemal vorzunehmen.

Der Fortschritt erlaubt weder, das, was er verlassen hat, als Anfang zu denken, noch das, dem er sich »annähert«, als ein Ende zu begreifen. Wir können den Fortschritt immer nur betrachten im

Hinblick auf mehr oder weniger willkürlich gewählte Zeitpunkte: es ist nützlich, sich zu vergegenwärtigen, wie noch vor hundert, vor fünfzig, noch vor zwanzig Jahren die Arbeitsbedingungen überwiegend waren, um zu sehen, was »Fortschritt« bedeutet, und es mag nützlich sein, sich vorzustellen, was sich vom Jahr 2000 her über Fortschritt sagen läßt – aber die willkürliche Wahl der Vergleichspunkte zeigt schon, daß der Fortschrittsgedanke der Geschichte keine ausgezeichneten Punkte zubilligt. Das Bedürfnis, die Geschichte immer einmal wieder von vorn oder wenigstens eine neue Epoche in ihr beginnen zu lassen, ist der Widerstand gegen die Verweigerung der ausgezeichneten Punkte.

Man sieht, daß das Rationale durchaus die Eigenschaft haben kann, weniger befriedigend, weniger human zu sein als das Dogmatische – denn dieses enthält immer eine offene oder versteckte Gefälligkeit gegenüber seinen »Abnehmern«. Dialektische Geschichtstheorien haben es leicht, die von ihnen deklarierten Wendepunkte des Prozesses in die *Reichweite der gerade lebenden Generation* zu legen und so diese nicht nur abstrakt *die* Geschichte, sondern konkret *ihre eigene* Geschichte besorgen zu lassen. Der wissenschaftlich-technische Fortschritt ist unsere Geschichte im Sinne dessen, was wir »vorfinden«. Das versagt uns die so oft ersehnte Gunst, von vorn anfangen zu können. Was können wir überhaupt wollen? Und wer ist gemeint, wer wird motiviert, wenn von den Motivationen des technischen Fortschritts die Rede ist?

In allen Diskussionen über den Fortschritt und über Motivationen zum Fortschritt muß unterschieden werden zwischen denen, die den Fortschritt *machen*, und denen, die den Fortschritt *wollen* oder *erwarten*. Es mag sein, daß diese beiden Gruppen partiell oder weitgehend identisch sind – für die Analyse der Motivationen sind sie es nicht. Darf man davon ausgehen, daß diejenigen, die den Fortschritt *machen*, damit nur die Erwartungen derjenigen erfüllen, die den Fortschritt *wollen*? Eben das wird von den meisten Kritikern des wissenschaftlich-technischen Fortschritts bestritten. Sie kehren das Verhältnis um: diejenigen, die den Fortschritt *machen*, besorgen auch noch die Erwartungen derer, die ihn *wollen*. Wie ist die modische Dämonisierung dieser allgegenwärtigen »Manipulation« zu erklären?

Die Antwort ist überraschend: die Kulturkritiker schenken weitgehend den Voraussetzungen Glauben, die von denen behauptet werden, die als Manipulatoren angesehen werden, die sich vielleicht selbst glauben, jedenfalls andere glauben lassen, alles sei machbar, einschließlich der Meinungen, Wünsche, Erwartungen, Wertungen. Es sind die Optimisten der Machbarkeit, die die Formeln geliefert haben für die Pessimisten der Manipulation. Leichtgläubig sind beide: die einen glauben der Technik, die anderen den Technikern – so wie Plato den Sophisten glaubte, um sie dämonisieren zu können. Auf den Leim, der für Interessenten ausgelegt ist, gehen dann auch und noch gründlicher die Kritiker: nämlich die Annahme, daß die gelenkte *Umsetzung* von Dispositionen und Erwartungen weiträumiger und allgemeiner Art in Wünsche für heute, morgen und übermorgen *übertragen* werden kann auf die *Erzeugung* jener Dispositionen und Erwartungen selbst. Manipulation kann nur ansetzen an einer bereits vorgegebenen Disposition, einer Erwartungsstruktur, einem typisch besetzten Horizont. Die Solidität, die man von einem technischen Produkt erwartet, hängt zusammen mit der Abschätzung des Zeitpunktes, für den man ein verändertes, fortgeschrittenes Produkt voraussieht. Darauf beruht es, daß sich der Konsument durch ein Produkt nicht betrogen fühlt, dessen Lebensdauer etwa einer solchen Phase der technischen Fortentwicklung entspricht – d. h. diese Lebensdauer, diese Solidität wird nicht betrachtet von dem technisch möglichen Wert her. Der Zivilisationskritiker sieht hier vor allem den »eingebauten« Zerfallswert als das Interesse dessen, der nicht Besseres, sondern vor allem wieder dasselbe liefern möchte.

Aus der Unterscheidung zwischen denen, die den Fortschritt machen, und denen, die ihn wollen, wird die Unergiebigkeit verständlich, die Untersuchungen zur Technikgeschichte an sich haben, die sich fast ausschließlich der Heroengeschichte derjenigen widmen, die den Fortschritt gemacht haben. Sie übersehen die zunehmende *Trivialisierung* dieser Motivationssphäre, die sich mit der *Professionalisierung* der Tätigkeiten einstellt, die den wissenschaftlich-technischen Fortschritt betreiben. Ich habe die trivialen Motivationen, die ich in der Sphäre des professionellen Anteils am wissenschaftlich-technischen Fortschritt in vielen Gesprächen angetroffen habe, einmal versuchsweise in einer Tabelle der Häufigkeiten zusammengestellt:

1. Befürchtung, daß ein anderer eher fertig wird
2. Ärger über Fehler an schon vorhandenen Systemen und Produkten
3. Terminzwang durch sachfremd gesetzte Fristen
4. anderen Leuten zeigen, daß man etwas kann
5. die elegante Lösung eines Problems
6. anderen Leuten zeigen, daß etwas möglich ist, was sie nicht für möglich halten
7. Zwang, die Rentabilität einer Fertigung zu retten
8. Lust an der Realisierung einer Idee.

Wichtig ist nun, daß die meisten dieser Motivationen *indirekt* sind, d.h. sie gehen auf Verhältnisse zu anderen zurück, die ihrerseits Forderungen stellen, Mängel geltend machen, an derselben Sache sitzen, Leistungen bewerten können und bezahlen wollen. Unmittelbares eigenes Interesse am Fortschritt, Fortschritt als Motivation, steckt in dem Ärger an Mängeln vorhandener technischer Produkte und in dem Demonstrationswillen der Möglichkeit des für unmöglich Gehaltenen sowie in der Lust an der Realisierung einer Idee. Erkennbar ist aber, daß eine künftige Geistesgeschichte der Technik sich mit der Entstehung und dem Inhalt der *Erwartungen* befassen muß, die dem Fortschritt entgegengebracht werden und die er selbst ständig nährt oder enttäuscht, intensiviert oder korrigiert. Der Fortschritt, das vergessen wir zu leicht, vollzieht sich vor einer Öffentlichkeit und im ständigen Hinblick auf sie. Dieses Publikum der Technik ist nicht nur als Inbegriff der Konsumenten zu verstehen, ist nicht nur die *massa damnata* der Manipulation. Es ist seinerseits eine Determinante der technischen Situation: bevor es manipuliert wird, wird es befragt, abgehorcht, abgetastet und – bitte, auch dies – gefürchtet. Es gibt viel Furcht bei denen, die den Fortschritt machen, gegenüber denen, die ihn wollen – oder auch nicht wollen könnten.

Die Erwartung gegenüber dem technischen Fortschritt ist weitgehend ein perspektivisches Phänomen. Dazu gehört, daß die enorme *Beschleunigung* des Prozesses der Technisierung Möglichkeiten schafft, die es früher nicht gegeben hat, in der Spanne eines Lebens, einer Generation, eines Jahrzehnts, diesen Vorgang »Fortschritt« *zu erfahren*. Wenn wir das gespannte Verhältnis der Jugend zum Thema »Fortschritt« ins Auge fassen, dürfen wir nicht vergessen, daß gerade der *empirische* Aspekt hier naturgemäß noch keine Rolle spielen kann – die Momentaufnahme des ersten kritischen Blicks auf die wissenschaftlich-technische Realität gibt keinen Eindruck von den Distanzen, die zurückgelegt werden können. Der erfahrbar gewordene Fortschritt ist dies doch nur in einer gleichsam optisch zureichenden Zeit.

Ein anderes perspektivisches Moment ist *das soziale*. Im tertiären Bereich der Dienstleistungen im weitesten Sinne (Fourastié) ist die Fortschrittsrate am geringsten, die Abhängigkeit des Lebensgenusses vom Ertrag des Fortschritts nur *indirekt*. Hier kann man es sich leisten (oder glaubt es zu können), von dieser Abhängigkeit gegenüber dem sekundären Bereich keine Notiz zu nehmen. Die Fortschrittsmotivation – im Sinne von Zustimmung und Erwartung – ist geschwächt, die Bereitschaft, diese Basis in Frage zu stellen oder in Frage stellen zu lassen, wenig behindert. Es ist eine melancholisch stimmende Feststellung, daß Erfahrung von der Tatsächlichkeit und von der Lebensbedeutung des technischen Fortschritts an Aspektbedingungen gebunden ist, die sowohl den jugendlichen wie den intellektuellen Betrachter (soweit dieser dem tertiären Bereich der Dienstleistungsberufe angehört) benachteiligen. Gewißheit des Fortschritts gewinnen wir erst in einem Lebensalter, in dem die mit dieser Gewißheit verbundenen Erwartungen an Gewicht verlieren. Die Motivation zugunsten des Fortschritts und der an ihn gebundenen Erwartungen ist ferner eine Funktion der bewußten, also erfahrbaren Abhängigkeit von der Ausschöpfung seiner Möglichkeiten. Mit der Verlagerung der menschlichen Arbeitskraft vom primären über den sekundären in den tertiären Bereich werden immer mehr Menschen in ein nur noch indirektes Erfahrungs- und Abhängigkeitsverhältnis zum technischen Prozeß versetzt. Der Spielraum für Zweifel und Überdruß wächst. Die Zuwachsraten, die im tertiären Bereich anfallen, haben kaum noch eine manifeste, wahrnehmbare Beziehung auf den technischen Fortschritt. Das disponiert zur Unterschätzung des Risikos, welches mit der Problematisierung der wissenschaftlich-technischen Internstruktur von außen gegeben ist, oder welches in der Schwächung der Motivation zum Fortschritt liegt. Ich will damit auf einen wesentlichen Sachverhalt für die gegenwärtige Fortschrittsdiskussion hinweisen: objektive Erfahrbarkeit des Fortschritts und subjektive Optik der Abhängigkeit von ihm divergieren zunehmend. *Intensität* und *Spezifität* der *Erwartungen, die* sich mit dem wissenschaftlich-technischen Fortschritt verbinden, verändern sich in Richtung auf mögliche Indifferenz; die Folgelasten werden unwilliger getragen, in ihrer Bösartigkeit schärfer gesehen. Die Formel, daß wir den Fortschritt brauchen, um den Fortschritt, den wir schon haben, überleben zu können, wird undeutlicher in ihrer *Evidenz*, je mittelbarer die *Existenz* von diesem Fortschritt abhängt (fast könnte man sagen: je mehr Menschen auf dem Umweg über den Staatshaushalt von diesem Fortschritt leben).

Eine der wichtigsten Fragen bei der rationalen Analyse von Motivationen des Fortschritts ist die, ob sich ein Ausgleich herstellen läßt zwischen den inneren Konsequenzen des autonomen Prozesses der Erweiterung und Effektivitätssteigerung technischer Leistungen einerseits und den nächstliegenden, akuten Bedürfnissen des menschlichen Lebens in ihrer Rangordnung oder Dringlichkeitsordnung andererseits. Die großen Antworten, die Antworten mit großer Gebärde, sind hier leicht gegeben, aber ihre Anweisungen sind nur schwer einlösbar. Es ist wenig damit gewonnen zu sagen, der Fortschritt sei funktional auf das Glück der Menschen bezogen. Denn wenn Kant Recht damit hat, daß *Glück* unüberschreitbar *ein subjektiver Begriff* ist, dann besteht die Möglichkeit, daß für die *kollektive* Leistung des Fortschritts heterogene *individuelle* Zielvorstellungen vom Glück der Menschen maßgebend werden können. Ich meine, wir haben unter dem Eindruck unserer philosophischen Tradition und unter der Wirkung ihrer theologischen Einflüsse in der Bestimmung dessen, was Glück des Menschen bedeutet, *fast immer zu hoch* gegriffen. Epikur hat gesagt, das Glück sei die Abwesenheit des Schmerzes. Sich in die Nähe dieser Definition zu begeben, hat ähnliche Konsequenzen wie in der aktuellen Diskussion des Begriffes Frieden die Position derjenigen, die definieren, Frieden sei im wesentlichen das Nichtstattfinden des Krieges. Auch hier gestattet uns unsere Tradition nicht, die erhabenen metaphysischen Aufladungen des Begriffes auf das Anspruchsniveau der bloßen Selbsterhaltung zu depotenzieren. Betrachtet man aber unsere faktische Situation und das, wovon sie vor allem bedroht ist, so kommt man zu dem Ergebnis, daß schon die Beschäftigung mit der Aufgabe der bloßen Sistierung des Krieges jeden Aufwand rechtfertigt und das Zentrum der Motivationen einer Friedensforschung sein muß. Was darüber hinaus getan werden könne, so unwahrscheinlich es in seiner qualitativen Anforderung sein mag, dürfe jedenfalls nicht die primäre Anstrengung entkräften oder gefährden. Genau dies ist auch die Problematik bei der Fragestellung nach der rationalen Motivation des technischen Fortschritts.

Nietzsche hat einmal den europäischen Fortschrittswillen verspottet, er sei auf die Formel zu bringen: »Wir wollen, dass es irgendwann einmal *nichts mehr zu fürchten* giebt!«[7] Dieser Hohn über den »Imperativ der Heerden-Furchtsamkeit«[8] erscheint mir als der Inbegriff der Überforderungen, die im neuzeitlichen Geschichtsdenken auftreten und denen der Abbau von Furcht, Schmerz, Unbehagen, Langeweile nicht genügt. So wenig zu wissen, was *das Glück* der Menschen ausmacht, und zugleich die einzige Kenntnis, die wir besitzen, zu mißachten, nämlich die, was die Menschen *unglücklich* macht, ist eben die Art von Leichtfertigkeit, die mit dem Schwergewichtigen unserer Geschichtsphilosophie und ihrer Folgen verbunden zu sein pflegt. Ob es dem wissenschaftlich-technischen Fortschritt gelungen ist oder je gelingen kann, das Glück des Menschen in seinem Dasein zu steigern, d.h. dieses Dasein mit Erfüllungsqualitäten anzureichern, läßt sich nur schwer und wohl nur subjektiv entscheiden. Aber daß es ihm gelungen ist, den Schmerz des Menschen und seine Unlust am Dasein zu vermindern, die Behinderungen seines Zugangs zu einer eigenen Verfügung über dieses Dasein abzubauen, reichere Wahlmöglichkeiten für die Neigungen des Einzelnen anzubieten, wage ich zu behaupten. Aber man muß auch sehen, daß die Beziehung des technischen Fortschritts zu diesem humanen Komplex der Verminderung des Schmerzes nicht essentiell ist. Denn die *zentrale* Kategorie des technischen Fortschritts ist autonom und nicht notwendig bezogen auf das menschliche Bedürfnis. Es ist die *Kategorie des Zeitgewinns*.

Zwar ist nicht zu leugnen, daß *die zentrale Kategorie des Zeitgewinns* eine Beziehung zu dem hat, was anthropologisch als die Wurzel des menschlichen Unbehagens und Schmerzes angesehen werden kann, nämlich zu der *Endlichkeit* seiner Lebenszeit. Der technische Impuls, die geschichtliche Motivation des technischen Willens am Anfang der Neuzeit, hängt eng zusammen mit der Idee der Verlängerung des menschlichen Lebens durch Kunst, durch Medizin, durch eine spezielle Technik für den physischen Me-

7 [Nietzsche, *Jenseits von Gut und Böse*, § 201.]
8 [Ebd.]

chanismus. *Verlängerung und Sicherung* des menschlichen Lebens bezeichnen die Leitidee, unter der die Wissenschaft der frühen Neuzeit ihre Dynamik gewinnt. Die Idee der Lebensverlängerung wurde freilich zunächst ein Fehlschlag, weil die Automatenhypothese die Kompliziertheit dieser Aufgabe unterschätzen ließ. Die theoretische Aufgabe, die der menschliche Leib der Wissenschaft stellte, ist in der neuzeitlichen Wissenschaftsgeschichte die am meisten und gröblichsten unterschätzte Aufgabe gewesen. Aber gerade am Scheitern dieser primären Aufgabe wird erkennbar, daß der technische Fortschritt, sofern er unter der Kategorie des Zeitgewinns begriffen und als durch sie motiviert gedacht werden kann, die große Kompensation dieses Scheiterns werden konnte. Wenn sich eine Verlängerung der Lebenszeit durch Wissenschaft von der leiblichen Natur des Menschen nicht erreichen ließ – und so schien es weit bis in das 19. Jahrhundert hinein –, so ergab sich die Alternative, die konstante Lebenszeit durch Beschleunigung der sie erfüllenden Prozesse mit Ereignissen, Erfahrungen, Produkten, Bildern, Eindrücken anzureichern. Technik dient direkt oder indirekt weitgehend dieser Anreicherung – allerdings ohne Rücksicht auf die Grenzen der Kapazität des Menschen in verschiedenster Hinsicht. Dieses große Kompensationsgeschäft zwischen Fristverlängerung und Anreicherung kommt nun freilich in unseren historischen Dokumenten als ausdrückliche Überlegung oder Programmierung nicht vor. Das bedeutet freilich nicht, diesen Ausgleich in das Unbewußte abschieben zu müssen. Das kann man nur dann folgern, wenn man von der Prämisse ausgeht, daß unser Denken absolut an sprachliche Formulierung gebunden ist und daß daher in unseren historischen Quellen all das seinen Niederschlag gefunden haben könne, was gedacht worden ist. Tatsächlich aber korrigiert unser Denken ständig unseren sprachlichen Artikulationsprozeß, greift ihm vor, überwacht ihn, erzeugt Zufriedenheit oder Unzufriedenheit. Das Denken ist immer mächtiger als die Sprache. Daraus ergibt sich das Recht, den gedanklichen Vorgängen mehr zuzuschreiben, als in den sprachlichen Belegen nachzuweisen ist.

Nun wird hier aber sichtbar, daß die Kategorie des Zeitgewinns ihren Ausgangsimpuls von der Belastung des Menschen durch die Endlichkeit seiner Lebenszeit und damit von der Idee der Lebensverlängerung oder ihrer Kompensation sehr schnell verliert, daß sie sich verselbständigt und jenen Ausgangspunkt nicht zum ständigen Kriterium ihrer dynamischen Selbstentfaltung nimmt. Zeitgewinn, so läßt sich dies kurz formulieren, kommt nicht in jedem Fall dem Menschen zugute, er kann über seine Bedürfnisse hinweg und gegen seine Bedürfnisse autonomisiert werden. Es gibt offenbar eine Grenze, an der die Anreicherung des Lebens mit Inhalten umschlägt in eine Terrorisierung mit vermeintlichen Möglichkeiten. Die Steigerung der Geschwindigkeit unserer Verkehrsmittel führt an einen Punkt, wo sie – ganz abgesehen von den belastenden Nebenerscheinungen des Lärms, der Unfälle, der Verpestung der Luft – purer Selbstzweck zu werden droht. Und gerade dieser Übergang von der funktionalen zur autonomen Realisierung der Kategorie Zeitgewinn gehört in den Zusammenhang jener Einwände gegen den Fortschritt, die das Quantitative und das Qualitative gegeneinander ausspielen. Sieht man einmal von der Steigerung der Geschwindigkeiten ab, so ist auch die Individualisierung des Verkehrs vielleicht unter den Titel des Überangebots an Möglichkeiten zu stellen; sie führt im Effekt zur gegenseitigen Blockierung dieser Möglichkeiten und damit zum Gegenteil dessen, was intendiert wurde, dargestellt in der kilometerlangen schleichenden Autobahnkolonne oder in der Verstopfung der Städte in den Stoßzeiten des Verkehrs.

Es ist allerdings bisher niemals schlüssig gezeigt worden, daß es – analog zur Entwicklung der Organismen – Sackgassen des technischen Fortschritts gibt, in denen Selbstkorrektur und Selbstheilung versagt hätten. Ich denke an die große und mit vielen Emotionen geführte Diskussion über die Automation in den fünfziger Jahren, die sich in ihrer Art nur mit der gegenwärtig geführten Umweltdiskussion vergleichen läßt. Zwar waren die Übersteigerungen dieser Automationsdiskussion nützliche Alarmzeichen, die in mancher Hinsicht zu rechtzeitigen Umstellungsmaßnahmen und vor allem zu gewandelter Einstellung gegenüber der Festlegung auf einmal erlernte berufliche Fertigkeiten geführt haben. Aber im ganzen wird man sagen können, daß die Diskussion als Ausweis futurologischer Einsichten den Korrekturfunktionen innerhalb des technischen Fortschritts zu wenig Kredit gegeben hat. Man kann mir vorwerfen, daß ich die Selbstkorrekturkraft des technischen Fortschritts überschätze. Dem kann ich nur entgegenhalten, daß dann die einzige realistische Chance zur Bewältigung der Zukunftsprobleme eine Illusion wäre. Auf das qualitativ ganz andere zu setzen, ist als ein privater moralischer Luxus die Fortsetzung des Wunderglaubens mit anderen Mitteln.

Wenn aber die zentrale Kategorie der Technisierung, der Zeitgewinn, kein zuverlässiges Kriterium für eine humane Funktion dieses Fortschritts ist, erhebt sich die Frage, ob damit die an den Fortschritt gerichteten humanen Erwartungen überhaupt in Frage gestellt, bedroht, ausgeschaltet werden können. Ich möchte auch hier von der Hochspannung herunterkommen. Die an den Fortschritt gerichtete humane Erwartung läßt sich am ehesten so bestimmen, daß der Fortschritt an einen Punkt führen könnte, an dem Bestimmtes unmöglich wird, was vorher an Zumutungen, Gefährdungen, Belastungen, Verunsicherungen möglich gewesen war. Also nicht eine Welt des erkennbar gesteigerten Glückes, aber eine Welt, in der einige Gestalten des Unglücks nicht mehr auftreten können. Die Schwäche dieser Formulierung ist, daß auch sie kein Kriterium für die Bestimmung dieses Punktes als eines ausgezeichneten Punktes im Kontinuum des Fortschritts liefert. Nicht zusagen zu können, daß dieser Punkt erkennbar sein wird, bedeutet nicht, seine Existenz und seine Möglichkeit zu bestreiten. Undenkbar ist zum Beispiel nicht ein definitives Übergewicht von Defensivmitteln über die je verfügbaren und absehbaren Angriffsmittel. Möglich ist eine Perfektion der Kontrollsysteme, die das Mißtrauen im internationalen Verhältnis auf technischem Wege abbauen könnte. Auch Schutzsysteme für das Individuum gegen die Belästigungen der technischen Welt sind theoretisch nicht unvorstellbar, und zwar solche, die eine Unabhängigkeit von den Veränderungen gewährleisten, die künstliche Sphäre gegen künstliche Sphäre setzen. Auch hier zeigt sich, daß Vernunft in der Neuzeit weithin ein Inbegriff von negativen Leistungen ist, so wie es an ihrem Anfang im Programm des Abbaues von historischen Dogmen und Vorurteilen konzipiert worden war. *Technisch könnte Vernunft definiert werden als die Kunst, das dem Leben Widrige unmöglich zu machen.* Dieser Begriff von Rationalität ist wiederum im Verhältnis zur Tradition bescheiden. Aber er behält sein Verhältnis zur Freiheit. Frei sind wir dann nicht dadurch, daß wir die Wahrheit besitzen, sondern dadurch, daß wir die Unwahrheit und Scheinwahrheit entbehren können. Der Fortschritt, so läßt sich das übertragen, macht uns frei, nicht indem er uns bestimmte Güter verschafft, sondern indem er bestimmte Unbilden, absolute Zufälligkeiten unmöglich macht.

Die Kritik am Fortschritt, auch die einseitige und überspitzte, hat eine wichtige Alarmfunktion. Je undurchsichtiger für den Einzelnen die technisch-wissenschaftliche Realität wird, um so größer ist die Gefahr, daß schwerwiegende Fehlentwicklungen, Umweltstörungen übersehen oder zu spät erkannt werden. Auch das *Vorwarnsystem* des Fortschritts muß, wie das System seiner Basisbildung durch Grundlagenforschung, in hohem Maße *luxuriös* – und das heißt: zweckunabhängig – sein.

Trotzdem ist das Phänomen der Fortschrittskritik ambivalent. Die Fortschrittskritik kann das *Unbehagen* am Fortschritt zum *Überdruß* am Fortschritt und seinen Leistungsbedingungen verstärken. Die Vernunft kann in Unvernunft umschlagen, selbst zu dem Vorurteil werden, dessen Ausschaltung ihre Intention ist. Eine Kritik der Fortschrittskritik muß genau wie diese nach den Möglichkeiten eines ideologischen Hintergrundes fragen dürfen. Dabei spielen nicht nur ökonomische und soziale Interessen eine Rolle, sondern auch die intellektuelle Bedürfnissphäre des Menschen, die es nicht weniger gibt als die materielle oder sexuelle. Das Fortschrittsdenken ist intellektuell unbefriedigend, weil es der menschlichen Orientierung in der Zeit keine ausgezeichneten Fixpunkte anbietet. Das Bedürfnis nach dem *Anfang* und das Bedürfnis nach dem *Ende*, das Bedürfnis nach qualitativen *Wendepunkten*, bleibt im Fortschrittsdenken unbefriedigt. Deshalb ist die Entstehung der Geschichtsphilosophie Hegels zu verstehen als Reaktion auf die Kants. Auch die Geschichtsphilosophie von Marx ist nochmals eine Reaktion auf den unendlichen Fortschritt, nun freilich betrachtet als bürgerliche Trivialidee der Industrialisierung, wobei symmetrisch dem Fortschritt in einer Teilgruppe (Klasse) der Gesellschaft der entgegengesetzte Prozeß der Verelendung in einer anderen Teilgruppe korrespondiert. Das Asymmetrische dieses Vorgangs besteht darin, daß dem prinzipiell *unendlichen* Fortschritt auf der einen Seite die Verelendung als ein *endlicher* Prozeß gegenübergestellt wird. Diese Endlichkeit führt die Unendlichkeit auf der anderen Seite *ad absurdum*. Durch sein Korrelat auf der anderen Seite der Symmetrieachse zerstört der Fortschritt zunächst sich selbst, um erst dann ein Fortschritt im qualitativen Sinne (ohne symmetrisches Korrelat) zu werden.

Nun ist dieses Schema ökonomisch ganz unbrauchbar geworden, weil die reine Gegenläufigkeit der Tendenzen und der Antithese von Unendlichkeit und Endlichkeit nicht mehr stimmt. Aber das Bedürfnis nach dem endlichen Geschichtsprozeß hat zu immer neuen Versuchen geführt, das Schema zu retten. Ließe sich nicht ein Surrogat für die erschöpfbare Endlichkeit der Verelendung als Garantie für die Absurdität des unendlichen Fortschritts finden?

Das was hier angeboten worden ist, möchte ich als das *Schema der indirekten Verelendung* bezeichnen. Der technische Fortschritt beutet die Natur aus, erschöpft und pervertiert sie, und über die Natur trifft er mittelbar den Menschen. In der Umweltpanik, deren weitgehend realistische Begründungen ich überhaupt nicht in Frage stellen möchte, haben wir das, was ein dialektisches Modell braucht. Eine dialektische Geschichtsauffassung, deren Typus die Präsentation des ausgezeichneten Punktes als des qualitativen Umschlagspunktes ist, wird nur möglich auf der Basis eines Fortschrittsgedankens. Der Fortschritt verfährt unaufhaltsam in einer Richtung, er verstärkt sich, er intensiviert seine Negativität und verbürgt damit das Eintreten der Wende und schafft die Bedingung für das, was danach erwartet wird.

Wir kennen diese Annahme aus verschiedenen radikalen Formen der Zivilisationskritik nur zu genau: Die Gesellschaft und ihr Fortschrittsprozeß bewirken mit der unvermerkten Negativität, die auf die doppelte Negation zutreibt, immer zugleich die totale Selbstverblendung des einzelnen, aus der nicht einmal die Imagination zu einer Vorstellung der unverblendeten Utopie hinfinden kann. Das kulturkritische Lamento muß die Undurchdringlichkeit der Verfinsterung des immanenten Prozesses behaupten, weil sie nur so die Gewähr bietet für das Erreichen des Punktes, an dem die Negativität durch Negation qualitativ und endgültig überwunden wird. *Diese Art von Kulturkritik verbietet immanent, Folgerungen aus ihr zu ziehen*; sie ist im Grunde die Empfehlung des reinen Quietismus und Attentismus zugunsten der ungestörten Herausbildung der Absurdität des Prozesses. Die Betroffenen dieses Vorganges müssen *ad oculos* als ohnmächtig ihm gegenüber demonstriert werden, *weil* jedes denkbare Bewußtsein, sich dem Prozeß widersetzen oder ihn korrigieren zu können, *eo ipso* die Reindarstellung seiner Negativität als Bedingung der dialektischen Wende gefährden müßte. Das macht Kulturkritik des dialektischen Typs bedenklich, problematisch, gefährlich. Sie verweist in allem auf die Radikalität einer bevorstehenden Wendung um den Preis des Zugeständnisses, daß *bis dahin* essentiell nichts getan werden kann: die Radikalität ist nicht das Attribut, sondern die Handlung selbst. Die Kulturkritik gerät hier in einen Konflikt mit ihrem eigenen Demonstrationsinteresse: sie widerlegt sich selbst, wenn sie sich durchsetzt. Das legt die Behauptung nahe, mehr als eine kleine Gruppe könne die Radikalität solchen Denkens überhaupt nicht erfassen.

Nachweise

Nachgewiesen ist jeweils nur die Erstveröffentlichung.

1. »Atommoral – Ein Gegenstück zur Atomstrategie« (1946, Nachlaß DLA Marbach), in: *Strahlungen. Atom und Literatur*, hg. von Helga Raulff, Marbach 2008, S. 125-136.
2. »Das Verhältnis von Natur und Technik als philosophisches Problem«, in: *Studium Generale*, Bd. IV (1951), S. 461-467.
3. »Hat die Wissenschaft versagt? Was wiegt schwerer: Gewinn an Wahrheit oder Verlust an Glück? Antwort eines Philosophen auf eine ketzerische Frage«, in: *Westdeutsche Zeitung/Düsseldorfer Nachrichten* vom 20. 9. 1952.
4. »Das menschliche Männchen. Über Glanz und Elend des Fragebogens – Der verhängnisvolle Trick«, in: *Düsseldorfer Nachrichten* vom 14. 3. 1953 (unter dem Pseudonym Axel Colly).
5. »Die Rechnung ohne den Wirt. Von der Unsicherheit im Umgang mit der Technik«, in: *Düsseldorfer Nachrichten* vom 18. 4. 1953 (unter dem Pseudonym Axel Colly).
6. »Technik und Wahrheit«, in: *Actes du XI. Congrès International de Philosophie (Bruxelles, 20-26 août 1953)*, Bd. II, *Epistémologie*, Amsterdam/Louvain 1953, S. 113-120.
7. »Reisen durch die präparierte Welt«, in: *Düsseldorfer Nachrichten* vom 3. 10. 1953 (unter dem Pseudonym Axel Colly).
8. »Vom Unbehagen in der Natur. Gedanken beim Vorüberfliegen eines unsichtbaren Kometen«, in: *Düsseldorfer Nachrichten* vom 6. 2. 1954 (unter dem Pseudonym Axel Colly).
9. »Der Glaube an das ›Und-so-weiter‹. Ist die Gedankenles-Maschine unvermeidlich?«, in: *Düsseldorfer Nachrichten* vom 22. 5. 1954 (unter dem Pseudonym Axel Colly).
10. »Der kopernikanische Umsturz und die Weltstellung des Menschen. Eine Studie zum Zusammenhang von Naturwissenschaft und Geistesgeschichte«, in: *Studium Generale*, Bd. VIII (1955), S. 637-648.
11. »›Nachahmung der Natur‹. Zur Vorgeschichte der Idee des schöpferischen Menschen«, in: *Studium Generale*, Bd. X (1957), S. 266-283.
12. »Weltbilder und Weltmodelle«, in: *Nachrichten der Gießener Hochschulgesellschaft*, Jg. 30, S. 67-75 (Vortrag anläßlich der Jahresfeier der Justus-Liebig-Universität Gießen am 1. Juli 1961).
13. »Ordnungsschwund und Selbstbehauptung. Über Weltverstehen und Weltverhalten im Werden der technischen Epoche«, in: *Sechster Deutscher Kongreß für Philosophie, München 1960. Das Problem der Ordnung*,

hg. von Helmut Kuhn und Franz Wiedmann, Meisenheim am Glan 1962, S. 37-57.

14. »Lebenswelt und Technisierung unter Aspekten der Phänomenologie«, in: *Filosofia*, Bd. 14 (1963), S. 855-884 (hier aufgenommen wurde die vom Autor durchgesehene Fassung aus dem Band *Wirklichkeiten, in denen wir leben*, Stuttgart 1981, S. 7-54).
15. »Einige Schwierigkeiten, eine Geistesgeschichte der Technik zu schreiben« (1966/67, Nachlaß DLA Marbach), in: Hans Blumenberg, *Geistesgeschichte der Technik*, hg. von Alexander Schmitz und Bernd Stiegler, Frankfurt/M. 2009, S. 7-47.
16. »Methodologische Probleme einer Geistesgeschichte der Technik« (1967, Nachlaß DLA Marbach), in: ebd., S. 49-85.
17. »Zusammenfassung des Vortrags ›Methodologische Probleme einer Geistesgeschichte der Technik‹«, in: *Bericht über die 27. Versammlung deutscher Historiker in Freiburg/Breisgau. 10. bis 15. Oktober 1967*, Stuttgart 1967, S. 89-93.
18. »Dogmatische und rationale Analyse von Motivationen des technischen Fortschritts« (1970, Nachlaß DLA Marbach), in: *Zeitschrift für Kulturphilosophie* 2013/2, S. 407-422.

Editorische Notiz

Wo eine Auswahl aus einem bedeutenden und umfangreichen Gesamtwerk getroffen wird, könnte sie auch anders aussehen, kommen doch weit mehr Texte als die am Ende zusammengestellten in Frage. Der vorliegende Band versammelt sowohl wissenschaftliche als auch essayistische bzw. feuilletonistische Texte Hans Blumenbergs zur Technik. Die wissenschaftlichen sind weitgehend bekannt, waren bislang aber nur verstreut zugänglich. Da sich bei den schönen, und bis heute weitgehend unbekannten Zeitungs- und Nachlaßtexten der 1950er Jahre ebenfalls Technikbezüge finden, wurden einige von ihnen zusätzlich aufgenommen. Nicht berücksichtigt wurden die später verfaßten Texte mit Technikbezug aus Blumenbergs UNF-Konvoluten, von denen manche Eingang in die *Vollzähligkeit der Sterne* (1997) gefunden haben. Ausgewählt wurden neben denjenigen Texten, in denen der Technikbezug zentral und offensichtlich ist, mit Artikeln zum Kinsey-Report und zur modernen Tourismusindustrie auch solche, bei denen er auf den ersten Blick marginal erscheinen mag. Sie stehen hier aber als Beispiel für einen erweiterten, etwa auf Fragen der Vermessung des Menschen und die Präparierung seiner Lebenszeit bezogenen Technikbegriff. Die Auswahl wurde insgesamt so getroffen, daß möglichst viele der für Blumenbergs Technikdiskussion relevanten Aspekte wenigstens exemplarisch angesprochen sind. Sie werden dann in unterschiedlichen Teilen seines Werkes wiederaufgenommen, weiterverarbeitet, teilweise auch nicht zu Ende geführt oder wieder fallengelassen. Viele dieser Aspekte bieten über Blumenbergs Œuvre hinaus Anschlußmöglichkeiten etwa für die Wissenschaftsgeschichte, Technikphilosophie, Anthropologie und Zeitphilosophie.

Bei den in diesen Band aufgenommenen *Schriften zur Technik* wurde die stark differierende Zitierweise unter Aussparung der für Blumenberg charakteristischen Besonderheiten behutsam vereinheitlicht. So wurde etwa die eigentümliche Verwendung von Eigennamen beibehalten, sofern sie sich in den Erstdrucken fand: Blumenberg unterscheidet zwischen Autoren, die nur mit Nachnamen (etwa Husserl oder Kant), anderen, die mit abgekürztem Vornamen (z. B. W. Haftmann) und solchen, die mit vollem Vor-

und Nachnamen (so etwa Jean-Paul Sartre oder Ernst Jünger) angeführt werden. Gleiches gilt für die extrem knappe Zitierweise bei griechischen und lateinischen Klassikereditionen. Auch die teilweise Kursivierung von Zitaten und Eigennamen in den Texten und Fußnoten wurde beibehalten. Die durchgehende Kursivierung von Eigennamen in den Fußnoten zweier Texte wurde jedoch zugunsten einer solchen der Buchtitel aufgehoben. Gelegentliche Ergänzungen der Herausgeber sind durch eckige Klammern gekennzeichnet.

Auf eine Komplettierung der mitunter fehlenden Nachweise in den nachgelassenen Texten und der impliziten wie expliziten Zitate in den Feuilleton-Beiträgen wurde hingegen verzichtet. Fremdsprachige Zitate wurden, selbst wenn sie von Blumenberg einzig in lateinischer oder griechischer Fassung angegeben sind, entsprechend seiner in den Büchern geltenden Praxis nicht übersetzt. Stillschweigend verbessert wurden offensichtliche Fehler in den Nachlaß- wie auch in den Zeitungstexten, während Blumenbergs Eigenheiten bei der Verwendung mancher Ausdrücke beibehalten wurden. Detaillierte editorische Kommentare zu den Beiträgen, die aus dem Nachlaß Blumenbergs im DLA Marbach stammen, finden sich in den jeweiligen Anmerkungen zu ihrer Erstveröffentlichung.[1]

Die Herausgeber danken Bettina Blumenberg, Eva Gilmer, Marion Hirschkorn, Anna Kinder, Dorit Krusche, Marcel Lepper, Maria Tittel und Simone Warta für vielgestaltige Hilfe und Unterstützung.

1 Zum Text »Atommoral« vgl. den Kommentar von Marcel Lepper und Christiane Dünkel in: *Strahlungen. Atom und Literatur*, ed. Helga Raulff, Marbach 2008, S. 137-141. Zu den Typoskripten aus der Mappe, die unter der Sigle GT (GgT) Blumenbergs Schriften zur *Geistesgeschichte der Technik* versammelt, vgl. die editorische Notiz in: Hans Blumenberg, *Geistesgeschichte der Technik*, Frankfurt/M. 2009, S. 146-149. Zur Mappe mit der Sigle DRA und damit zum Vortrag »Dogmatische und rationale Analyse von Motivationen des technischen Fortschritts« vgl. den editorischen Kommentar von Tim-Florian Goslar und Christian Voller in: *Zeitschrift für Kulturphilosophie* 7 (2013), S. 423-429.

Nachwort

Nach dem Abschluß seiner unveröffentlicht gebliebenen Habilitationsschrift *Die ontologische Distanz. Eine Untersuchung über die Krisis der Phänomenologie Husserls* (1950) und vor der Publikation seiner weit ausgreifenden, umfangreichen Werke, deren Auftakt die *Legitimität der Neuzeit* von 1966 bildet, entfaltet Hans Blumenberg in den 1950er Jahren eine rege Publikationstätigkeit, die sich in zahlreichen Zeitungsartikeln und wissenschaftlichen Aufsätzen niederschlägt. Die von Blumenberg selbst zu Lebzeiten veröffentlichten Texte, die in diesen Band aufgenommen wurden, fallen alle in diesen Zeitraum: Mit Ausnahme des Textes »Atommoral«, der, 1946 entstanden, einer der ersten der überhaupt von Blumenberg zur Veröffentlichung vorgesehenen Texte ist, stammen die Zeitungsbeiträge aus den 1950er Jahren. Die Typoskripte aus dem Nachlaß wurden Ende der 1960er Jahre verfaßt und vorgetragen.

Bei der frühen und bis heute weitgehend unbekannten Zeitungsproduktion beeindruckt neben der schieren Menge die thematische Breite der Artikel. Sie nehmen zu tagesaktuellen Fragen Stellung und beschäftigen sich u. a. mit Medizin, Comics, Tourismus, Glück und Problemen, dem Kinsey-Report oder stellen Gedanken zum Jahreswechsel, zur Entwicklung der Universitäten, der Schlafforschung oder dem Buchmarkt vor. Daneben finden sich Artikel zu Geburts- und Todestagen von Dichtern und Philosophen neben unzähligen Buchbesprechungen.

Einen Schwerpunkt bilden auch beim Feuilletonisten Blumenberg früh solche Aspekte, die man von ihm angesichts seiner wissenschaftlichen Publikationen erwarten darf: neben genuin philosophischen Fragen ist dies vor allem die zumeist zeitgenössische Literatur, die in Essays und Rezensionen von Faulkner über Sartre bis Waugh vorgestellt wird.[1] Die vorliegende Auswahl von Hans Blumenbergs *Schriften zur Technik*, die ein thematischer Schwer-

1 Im Nachlaß von Hans Blumenberg ist ein schwarzes Notizbuch erhalten, in dem die meisten Vorträge und Vorlesungen verzeichnet sind. Ein weiteres Notizbuch enthält eine umfangreiche Liste veröffentlichter Texte, die jedoch unvollständig ist. Die Zeitungsartikel Blumenbergs sind, mit einigen Ausnahmen, ebenfalls im Nachlaß erhalten.

punkt von Blumenbergs Publizistik dieser Zeit ist, wird daher durch eine weitere Edition ergänzt werden, die das breit gefächerte Spektrum von wissenschaftlichen und feuilletonistischen Texten zu literarischen Themen und Autoren aus demselben Zeitraum versammelt.[2]

Bei der Abfassung und Veröffentlichung der frühen journalistischen Arbeiten wie auch bei Blumenbergs Zusammenarbeit mit dem Radio spielten gewiß auch finanzielle Gesichtspunkte eine Rolle. Die Publikation der Texte, die mehr oder weniger stark modifiziert und unter veränderten Titeln in verschiedenen Zeitungen (meist erst in den *Düsseldorfer Nachrichten*, später dann in den *Bremer Nachrichten* oder auch in der *Süddeutschen Zeitung* etc.) erschienen, folgte aber auch einer regelrechten Strategie. Blumenberg publizierte, wie wir aus seiner Korrespondenz wissen, auch deswegen unter verschiedenen Namen, um für die eher wissenschaftlichen Themen und Buchbesprechungen eine andere Autoridentität zu entwerfen als die ›kulturkritische‹, für die zumeist der Name Axel Colly reserviert war. Dem Briefwechsel mit Alfons Neukirchen, der im Sommer 1952 zu den *Düsseldorfer Nachrichten* wechselt, dort das Feuilleton leitet und Blumenberg gleich bewegen kann, die »Kulturseite mit zu kultivieren«, sind die Hintergründe zu entnehmen.[3] Blumenberg verbindet seine Zusage zur Zusammenarbeit mit einer grundsätzlichen Einlassung zur »Reform des Feuilletonstils«:

Ich frage mich allerdings sehr, ob man da einfach so weiter machen soll, wie es anderwärts auch geschieht, indem man eine Reihe von Artikeln zu einer solchen Seite zusammenstutzt. Den Leser anzusprechen, das wird ja nicht nur durch bloße »Verständlichkeit« bewirkt – das Verständliche wird noch lange nicht gelesen, es ist nur ein negativer Index. Meiner Ansicht nach kommt es darauf an, intimere Formen des Umgangs mit dem Leser zu entwickeln, als es der »Artikel« ist, ihn direkter anzusprechen. So etwas hatte ich ja versucht in der Form meines »Briefes an den reichen Mann«, den Du gelesen hast. Solche Konkretion der Problematiken müßte man auch auf anderen Gebieten versuchen. Eine andere Form der Intimität, die sich im Bereich der Literatur doch stark durchgesetzt hat, ist das Tagebuch.

2 Der Band wird Blumenbergs zwischen 1944 und 1957 entstandene *Schriften zur Literatur* enthalten.

3 Neukirchen und Blumenberg werden enge Freunde, man besucht sich, verbringt Ferien zusammen, und Neukirchen wird Pate von Caspar Balthasar Blumenberg.

Diese Form weckt die Neugierde, sie erlaubt eine sehr konkrete Sprache, sie erlaubt alles und damit auch, dem Leser unter der Hand Wichtiges, Allgemeingültiges zu sagen. Allwöchentlich sollte die Kulturseite eine Spalte von oben bis unten das Tagebuch eines Verfassers enthalten, der durch die fixierte Stelle den Lesern allmählich vertraut wird. Die Notizen sollten den Bereich dessen, was »Kultur« genannt wird, über das hinaus erweitern, was Kritik und Artikel im allgemeinen erreichen – ein sprachliches Phänomen, eine symptomatische technische Erscheinung, ein alltagsbezogenes Rechtsproblem, eine »öffentliche« Menschenfigur, eine Rundfunksendung, ein nicht neuerschienenes, aber überlebendes Buch, das dem Leser wieder in Erinnerung gebracht werden sollte – all das und manches andere, was sonst keinen »Ort« in der redaktionellen Kasuistik findet, sollte hier gesagt werden können. Anstelle des Artikels könnte auch der Briefwechsel treten, in dem etwa Du als Redakteur einen »Fachmann« ansprichst, ihm ganz bestimmte Fragen stellst und dieser dann seine Stellungnahme abgibt. Ein solcher Briefwechsel könnte sich in bestimmten Fällen auch über mehrere Nummern erstrecken; dabei sollte der »Fragende« als Anwalt seiner Leser auftreten, er dürfte also etwa den »Professor« wegen seiner Unverständlichkeit zur Rede stellen u. dgl. Ich habe noch eine Reihe anderer Ideen, aber da Du meine Briefe doch nur einmal liest, wäre hier ein Mehr wahrscheinlich weniger als schon dies.[4]

Blumenbergs erste Veröffentlichung in Neukirchens Feuilleton ist denn auch der hier wieder abgedruckte ›Briefwechsel‹ über das Versagen der Wissenschaft. Solche Artikel wie auch Rezensionen oder Beiträge über »Menschenfiguren« sah Blumenberg am liebsten mit »Bb.« gezeichnet, während die Wiedererkennbarkeit und kontinuierliche Weiterentwicklung der im weitesten Sinne kulturkritischen Artikel unter dem Pseudonym »Axel Colly« eine eigene »Serie« bildet. Das Spektrum ihrer möglichen Themen wird dabei von Beginn an großräumig angesetzt:

Seit langem schwebt mir der Gedanke vor, daß der Bereich, der von der journalistischen Kritik bearbeitet wird, zu eng gefaßt ist. Ist der Film wichtiger als die öffentliche Gesittung? Oder das Buch wichtiger als Zustand und Entwicklung unserer Sprache, auf der es doch beruht? Die Kunstausstellung wichtiger als das Plakat an der Anschlagsäule, das unseren Geschmackstypus prägt? Das alles sind auch »Kultur«erscheinungen, die einer verantwortlichen Kritik unterzogen werden müssen. Es müßte der kulturkritische Leitartikel entwickelt werden, der das Symptomatische aus

4 Brief an Alfons Neukirchen vom 4.8.1952 (DLA Marbach).

dem Gesamtbereich der Kultur in einem sehr weiten Sinne bespricht, der die bis dato herrenlosen Phänomene einfängt. [...] Diese Art von Arbeiten möchte ich unter meinem alten journalistischen Pseudonym »Axel Colly« machen [...].[5]

Die Flut von Zeitungsbeiträgen – in den Jahren 1953 bis 1955 erscheinen allein in den *Düsseldorfer Nachrichten* mehr als 60 Artikel – ebbt dann gegen Ende der 1950er Jahre langsam ab. Erst in den späten 1970er Jahren beginnt Blumenberg unter gänzlich veränderten Vorzeichen wieder regelmäßig in Zeitungen oder auch in Literaturzeitschriften zu publizieren.

Hans Blumenbergs *Schriften zur Technik* haben in den vergangenen Jahren wohl auch deswegen einige Aufmerksamkeit auf sich gezogen,[6] weil zwar eine zusammenhängende Technikphilosophie oder -theorie von diesem Autor ebensowenig vorliegt wie eine Geistesgeschichte der Technik, die der Titel eines Aufsatzes immerhin erwähnt, in den diversen Texten gleichwohl aber viele grundlegende Fragen verhandelt und mögliche Optionen in Erwägung gezogen werden. Wir haben es mit einem Denkweg zu tun, der nun anhand der Texte nachzuvollziehen ist und dessen Verlauf einige

5 Brief an Alfons Neukirchen vom 20.10.1952 (DLA Marbach).

6 Vgl. u.a. Oliver Müller, »Natur und Technik als falsche Antithese. Die Technikphilosophie Hans Blumenbergs und die Struktur der Technisierung«, in: *Philosophisches Jahrbuch* 115 (2008), S. 99-124; die einschlägigen Beiträge im Band von Anselm Haverkamp/Dirk Mende (Hg.), *Metaphorologie. Zur Praxis von Theorie*, Frankfurt/M. 2009; den Schwerpunkt zu Hans Blumenberg in *Telos*, Nr. 158 (2012); den Schwerpunkt »Technik« in der *Zeitschrift für Kulturphilosophie*, Bd. 7 (2013); Tim-Florian Goslar/Christian Voller, »Geistesgeschichte der Technik als ›Kritik der Fortschrittskritik‹«, ebd., S. 423-429; Cornelius Borck (Hg.), *Hans Blumenberg beobachtet: Wissenschaft, Technik und Philosophie*, Freiburg 2013 (dort v.a. die Sektion »Zur Legitimität einer technischen Moderne«); Ernst Müller, »Technik«, in: Robert Buch/Daniel Weidner (Hg.), *Blumenberg lesen – Ein Glossar*, Berlin 2014, S. 323-336. In den genannten Publikationen finden sich zahlreiche Beiträge mit direkt erkennbarem Technikbezug, andere verhandeln das Technikthema eher implizit und/oder verbinden damit eine starke Lesart zu Blumenbergs Gesamtwerk. Exemplarisch hierfür schon das Nachwort von Anselm Haverkamp, »Die Technik der Rhetorik: Blumenbergs Projekt«, in: Hans Blumenberg, *Ästhetische und metaphorologische Schriften*, ed. Anselm Haverkamp, Frankfurt/M. 2001, S. 433-454. Überlegungen aus unserem Nachwort zur *Geistesgeschichte der Technik*, Frankfurt/M. 2009, S. 137-145, sind in die folgenden Ausführungen eingearbeitet.

Verschiebungen aufweist. Ganz offenkundig beschäftigen Blumenberg anhaltend Fragen nach dem technologischen Fortschritt, dem Einfluß wissenschaftlicher Entdeckungen und technischer Erfindungen auf unser Bild vom Menschen, seiner Autonomie oder Ohnmacht angesichts der Eigenlogik der Maschinenwelt, sowie nach den damit einhergehenden Utopien und Dystopien. In Vorträgen wie in Vorlesungen, in wissenschaftlichen Artikeln wie in Zeitungsbeiträgen, mit Blick auf tagespolitische Ereignisse, unter prinzipiellen Gesichtspunkten und weit ausholend in die Geistesgeschichte werden diese Fragen aufgenommen und diskutiert.

Dabei kann man sehr unterschiedliche Schwerpunkte beobachten: Neben eher politischen Fragen, die insbesondere in den Feuilletontexten verhandelt werden, finden sich sowohl systematisch einsetzende Beiträge wie auch solche, die die Frage nach der Technik in Gestalt von detaillierten historischen Fallstudien verhandeln. Dementsprechend differieren Ansatz wie Duktus der Texte. Erst zusammengenommen ergibt sich das gesamte Panorama der philosophischen Interrogation Blumenbergs. Es geht um die Atombombe, den Löffel des Cusanus und das Fernrohr, das Automobil, die Raumfahrt und Weltsimulatoren, die Umformung des Menschenbildes durch statistische Verfahren, Gebrauchsanweisungen, die Rolle von technischen Apparaturen in Forschung und Medizin, und immer wieder um die Wechselwirkung zwischen den unterschiedlichen Bereichen zumal in Blumenbergs eigener Lebenswelt, der Universität. Wie eine UNF-Notiz zeigt, wird so etwa die Genese der Verbundforschung mit dem Sputnik-Schock korreliert:

> Als der Sputnik-Schock 1957/1958 mit Verzögerung auch hierzulande ein »Forschungsrückstandsbewußtsein« aufkommen läßt und der Mangel an großen und teuren Instrumenten akut wird, entsteht die gemeinsame Planung und Nutzung von Gerät und Personal als Frühform von Verbundforschung: Die Technik, zwischen den Disziplinen angesiedelt, lernt aus deren Anforderungen, bis der Überanstieg der Mittel jedem sein Supergerät ermöglicht und die Zwischenlösungen verkümmern. Mit dem nächsten Kostensprung oder Haushaltsloch greift man auf die Verbunderfahrung zurück.[7]

7 Blumenberg, UNF: »›Zwischenfachlich‹ – ein Provisorium« (DLA Marbach). Vgl. Julia Wagner, »Anfangen. Zur Konstitutionsphase der Forschungsgruppe ›Poetik und Hermeneutik‹«, in: *IASL* 1 (2010), S. 53-76, hier S. 63. Zum Umgang mit dem Sputnik vgl. auch den Band von Igor J. Polianski/Matthias Schwartz

Solche spitzen Bemerkungen zur allenthalben ›geförderten‹ Interdisziplinarität finden sich häufig bei Blumenberg. In der Sache betreffen sie die Übergänge zwischen wissenschaftlich-technischen Neuerungen, Fragen der universitären Wissenschaften, der Verbundforschung und der Lage der Hochschulen im allgemeinen.[8] Solche ›Folgeprobleme‹ des technischen Fortschritts für andere Teilsysteme der Gesellschaft stehen zwar nicht im Zentrum der hier aufgenommenen Beiträge, Blumenberg hatte sie aber immer im Blick.

Die hier zusammengeführten Schriften dokumentieren in ihrem Kern eine umfassende Suchbewegung angesichts einer sich »immer drängender zusammenballenden Problematik« (S. 17). Trotz – oder vielleicht gerade wegen – ihrer existentiellen Dimension, die bereits der erste, der Atommoral gewidmete Text, unübersehbar anzeigt, thematisieren Blumenbergs Schriften zur Technik dabei vor allem die Uneindeutigkeit und Nichtfestgelegtheit des Zusammenhangs zwischen menschlichen und technischen Verhältnissen, die nur je historisch und am spezifischen Fall bestimmt werden können und die Selbstimplikation der menschlichen ›Natur‹ in eine/ihre technisierte Lebenswelt beobachten. Was Blumenberg gegen die statistische Erfassung des Humanen in Form von Fragebögen im Rahmen einer Rezension des Kinsey-Report einwendet, läßt sich für sein Werk verallgemeinern: »Der Mensch ist nicht klassifizierbar; er ist das Wesen, das sich selbst klassifiziert.«[9]

Blumenbergs *Schriften zur Technik* gehören ins Vor- und Umfeld der *Legitimität der Neuzeit*. Sie begleiten damit die großräumigen und zu Lebzeiten teils unveröffentlichten Projekte zur Metaphorologie, zur Theorie der Unbegrifflichkeit und zur phänomenologischen Anthropologie und stellen diesen auch Material zur Ver-

(Hg.), *Die Spur des Sputnik. Kulturhistorische Expeditionen ins kosmische Zeitalter*, Frankfurt/M. und New York 2009. Mit Blumenberg-Bezügen hier der Beitrag von Rüdiger Zill, »›Die Erforschung der Rückseite des Mondes durch reines Denken‹. Technikphilosophie zwischen *Sputnik 1* und *Apollo 11*«, S. 332-349.

8 Vgl. etwa »Köpfe oder Zyklotrone? Die deutsche Universität ist in Notstand geraten«, in: *Düsseldorfer Nachrichten* vom 10.4.1954. Blumenberg kritisiert freilich den von der Zeitung eingesetzten Haupttitel, weil dieser suggeriert, die »unleugbare Bedeutung der Technik für die Wissenschaft« solle »geleugnet« werden. Brief an Alfons Neukirchen vom 29.4.1954 (DLA Marbach).

9 Hans Blumenberg, »Ein zu kompliziertes Säugetier. Anmerkungen zum Kinsey-Report«, in: *Süddeutsche Zeitung* vom 11./12.6.1955.

fügung. Die *Schriften zur Technik* künstlich von diesen Projekten abzutrennen und aus ihnen einen eigenständigen Werkkomplex zu machen, wäre sachlich unangemessen. Sie geben diesen Projekten aber eine spezifische Kontur, weisen teilweise in andere Richtungen und führen so insgesamt auch ohne Einordnung in den größeren Werkkontext einen eigentümlichen und bedeutsamen Strang von Blumenbergs Denken zusammen.

Der früheste hier aufgenommene Text von 1946 ist zugleich einer der ersten, den Blumenberg zur Veröffentlichung vorgesehen hatte. Nicht die überall in Europa angerichteten Zerstörungen sind sein Thema, sondern der »knappe und gnädige Vorsprung« (S. 7), mit dem die Deutschen selbst gerade den Bereich einer ganz neuartigen Gefährdung verlassen hatten. Es geht um Hiroshima und Nagasaki, nicht um Auschwitz. »Atommoral« reagiert auf den Artikel »Atomstrategie« des französischen Generals Pierre Barjot, der im März 1946 in der *Gegenwart* erschienen war.[10] Der General nimmt die Erfahrungen der ersten Einsätze von Kernwaffen zum Anlaß, Überlegungen zu einer Zukunft des Krieges anzustellen, in der die Atombombe mit ihrer bis dahin unbekannten, enormen Zerstörungskraft, »wegen der Unmöglichkeit, sie in beschränktem taktischem Rahmen zu verwenden«, »in erster Linie« als »strategische Waffe«, als »Angriffswaffe auf das *Hinterland*« betrachtet wird. Die Wirkung der in 1 440 000 Flügen von alliierten Bombern über Deutschland abgeworfenen 2 700 000 Tonnen konventioneller Sprengstoffe wäre von nur 125 Bombern mit je einer Plutoniumbombe zu erzielen gewesen, referiert der General Erkenntnisse der amerikanischen Presse und erwägt angesichts dieser jüngst erhobenen Zahlen die Möglichkeit, daß sich »das Bombardement geschlossener Bomberstaffeln« künftig erübrigen könnte, während dem »Schutzproblem des Atombombenwerfers« durch »neue technische Errungenschaften«, etwa durch die »Verwendung von Lenkflugzeugen«, Rechnung getragen werden könnte.

Moralphilosophische Reflexionen angesichts dieser »universalsten Gefährdung, die der Menschheit bisher entstanden ist« (S. 8), finden sich in Blumenbergs wissenschaftlichen Texten sonst allen-

10 Pierre Barjot, »Atomstrategie«, in: *Die Gegenwart – eine Halbmonatsschrift*, Nr. 6/7 (1946), S. 22-24. Der *Gegenwart* hatte auch Blumenberg seinen Text zur Publikation angeboten. Vgl. die Ausführungen von Marcel Lepper und Christiane Dünkel zu diesem Text, a. a. O., S. 137-141.

falls eingekleidet in sehr grundsätzliche Überlegungen,[11] die Zeitungsartikel kommen eher auf die politische und ethische Dimension des technischen ›Fortschritts‹ zu sprechen. In gewisser Weise hat Blumenberg die ihm wichtigen Aspekte so auf unterschiedliche Autoridentitäten und Publikationsorte verteilt. Dennoch steht schon mit dem ersten hier abgedruckten Text in aller Deutlichkeit vor Augen, vor welchem meist unausgesprochen bleibenden Hintergrund Blumenberg die »Dämonie der Technik« (S. 11) und ihre drängenden Probleme für die Gegenwart thematisiert, denen vor allem die wissenschaftlichen Artikel der 1950er Jahre eine prinzipielle Wendung geben.

Die dabei vorausgesetzte, noch heute geläufige Auffassung von Technik als angewandter Mathematik, als Bereich »der instrumentalen Erzeugnisse des Menschen« (S. 75) zur Naturbeherrschung und damit als Vermögen, »über Weltdinge und Weltkräfte zu verfügen und sich ihrer zu bemächtigen« (S. 136), beschreibt Blumenberg im Ausgang von Husserl und Heidegger als »konstitutives Element der Neuzeit« (S. 139) und damit als Krisenmoment. Den beschränkten Technikbegriff der Neuzeit, der aus dieser Krise hervorgeht, hebt Blumenberg immer wieder ab von der »ursprünglichen Bedeutungsfülle« (S. 75), die das praktische Wissen der *technai* und *artes* noch bis ins 17. und 18. Jahrhundert bezeichnete, das Können der Handwerker, aber auch die Kunst der Rede. Aus diesen Bereichen des praktischen Wissens, das im Hinblick auf Innovationen gegenüber dem theoretischen aufgewertet wird, stammen deswegen auch viele der Beispiele für technische Entwicklungen in Blumenbergs Texten. Er gibt seinen Überlegungen so eine gänzlich andere Wende als etwa Martin Heidegger, dessen umstrittenes *Spiegel*-Interview, das Ende September 1966 entstand, aber erst 1976 nach seinem Tod erschien, seine Technik-Philosophie bündelt und rhetorisch zuspitzt. Heidegger unternimmt dort eine Deutung des Nationalsozialismus als Herrschaft der Technik, die auch das

11 Vgl. Hans Blumenberg, »Ist eine philosophische Ethik gegenwärtig möglich?«, in: *Studium Generale*, Bd. VI (1953), H. 3, S. 174-184. Im hier wieder abgedruckten Text »Ordnungsschwund und Selbstbehauptung« heißt es: »Der schreckliche Gedanke, die Selektion wiederum technisch verfügbar zu machen und durch ›Maßnahmen‹ Evolution zu erzeugen, war nicht eine zufällige Aneignung eines bereitliegenden Gedankens, sondern hat nur die innere Tendenz der neuzeitlichen Wissenschaftsidee ins Maßlose übersteigert.« (S. 161)

Kriegsende überdauert habe und vor der »nur noch ein Gott uns retten kann«.[12] Von derart ebenso brachialen wie globalen Theorien eines Verhängnisses der Technik ist Blumenberg weit entfernt. Er nimmt vielmehr eine komplexe historische Konstellation an, bei der sich die verschiedenen Koordinaten verschieben. Daher ist eine historisch-theoretische Perspektive erforderlich, um die Frage nach der Technik in den Blick zu bekommen.

In dem umfassenden Sinn von *techne* erscheint, so Blumenberg, das künstlich Hergestellte nicht autonom gegenüber der Natur, sondern aktualisiert die in ihr angelegten Möglichkeiten. Indem der Mensch sich in der Welt einrichtet und sich in ihr zurechtfindet, verhält er sich bereits ›technisch‹. In der Entfaltung des Umbruchs zur Neuzeit verliert jedoch die Vorstellung einer für den Menschen gemachten und um den Menschen bedachten Natur ihre Plausibilität. Im Auseinandertreten von handlungsrelevanten Weltbildern und naturwissenschaftlichen Weltmodellen wird die Wende vom mittelalterlichen zum neuzeitlichen Wirklichkeitsbegriff greifbar. Während die neuzeitliche Naturwissenschaft eine Gesamtheit systemrelevanter Vorstellungen in ein Weltmodell zu integrieren vermag, wird umgekehrt das Orientierungswissen, das Blumenberg als Weltbild faßt, von solchen Modellen zunehmend entkoppelt. »Weltbilder und Weltmodelle« treten auseinander. Im Schwinden ontologischer Letztbegründungen verlieren Lebensformen so ihren Rückhalt in der Natur oder im göttlichen Willen. Dieser Wegfall einer im Mittelalter scheinbar noch garantierten Realität geht in Blumenbergs Modellierung der Schwelle zur Neuzeit Hand in Hand mit einer Steigerung des konstruktiven Zugriffs auf Wirklichkeit und der Autonomisierung technischer Handlungsweisen. In dem Maße, in welchem dem neuzeitlichen Menschen die Welt als ordnungslos erscheint, wachsen die Anforderungen an seinen Selbsterhaltungs- und Selbstbehauptungswillen. »Das Ergebnis der spätmittelalterlichen Ordnungskrise läßt sich beschreiben als Autonomisierung der menschlichen Leistungssphäre, als Ablösung der rezeptiven Bindungen an eine vorgegebene und den Bereich der Möglichkeiten ausschöpfende Welt.« (S. 155)

Blumenberg markiert hier den Endpunkt einer historischen Entwicklung ebenso wie einen Neueinsatz, den er freilich nicht

12 Martin Heidegger, »Nur noch ein Gott kann uns retten«, in: *Der Spiegel*, 31. Mai 1976, S. 136-145.

mehr auf das Verhältnis zwischen (menschlicher) Natur und Technik bringen will. Vielmehr nimmt er eine Verschiebung der Perspektive vor, indem er den nur scheinbar überzeitlichen Gegensatz zwischen Natur und Technik selbst zum Gegenstand einer veränderten Historiographie macht. Diese liefert fortan Bausteine für die Überlegungen zu einer *Geistesgeschichte der Technik*. Zu diesem historiographischen Einsatz gelangt Blumenberg allerdings erst im Laufe der 1960er Jahre. Seine ersten Überlegungen nehmen noch die Differenz von Natur und Technik als vergleichsweise unproblematisch gegeben an, die sich auch in den zeitgenössischen Diskussionen und Problematisierungen der Technik allenthalben findet. Die technisch produzierte Welt wird hier zu einer Art zweiter Natur, die der ersten entgegentritt, sie dann aber zu überwölben und zu beherrschen droht. Als sich selbst regulierende und steuernde, vom Menschen zwar erschaffene, sich aber in der Folge von ihm emanzipierende Sphäre entwickelt sie sich schließlich tendenziell unabhängig von menschlichen Vorgaben. Diese Unterscheidung von Natur und Technik produziert zugleich ein Wertgefälle zwischen dem Künstlichen, Mechanischen, Mathematischen oder eben Technischen auf der einen und dem Natürlichen, Ideellen oder Geistigen auf der anderen Seite. Eine solche Spaltung ist auch in Blumenbergs frühen Arbeiten noch als Unbehagen an der Technik greifbar. Sie tendiert fast zwangsläufig dazu, den Eigensinn technischer Entwicklungen zu dämonisieren, auch wenn Blumenberg »die Rede von der ›Dämonie der Technik‹« (S. 11) analysieren und nicht mitmachen will.[13]

Blumenberg kritisiert sich in der Folge selbst explizit dafür, die Unterscheidung von Natur und Technik in diesem Sinne ganz

13 Daß es eine »Dämonie der Technik« gäbe, weist zwar auch Heidegger zurück (»Die Frage nach der Technik« [1953], in: ders., *Vorträge und Aufsätze 1936-53*, GA 7, ed. Friedrich Wilhelm von Herrmann, Frankfurt/M. 2000, S. 5-36, hier: S. 29), nimmt aber gleichwohl ein »Geheimnis ihres Wesens« an, das dann seinerseits wieder mit Vorstellungen einer autonomen technischen Eigenwelt zu tun hat. Die Formel von der »Dämonie der Technik« verwendet Blumenberg erstmals im Text »Atommoral« von 1946, sie findet sich auch später immer wieder (S. 18, 79, 93, 106). Im Rahmen der historiographischen Überlegungen zur Geistesgeschichte der Technik ist sein Begriffsinstrumentarium dann so beschaffen, daß er von Dichotomien und Dämonien weitgehend absehen und von Interdependenzen handeln kann.

selbstverständlich vorausgesetzt zu haben,[14] statt sie zu historisieren. Ein wichtiger Schritt zu einer solchen Historisierung findet dort statt, wo er die »Nachahmung der Natur« als »Vorgeschichte des schöpferischen Menschen« begreift. Das Verhältnis zwischen Natur und Kunst verändert sich im hier geschilderten Verlauf ebensosehr wie das Eigenrecht der Möglichkeiten gegenüber der Wirklichkeit freigesetzt wird. Wenn nämlich der *Idiota* des Cusanus im Löffel zwar kein Hochprodukt der Kunst, aber »doch etwas absolut Neues, ein in der Natur nicht vorgegebenes Eidos« (S. 90) sieht, macht er zugleich die Nicht-Übereinstimmung von Natur und Kunstprodukt in einer Weise sichtbar, die zuvor unsichtbar geblieben war. Diese Nicht-Übereinstimmung wird dem Menschen zum Anlaß, sich schöpferisch gegenüber der Natur zu verhalten, das Mögliche gegenüber dem Wirklichen zu favorisieren.

Während diese Umbesetzung – das für Blumenbergs Denken typische Umspringen zwischen aktuell realisierten und latenten Eigenschaften wird hier schon deutlich – noch den Eindruck vermitteln kann, Teil eines linear verlaufenden Prozesses zu sein, geht es Blumenberg in der Folge immer expliziter darum, von teleologischen Geschichtsmodellen nachdrücklich abzusehen. Im wichtigen Text zu »Lebenswelt und Technisierung«, der gewiß einen vorläufigen Höhepunkt in Blumenbergs Überlegungen zu diesem Komplex markiert, verändern sich daher nun die Bedingungsverhältnisse. Für die Technik zumal bedeutet dies, daß sie sowohl »angewandte Wissenschaft als auch Problemquelle der Wissenschaften ist« (S. 136). Daß auch die wissenschaftlichen Ideen selbst in wesentlichen Zügen technisch – und damit vielfach: handwerklich – präformiert sind, stellt Blumenberg dann in seinen Ausführungen über »Einige Schwierigkeiten, eine Geistesgeschichte der Technik zu schreiben« heraus. »Denn zu dieser Geschichte gehört nicht nur der Geist, *der* die Technik bewirkt, sondern auch der, *den sie* bewirkt.« (S. 249)[15]

14 Vgl. »Lebenswelt und Technisierung unter Aspekten der Phänomenologie«, in diesem Band S. 167, Fn. 2.

15 Wenn Blumenberg in diesem Zusammenhang den Umstand in den Blick rückt, daß wir bei der Beschreibung von Technisierungsprozessen jeweils auch Aufschluß über unsere Begriffe vom Menschen erhalten, kommt Karl Marx ins Spiel. Vgl. Oliver Müller, »Blumenberg liest eine Fußnote von Marx. Zur Methodik einer ›kritischen Geschichte der Technologie‹«, in: Cornelius Borck (Hg.), *Blumenberg beobachtet*, a. a. O., S. 47-63.

Das ist ein für die Technikphilosophie dieser Zeit von Adorno über Anders bis Gehlen und Heidegger ungewöhnlicher Ansatz, den Blumenberg in späteren Vorträgen und Aufsätzen weiterverfolgt.

Setzt man dergestalt auf Interdependenz, haben Dichotomien wie die von Natur und Technik ihre Plausibilität verloren. An ihre Stelle treten bei Blumenberg die Autokomposita der Selbsterhaltung und der Selbstbehauptung, die den radikalen Umbrüchen der Neuzeit Rechnung tragen und sie dennoch nicht als heteronom erscheinen lassen sollen. Der Umschlag vom ›theologischen Absolutismus‹ zur ›humanen Selbstbehauptung‹, den die *Legitimität der Neuzeit* darstellt, ist nicht durch externe Faktoren induziert, sondern aus den inneren Spannungen des mittelalterlichen Weltbildes begründet. Die genannten Konzepte, mit denen diese Wende beschrieben wird, sollen zugleich verhindern, daß die Unterscheidung von Natur und Technik, auch unter anderen Namen oder auf anderen Ebenen der Lebenswelt, wieder eingeführt wird. Rüdiger Campe hat in einem ähnlichen Zusammenhang von einer »Selbst-Technisierung der Lebenswelt in den Wissenschaften« gesprochen.[16] Der Naturpol verliert schlichtweg seine Funktion als Bezugspunkt für Nachahmungen, Widerspiegelungen oder Überformungen, wenn sich eine genuin ›menschliche Leistungssphäre‹ ausdifferenziert und autonom wird. Neues stellt sich in dieser Sphäre nicht mehr als Einbruch von außen dar, sondern emergiert aus Formprinzipien, in denen sich Elemente und Stellenwerte je neu und anders zueinander in Beziehung setzen.

Bezüglich der Natur des Menschen hatte Blumenberg die Konsequenzen solcher Beobachtungen im Grunde schon früher formuliert. »Der Mensch verdankt sich wesentlich sich selbst, er ist ›*autotechnisch*‹.« (S. 49) Gelegentlich wirkt es zwar so, als folge Blumenberg, wenn er sie zitiert, der philosophischen Anthropologie der Zeit, in der die Technik vor allem als Reaktion auf die Mängel in der natürlichen Ausstattung des Menschen – so etwa in Gehlens *Die Seele im technischen Zeitalter* (1957) – interpretiert wird. Gerade die Defizienz seiner ersten Natur begründet hier die Notwendigkeit einer zweiten, technischen, institutionellen usw. Solche universalistischen Vorstellungen weist Blumenberg aber mit immer größer

16 Rüdiger Campe, »Von der Philosophie der Technik zur Technik der Metapher. Blumenbergs systematische Eröffnung«, in: Haverkamp/Mende (Hg.), *Metaphorologie*, a.a.O., S. 283-315, hier: S. 313.

werdendem Nachdruck zurück, indem er sie historisiert, »denn es scheint, daß der Mensch seine Situation in der Welt über weite Strecken seiner Geschichte nicht als die des fundamentalen Mangels und der elementaren Bedürftigkeit gesehen hat. Das Bild, das er sich von sich selbst gemacht hat, ist eher bestimmt durch die Züge eines von der Natur wohlversorgten, aber in der Verteilung ihrer Güter versagenden Wesens.« (S. 219) Die Dynamisierung und das sich beschleunigende »Anwachsen der technischen Sphäre« ist eben die historische Signatur der Neuzeit, aber keine Universalie. Jetzt erst reflektiert der Mensch »auf den Mangel der Natur als den Antrieb seines ganzen Verhaltens«.[17] Und man darf ergänzen, daß diese Einschränkung nicht nur zeitlich, sondern auch räumlich gilt.[18]

Eine andere anthropologische Revolution wird in der neuzeitlichen Astronomie dort vorbereitet, wo das unbewaffnete Auge im 17. Jahrhundert seinen privilegierten Zugang zur Welt verliert und die Leistungen der Sinne als anfällig für Täuschungen aller Art betrachtet werden. Mehr und mehr schieben sich technische Medien zwischen den Menschen und seine Umwelt. Neuerungen wie das Fernrohr verlegen die Grenze zwischen dem Sichtbaren und dem Unsichtbaren und machen sie damit in ihrer prinzipiellen Gültigkeit fraglich. Der Sinnesapparat des Menschen wird im Zuge dieser Entwicklungen gleichsam neu erschaffen, die Revolution der anthropologischen Rahmenbedingungen zum Kennzeichen neuzeitlicher Selbsterfahrung. Galt das Jenseits der Erscheinungen – die »Hinterwelt«, als die Nietzsche die Metaphysik parodierte –, als Bezugsraum, der den menschlichen Sinnen prinzipiell verschlossen bleibt, werden solche Grenzen nun neu vermessen und erscheinen als relativ im Hinblick auf die technischen Möglichkeiten. Im Vorwort zu Galileo Galileis *Sidereus Nuncius* erwägt Blumenberg deswegen die Reformulierung solcher Grenzen unter dem Titel einer erst noch zu schreibenden »Geistesgeschichte des Unsichtbaren«,[19]

17 Hans Blumenberg, *Die Legitimität der Neuzeit*, Frankfurt/M. 1988, S. 152.

18 Alternative Lösungen zu den gesellschaftlichen Problemen, die die ›westliche Moderne‹ gefunden hat, beschreibt die Anthropologie. Einige ihrer Grundmotive faßt Claude Lévi-Strauss zusammen: *Anthropologie in der modernen Welt*, Berlin 2012.

19 Hans Blumenberg, »Das Fernrohr und die Ohnmacht der Wahrheit«, in: *Galileo Galilei: Sidereus Nuncius (Nachricht von neuen Sternen)*, herausgegeben und

der er später in der *Genesis der kopernikanischen Welt* ein Kapitel widmet. In dieser Geschichte nährt das Fernrohr nicht nur die Zweifel an der Zuverlässigkeit der Sinne, sondern wird, zugespitzt formuliert, zum Geburtshelfer einer anderen Theologie; der Mensch schafft sich neu im Spiegel seiner Instrumente und Geräte. Auch insofern ist »das Fernrohr die große, metaphysisch unerwartete und deshalb so relevante Überraschung der beginnenden Neuzeit«.[20]

Im Zusammenhang der gegen das Säkularisierungskonzept formulierten Abwehr substantialistischer Geschichtsbegriffe entwickelt Blumenberg sein Modell der Umbildung geschichtlichen Sinns weiter. Der durchaus als Provokation ins Feld geführte Begriff der Geistesgeschichte gerät so ins Einzugsgebiet von Überlegungen, die zeitgleich unter dem Begriff einer Metaphorologie firmieren. Die Schlußwendung der *Paradigmen zu einer Metaphorologie* kennzeichnete ebenfalls die Neuverteilung der Plätze zwischen den Vor- und Hinterwelten. »Metaphysik erwies sich uns oft als beim Wort genommene Metaphorik; der Schwund der Metaphysik ruft die Metaphorik wieder an ihren Platz.«[21] Da die *conditio humana* keinen anderen Wirklichkeitsbezug zuläßt als den metaphorischen, werden Metaphern zu »Leitfossilien einer archaischen Schicht des Prozesses theoretischer Neugierde.«[22]

Fragen der Geistesgeschichte, die Blumenberg zu einer Phänomenologie der Geschichte weiterentwickelt, hatte er seit den 1950er Jahren explizit im Hinblick auf die Technik und allgemein in ihrem Verhältnis zu den Naturwissenschaften diskutiert; andere Hinweise deuten auf eine noch frühere Beschäftigung mit einer solchen Geistesgeschichte der Technik hin.[23] Im Vorfeld der *Legi-*

eingeleitet von Hans Blumenberg, Frankfurt/M. 1965, S. 14. Dieser wichtige Text gehört in den engeren Zusammenhang von Blumenbergs Technik-Reflexionen. Zentrale Motive daraus tauchen in den in diesem Band zusammengeführten Schriften ebenfalls auf, so daß dieses Vorwort als ›unselbständiger‹ Text zu einem Buch, das inzwischen mehrfach wieder aufgelegt worden ist, hier nicht aufgenommen wurde. Vgl. auch Joseph Vogl, »Medien-Werden: Galileis Fernrohr«, in: Lorenz Engell, ders. (Hg.), *Mediale Historiographien*, Weimar 2001, S. 115-124.

20 Blumenberg, »Das Fernrohr und die Ohnmacht der Wahrheit«, a. a. O.

21 Ders., *Paradigmen zu einer Metaphorologie*, Frankfurt/M. 1997, S. 193.

22 Ders., »Ausblick auf eine Theorie der Unbegrifflichkeit«, in: *Ästhetische und metaphorologische Schriften*, a. a. O., S. 193.

23 Bei Friedrich Klemm, *Technik – Eine Geschichte ihrer Probleme*, sei ein erster

timität der Neuzeit wird dann die Abgrenzung von einer Problemgeschichte wichtig, die Blumenberg in seiner Auseinandersetzung mit der Philosophin Anneliese Meier festgehalten hatte. Die problemgeschichtliche Arbeitsweise verfehle den »wesentlichen Akt geschichtlichen Verstehens«, heißt es da. Neue Strukturen ergeben sich, wenn die vorhandenen Elemente eines Systems sich anders zueinander in Beziehung setzen oder ihre Funktion verlieren. »Was derart entbehrlich geworden ist, gibt seine ›Stelle‹ frei, in die dann weder Beliebiges noch eindeutig Determiniertes, sondern funktional Passendes einrücken kann.«[24]

Daß es Probleme sein sollen, für die im geschichtlichen Verlauf Lösungen gesucht und gefunden werden, ist bei Blumenberg allenfalls ein Sonderfall geschichtlicher Entwicklung. Zu einer angemessenen Historiographie naturwissenschaftlicher und technischer Neuerungen liegen problemgeschichtliche Betrachtungen ebenso quer wie Diagnosen zur Seinsvergessenheit. Mit seinen Hinweisen auf die verschiedenen Möglichkeiten, Geschichte zu schreiben und damit auch ganz unterschiedlich zu modellieren, verweist Blumenberg auf die Notwendigkeit, die Verhältnisse zwischen Idee und Materie oder Geist und Technik fallweise zu bestimmen – für »die Methodik einer Geistesgeschichte der Technik bedeutet das zunächst, daß die leitenden Fragen kleiner gestellt werden müssen.« (S. 255) In einer Darstellung, die sich jenseits der Punktualität von Chroniken, aber auch jenseits der Teleologie linearer Erzählmodelle der Logik geschichtlicher Bewegungen zu nähern suchte, wären demnach die Sprünge zwischen den jeweiligen Polen, die Topologie ihrer Umbesetzungen und Unentscheidbarkeiten zu berücksichti-

»Versuch gemacht, die so dringend notwendige Geistesgeschichte der Technik« zu schreiben, heißt es in einer Rezension dieses Buches, die Blumenberg Alfons Neukirchen im Sommer 1955 zum Abdruck in den *Düsseldorfer Nachrichten* überlassen hatte. Zur *Geistesgeschichte der Technik* hatte Blumenberg danach nicht nur 1959 am Philosophischen Seminar der Universität Hamburg eine Vorlesung angeboten, sondern im Verlauf der 1960er Jahre bei verschiedenen Gelegenheiten vorgetragen. In einem Brief an Erich Rothacker vom 7. Februar 1958 heißt es zudem, seine Kopernikus-Arbeiten seien nur der »Ableger« eines größeren Planes, den er schon seit zehn Jahren im Auge und dem er »unbescheidenerweise den Arbeitstitel einer ›Geistesgeschichte der Technik‹ gegeben habe (was herauskommt, wird dann schon bescheidener firmieren!).« (DLA Marbach)

24 Hans Blumenberg, »Die Vorbereitung der Neuzeit«, in: *Philosophische Rundschau*, Bd. 9 (1962), S. 91 f.

gen. Nicht immer kann dabei benannt werden, was Ursache geschichtlicher Entwicklungen und was Folge ist.

Eines der schönsten Beispiele für diesen Umstand entnimmt Blumenberg der Geschichte des Fahrstuhls. Für

> die Ausbildung des Vertikalverkehrs in Hochbauten gab es einen elementaren Zirkel: um höher bauen zu können, bedurfte es einer schon ausgebildeten Technik des Aufzugverkehrs, sobald man über die Höhe des organisch noch zu leistenden und sinnvollen Treppenverkehrs hinausging. Das Bedürfnis für den konstruktiven Fortschritt des Vertikalverkehrs und die Voraussetzung für dessen ökonomische Rentabilität konnte andererseits erst entstehen, wenn der Bau von Hochhäusern bereits akut geworden war, wenn es Hochhäuser schon gab, die es doch ohne diese Voraussetzung nicht geben konnte. In solchen Fällen springt in der Technikgeschichte gelegentlich das reine Luxus- und Spielbedürfnis ein, der appeal-Charakter technischer Attraktionen etwa für den Fremdenverkehr, die z. B. in Hotels einen zumeist rein deklamatorischen Komfort anbieten können. (S. 246)

Im letzten hier aufgenommenen Text thematisiert Blumenberg eine solche zirkuläre Logik dann im Hinblick auf die ›Zuschauer‹ des technischen Fortschritts, wenn er »eine künftige Geistesgeschichte der Technik« dazu auffordert, sich mit »der Entstehung und dem Inhalt der *Erwartungen*« zu befassen, »die dem Fortschritt entgegengebracht werden und die er selbst ständig nährt oder enttäuscht, intensiviert oder korrigiert. Der Fortschritt, das vergessen wir zu leicht, vollzieht sich vor einer Öffentlichkeit und im ständigen Hinblick auf sie. Dieses Publikum der Technik ist nicht nur als Inbegriff der Konsumenten zu verstehen, ist nicht nur die *massa damnata* der Manipulation. Es ist seinerseits eine Determinante der technischen Situation.« (S. 267)

Blumenbergs Phänomenologie der Geschichte verzichtet in den hier zusammengeführten Schriften und darüber hinaus auf die Isolation einzelner Quellen und Texte und nimmt sie statt dessen in ihren jeweiligen Beziehungsgefügen in den Blick. Warum das so sein muß und welche methodologischen Konsequenzen es mit sich bringt, reflektieren insbesondere die nachgelassenen Texte. Blumenbergs Historiographie versucht auch im Hinblick auf die Technik den Eindruck zu zerstreuen, es gebe substantielle Erklärungen für den Fortschritt bestimmter und das Zurückbleiben anderer Entwicklungen. Technisierung als Grundzug des neuzeitlichen Weltzugangs bedeutet paradigmatisch Entlastung des Menschen von Verrichtungen, »die seine Anstrengung nur ein einziges Mal erfordern.« (S. 229) »Denn die *zentrale* Kategorie des technischen Fortschritts ist autonom und nicht notwendig bezogen auf das menschliche Bedürfnis. Es ist die *Kategorie des Zeitgewinns*« (S. 270), die zwar ursprünglich an die begrenzte Lebenszeit des Menschen als einer nahezu unveränderlichen Größe gekoppelt war, sich aber von dieser Abhängigkeit freigemacht hat und den Zeitvertreib ermöglicht. Hier ergibt sich für Blumenberg eine entscheidende Frage einer Geistesgeschichte der Technik in der Verbindung zur Zeitphilosophie. Blumenberg hatte diese Verbindung häufiger ins Spiel gebracht, ihre Implikationen jedoch nur teilweise ausgeführt. Häufig führen sie darauf, daß die Selbstverhältnisse des Menschen zu (s)einer technisierten Lebenswelt uneindeutig sind.

Es bietet sich so vielleicht an, mit einem nur fragmentarisch überlieferten, visionären Text zu schließen. Die ›Autotechniken‹ des Menschen und die Selbsttechnisierung der Lebenswelt, die Blumenberg als Signatur der Neuzeit ausweist, arbeiten Modellen der Selbststeuerung und einem Wirklichkeitsbegriff der »immanenten Konsistenz« zu. Dessen »hochgradige Affinität zur Simulation« hatte Blumenberg in einer späten wissenschaftsbiographischen Bemerkung zur *Geistesgeschichte der Technik* hervorgehoben. Man müsse »damit rechnen, daß in einer überfüllten Welt der authentische Umgang mit Realität immer mehr ersetzt werden muß durch Simulatoren.«[25] Über Sinn und Unsinn eines Weltsimulators – die zu erwartenden Entlastungen für die Menschheit oder gerade umgekehrt für die Welt, die vom Menschen entlastet wird – hatte Blumenberg immer wieder nachgedacht.[26]

25 Vgl. UNF 2955: »Wir werden Kafkas Rat, zu Hause zu bleiben, befolgen müssen und können«. Vgl. auch Hans Blumenberg, »Vorbemerkungen zum Wirklichkeitsbegriff«, in: Günter Bandmann u. a., *Zum Wirklichkeitsbegriff*, Mainz-Wiesbaden 1974, S. 3-10.

26 Das nachfolgend abgedruckte Fragment findet sich unter dem Titel »Über Maschinen und Simulatoren« im Nachlaß von Hans Blumenberg (DLA Marbach).

Wir machen uns Grenzvorstellungen von der Entwicklung, in der wir stehen, um deren Tendenz zu verdeutlichen.

Was wird aus den Maschinen?

Nehmen wir an, die Welt besteht aus zwei Klassen von Realitäten, aus Objekten und aus Subjekten. Dann gäbe es im Endeffekt auch zwei Typen von Maschinen:

1) solche zur Produktion von Objekten
2) bewußtseinsanaloge Maschinen
(also Maschinen, die sich so verhalten & solche Leistungen erbringen, als hätten sie Bewußtsein, wie es Subjekten zugeschrieben wird)

Diese beiden Typen arbeiten in mörderischer Weise einander: die bewußtseinsanalogen Masch. entlasten die Menschen von fast allen ihren Aufgaben und geben ihnen Zeit und Kraft für einen beliebigen Konsum von Objekten frei; die Produktionsautomaten liefern diese Objekte in beliebiger Menge und Ausführung.

Aber: diese Welt ist ohnehin schon stark bevölkert, wahrscheinlich überbevölkert, und in ihr sollen nun auch noch all jene ständig aus Automaten produzierten Objekte Platz finden, wie sie schon heute alle Straßen und Plätze verstopfen, uns belästigen etc.

Der Nachteil der produzierenden Maschinen ist, daß sie reale Objekte produzieren. Darin sind sie völlig rückständig. Wir müssen die Gruppe 1 unterteilen und auch solche Maschinen zulassen, die irreale Objekte produzieren. Wir nennen sie Simulatoren. Wir besitzen bereits Weltraumsimulatoren, mit denen die Bedingungen der Schwerelosigkeit hergestellt werden können - aber was wir brauchen und haben werden, ist nicht der Weltraumsimulator, sondern der Weltsimulator, der Gegenstände nicht produziert, sondern simuliert, und zwar als vollst. "Welt". Er wäre etwa ein weiterentwickelter Fernsehapparat. Farbiges und räumliches Fernsehen sind schon da; aber doch nie so, daß der Zuschauer mehr tun kann als zuschauen. Der Weltsimulator wird jedem Teilnehmer erlauben, sich ein Auto beliebigen Fabrikats zu bestellen, einzusteigen, alle Funktionen zu bedienen, es in jeder Richtung zu lenken usw. - alles, ohne die eigenen vier Wänden zu verlassen, aber mit dem völlig adäquaten Vergnügen, das bis dahin nur die Wirklichkeit geboten hat. Man kann sich ein Stadion mit Fußballspiel bestellen, und den Sieg seiner Mannschaft programmieren oder im Ungewissen lassen - je nach Veranlagung. Alles in den eigenen vier Wänden.

Auf die Entalstung des Menschen durch Technik folgt die Entlastung der Welt durch perfekte. Jeder bekommt seine Lieblingswelt auf Bestellung ins Haus geliefert:

Namenregister